普通高等院校计算机基础教育“十三五”规划教材

Web技术应用基础

万　李　程文志　主　编
吕兰兰　韦美雁　郭晓梅　副主编

中国铁道出版社
CHINA RAILWAY PUBLISHING HOUSE

内 容 简 介

本书系统地介绍了 Web 开发所涉及的各类知识。全书共 8 章，主要内容包括 Web 基本知识、Web 开发基本环境的搭建、Web 前端技术、Java 基础、Servlet 基础、JSP 技术、Web 实战，最后提供了十个课堂实验，方便读者及时验证自己的学习效果。

本书讲解知识全面、重点突出，覆盖 Web 开发中的各个方面。通过本书可以使 Web 开发的初学者轻松入门，并全面了解 Web 开发的应用方向和掌握重点内容，从而为以后的项目开发打下扎实的基础。

本书适合作为高等院校信息类专业 Web 开发课程的教材，还可作为自学人员的参考手册。

图书在版编目（CIP）数据

Web 技术应用基础/万李，程文志主编．—北京：中国铁道出版社，2017.1

普通高等院校计算机基础教育“十三五”规划教材

ISBN 978-7-113-22565-0

Ⅰ．①W… Ⅱ．①万… ②程… Ⅲ．①网页制作工具－高等学校－教材 Ⅳ．①TP393.092

中国版本图书馆 CIP 数据核字（2016）第 295109 号

书　　名：Web 技术应用基础
作　　者：万　李　程文志　主编

策　　划：韩从付　　　**读者热线：**（010）63550836
责任编辑：周　欣　冯彩茹
编辑助理：刘丽丽
封面设计：刘　颖
封面制作：白　雪
责任校对：汤淑梅
责任印制：郭向伟

出版发行：中国铁道出版社（100054，北京市西城区右安门西街 8 号）
网　　址：http:// www.51eds.com
印　　刷：北京海淀五色花印刷厂
版　　次：2017 年 1 月第 1 版　　2017 年 1 月第 1 次印刷
开　　本：787 mm×1 092 mm　1/16　**印张：**15.75　**字数：**390 千
印　　数：1～2 000 册
书　　号：ISBN 978-7-113-22565-0
定　　价：48.00 元

前　言

随着云计算技术的发展，Web 2.0时代的到来，让越来越多的人开始关注互联网。Google、百度、微博、淘宝等一个又一个网络巨头的诞生，让大家也更多地关注 Web 的发展。Web 已经进入千家万户，在计算机上浏览网页，用手机浏览器看小说，这些都是 Web 技术给大家带来的便利。作为计算机及软件工程相关专业的你，是否想学习一门 Web 技术？架设一个属于自己的网站？这一切都将从本书开始。

本书的作者都是长期在高校从事 Web 开发教学的一线教师，结合近年来 Web 开发的新技术以及教学实践经验编写，注重教材的可读性和适用性，每章对关键知识点进行了详细的说明，并附有大量的图表使读者能正确、直观地理解问题，示例程序由浅入深，依托于教学、着眼于实用、贴近于工程。其内容涵盖了客户端和服务器端的编程技术，并最终用一个学生管理系统将这些技术有机结合，以培养学生掌握 Web 开发的基本理论和方法以及实际项目开发能力。本书中的例题都在 MyEclipse 集成开发环境下编译通过。

本书共分 8 章：第 1 章为 Web 基本知识，介绍常用的 Web 开发技术及相关概念；第 2 章为 Web 开发基本环境的搭建，介绍相应的开发环境与开发工具，并通过一个简单的 JSP 应用程序，来完成第一个 Web 应用程序；第 3 章为 Web 前端技术，介绍最新的 Web 前端技术，包括 HTML 5、CSS 3 和 JavaScript 几部分，这些技术相互配合，可以构建绚丽的页面效果；第 4 章为 Java 基础，介绍 Java 语言的基本语法以及基本操作；第 5 章为 Servlet 基础，介绍 Web 中 Servlet 的基本用法，可以用 Servlet 进行页面的处理以及 MVC 的架构；第 6 章为 JSP 技术，重点介绍 JSP 的页面处理方式和 JSTL 的基本用法；第 7 章为 Web 实战，介绍 MySQL 技术，并以常见的学生管理系统为例，用所学的知识构建一个简单的学生管理系统；第 8 章为本书的实验部分，主要为针对本书中的一些知识点设计的课程实验，方便学生进行上机练习。

本书得到湖南科技学院计算机应用技术重点学科资助。由湖南科技学院万李、程文志任主编，吕兰兰、韦美雁、郭晓梅任副主编。参加本书初稿编写的主要有：万李（第 1 章～第 2 章），程文志（第 3 章～第 4 章），吕兰兰（第 5 章），韦美雁（第 6 章），郭晓梅（第 7 章～第 8 章）。全书由程文志统稿，由万李审定。

由于时间仓促，加之编者水平有限，书中疏漏和不妥之处敬请读者批评指正。

编　者

2016 年 10 月

目　录

第1章 Web基本知识

1.1 Web 技术简介

1.1.1 Web 技术的基本介绍

Web 技术改变了世界，它时时刻刻都在影响着我们的生活，如购物、聊天、新闻、搜索等都从最基本的现实世界走向 Web 的虚拟世界。同时，Web 也创造了一个又一个的商业神话，电子商务、搜索引擎、购物网站拉近了我们和现实的距离。学习 Web 技术，不仅可以加深我们对网页的理解，同时也可学习如何架设一个属于自己的网站。

Web 程序是由服务器、浏览器及网络组成的，Web 程序具有使用简单、无须安装的特点，只需要一个浏览器即可访问，并完成生活中的很多事情。同时，Web 程序也不仅仅是一般意义上的网站。网站的目的是提供信息服务，重在内容，程序往往比较简单。而现在的商业 Web 程序却比较复杂，往往会结合数据库等技术，如教务管理系统、财务系统、网上办公系统、网上银行等。一个基本的 Web 技术框架如图 1.1 所示。

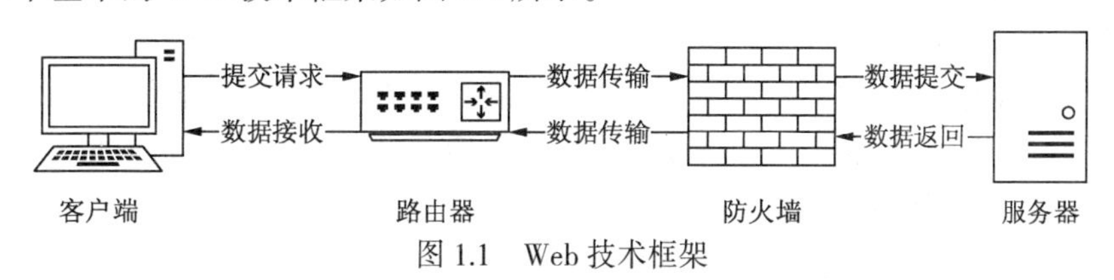

图 1.1 Web 技术框架

在图 1.1 中，可以很清晰地看到用户通过客户端（浏览器）访问服务器的过程，用户首先通过客户端提交一个数据请求，然后由网络中的路由器进行分配，传输到指定的服务器，服务器接收请求后，会沿原路将数据包传回到客户端，这样用户便可浏览或下载网络中的资源。

早期的 Web 技术仅仅是静态页面，这种模式由于不需要用户的交互，因此是很简单的页面；随着用户需求越来越多，Web 技术也增加了用户交互的功能，这就进入了动态网页开发的模式，即为“前端技术+后端服务器技术”。这种动态 Web 技术得到了广泛的应用，但是，仅仅依靠简单的 Web 技术，可能会增加服务器的负担，因此 Web 技术也发展了 JavaScript 的前端数据验证，甚至在此基础上衍生了如 Ajax 和 jQuery 的应用。

随着移动互联网的兴起，Web 技术也经历了一次又一次的变革，当初的客户端也不仅仅是浏览器，而是增加了如手机应用的一些 App 软件。特别是随着 HTML 5 在移动端的广泛应用，越来越多的 App 开发采用了 HTML5 和手机开发的混编模式，如 HTML 5 和 iOS 的混编，这种模式灵活方便，极大地加快了应用的开发速度，受到了 IT 企业的广泛推广。

本书的 Web 技术包含前端技术（HTML 5 + CSS3 + JavaScript）和后端技术（JSP），同时，在数据交互方面，采取了 MySQL 数据库作为数据存储，同时也引入了较多的开发案例，帮助读者进行学习和开发工作。

1.1.2 B/S 与 C/S 结构

应用程序按照是否需要网络，可分为网络程序和非网络程序。由于目前的程序基本上都涉及网络方面的应用（如网络更新），因此我们一般不考虑非网络程序，而目前的网络程序包括 B/S 结构和 C/S 结构。

B/S 结构是指浏览器（Browser）/服务器（Server）结构，这种结构模式是很常见的，我们一般上网访问的网站都是 B/S 模式，如百度、淘宝、Google 等都是采用 B/S 架构。

C/S 结构是指客户端（Client）/服务器（Server）结构，这种模式一般需要用户在操作系统上安装一个应用程序，用户运行该应用程序后，与服务器进行数据交换，如 QQ 聊天软件、迅雷、酷狗音乐等。

虽然 C/S 模式开发的软件给人们带来了很多便利，但是它也存在很多不足，如它需要用户安装一个客户端程序，当应用程序提供了新版本时，用户需要下载新程序或更新包才能使用新功能。这种体验给用户带来了很多的不便，在一定程度上限制了程序的广泛使用。同时，C/S 模式的软件对系统环境有很多的需求，如 Windows 平台下的软件不可能在 Mac 平台下使用，这在一定程度上也增加了开发者的负担。

综上所述，相对于 C/S 模式，B/S 模式有以下优点：

① 使用方便。B/S 模式下，用户只需要一个浏览器即可访问所有的 Web 应用程序；而 C/S 模式需要用户安装一个程序客户端，如果客户端配置比较复杂，也会给用户带来诸多不便的情况。

② 升级维护容易。C/S 模式的程序往往需要下载一个更新包或者下载最新版的软件进行重新安装才能继续使用；而 B/S 模式的开发只需要更新后台服务器应用组件即可完成整个应用的更新，无须在客户端做任何改动。

③ 安全性较高。C/S 模式的应用程序往往需要考虑到客户端以及服务器的安全性，特别是客户端很容易被非法程序入侵，甚至暴力破解，导致了 C/S 模式的安全性大大降低。而 B/S 模式开发的应用程序部署在服务器上，只要保证服务器的安全性，用户的安全也便得到解决。

④ 推广便利。与 C/S 模式相比，B/S 模式开发的程序更容易在互联网上进行推广传播，只要一个浏览器链接，其他用户便可以很方便地通过链接访问整个用户开发的应用程序，无须安装其他程序。而 C/S 模式的推广则需要一个安装包才能让用户使用，在 Web 时代，这种传播速度很显然不能满足要求。例如，腾讯推出的微信小程序，其本质就是 B/S 模式的一个基本应用。

⑤ 开发周期较短。与 C/S 模式相比，B/S 模式的开发周期较短，开发人员只要规划好网站的设计方案，即可在相对较短的时间内完成程序的开发工作。而且 B/S 模式开发更适用于模块化的开发方式，极大地减少了开发者的工作量，加快了工作的进度。

1.2　Web 的基本访问原理

在进行开发 Web 的应用程序之前，有必要了解一下 Web 在从浏览器到服务器中发生了哪些变化，这样方便我们在开发中进一步掌握 Web 的开发流程，方便开发者对 Web 的开发框架进行有效划分。

以目前最常见的网站为例，它通常由浏览器、HTTP 通信协议、Web 服务器这三要素组成。

1.2.1　Web 访问的基本流程

从浏览器到服务器的访问过程如图 1.2 所示。

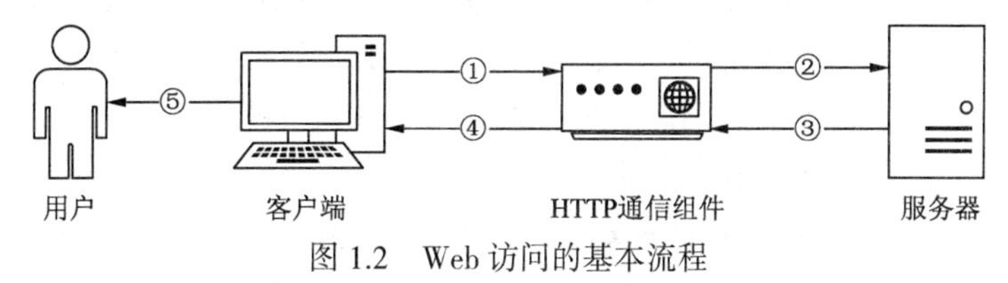

图 1.2　Web 访问的基本流程

根据图 1.2，用户在浏览网页的过程中，网页的请求和响应过程描述如下：

① 用户通过客户端的浏览器，输入网站的 URL 地址，这个 URL 地址通常和服务器的 IP 关联，并向通信组件发送访问请求。

② 通信组件通过用户的请求找到指定的主机后，向 Web 服务器发出请求（Request）。

③ Web 服务器接受请求并根据用户的请求做出相应的处理，生成处理结果，大多数结果为 HTML 或浏览器能够识别的格式。

④ 通信组件将服务器的处理结果转发给浏览器客户端。

⑤ 浏览器收到网络中的响应结果后，在浏览器中显示响应结果，如 Web 页面，用户可进行查看。

1.2.2　浏览器

浏览器是访问 Web 服务器的主要客户端，它可以直接解析执行 HTML、CSS、JavaScript 代码，但是不能直接处理 Web 服务的后台处理文件，如 JSP、PHP、ASP 等是浏览器不能直接处理的。有些网站在浏览器打开的界面中直接显示的后缀是.jsp（如 index.jsp），这种情况下并不是浏览器直接解析的 JSP 代码，而是服务器将 JSP 解析为 HTML 供浏览器访问。

目前，主流的浏览器分为 IE、Chrome、Firefox、Safari 等几大类，它们具有以下特点：

① IE 浏览器。IE 浏览器是微软推出的 Windows 系统自带的浏览器，它的内核是由微软独立开发的，简称 IE 内核，该浏览器只支持 Windows 平台。目前国内大部分的浏览器，都是在 IE 内核基础上提供了一些插件，如 360 浏览器、搜狗浏览器等。

② Chrome 浏览器。Chrome 浏览器由 Google 在开源项目的基础上进行独立开发的一款浏览器，目前市场占有率第一，而且它提供了很多方便开发者使用的插件，因此该浏览器也是本书开发的主要浏览器。目前，Chrome 浏览器不仅支持 Windows 平台，还支持 Linux、Mac 系统，同时它也提供了移动端的应用（如 Android 和 iOS 平台）。

③ Firefox 浏览器。Firefox 浏览器是开源组织提供的一款开源的浏览器，它开源了浏览器

的源码，同时也提供了很多插件，方便了用户的使用，目前支持 Windows 平台、Linux 平台和 Mac 平台。

④ Safari 浏览器。Safari 浏览器主要是 Apple 公司为 Mac 系统量身打造的一款浏览器，目前主要应用在 Mac 和 iOS 系统中。

1.2.3 Web 服务器

这里的 Web 服务器不是指硬件上的服务器，而是指支持解析 Web 后台语言的服务器。目前常用的服务器有以下几种：

① IIS 服务器。IIS 服务器是微软提供的一种 Web 服务器，它主要是解析微软提供并开发的 ASP 和 ASP.NET 等后台语言，运行在 Windows 平台下，对 IE 内核的浏览器支持良好，并且有些调用 Windows 接口的 Web 应用程序只能采用 IIS 服务器进行解析。IIS 服务器优点很多，但是缺点也很明显，通常 Windows 的漏洞容易导致其安全性大为降低。

② Apache 服务器。Apache 服务器是开源基金组织 Apache 提供的一种 Web 服务器，主要是解析 PHP 文件，是一款功能强大的免费软件，支持多个操作系统，如 Windows、Linux、Mac OS 等。

③ Tomcat 服务器。Tomcat 服务器也是开源基金组织 Apache 提供的一种支持 JSP 组件的 Web 服务器，它支持 Windows、Linux、Mac OS 等多个操作系统，安装简便，使用也较为方便，是本书开发使用的服务器组件。

④ 其他服务器。如 JBoss、Weblogic、WebSphere 等，这些服务器由于在商业上使用较多，也有部分需要付费，本书不进行介绍，有需要的读者可到相应的官方网站上查看。

1.2.4 HTTP 通信协议

HTTP 通信协议是超文本传输协议的简称，它是属于浏览器和 Web 服务器之间的通信协议，建立在 TCP/IP 基础之上，用于传输浏览器到服务器之间的 HTTP 请求和响应。它不仅需要保证传输网络文档的正确性，同时还确定文档显示的先后顺序（如文本比图片先显示）。

HTTP 协议从 Web 浏览器到服务器返回信息的过程可以分为 4 个部分：

① 建立连接：HTTP 协议的建立是通过申请 Socket 套接字实现，用户通过 Socket 在服务器上申请一个端口号，然后在网络中通过该端口号传输数据。

② 发送请求。用户和服务器之间建立连接后，可以向指定的目的主机发送请求。

③ 返回响应。服务器对用户提交的请求进行处理，并返回请求码（如 404）或数据。

④ 关闭连接。通信结束后，通信双方均可通过关闭套接字来关闭连接，断开访问。

其中，HTTP 协议在建立连接的过程中，会通过著名的“三次握手”来建立稳定的连接，即客户机和服务器之间传递三次有效的数据，来保证通信的可靠性。

在 HTTP 连接过程中，返回的常见状态码及含义如下：

① 403：用户没有访问权限。

② 404：访问文件不存在或访问链接（URL）错误。

③ 500：服务器错误，一般是服务器数据处理出现的问题。

1.3　Web 开发技术简介

1.3.1　URL 简介

URL（Universal Resource Locator，统一资源定位器）可以简单地理解为在浏览器中输入的网站地址。URL 请求信息会通过 HTTP 发送给服务器，服务器会根据 URL 信息返回响应，传递数据给浏览器，供用户浏览。

URL 通常和目的主机的 IP 地址进行绑定，在用户访问过程中，DNS（域名解析器）会将 URL 解析到对应 IP 地址进行访问。在 Internet 上，每个网站中的网页或文件所有的 URL 都是唯一的，其通常格式为如图 1.3 所示。

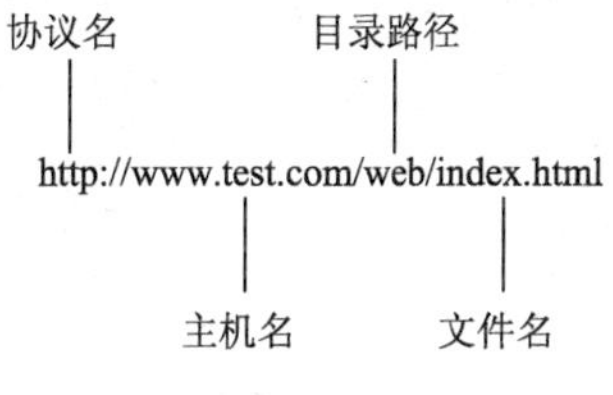

图 1.3　URL 的基本结构

在 URL 结构中，有些网站可能需要端口号（默认端口号为 80，不需要添加），如 Tomcat 启动中的端口号为 8080，另外 URL 协议不仅仅包含 HTTP 协议，还包括 HTTPS、FTP 协议等。

1.3.2　静态网页和动态网页

在传统的 Web 应用开发中，仅仅能够提供有限的静态 Web 页面（HTML 静态页面），每个 Web 页面显示的内容是保持不变的。这种静态 Web 的开发模式引用不利于系统的扩展，如果网站需要提供更多新的信息资料时，就只能修改以前的页面或者重新编写 HTML 页面，并提供链接，这种方式极大增加了系统维护的难度。同时，电子代码的重新编写，导致了 Web 网站的信息更新周期一般比较长，给开发者和使用者都造成了一定的困难。总结起来，传统 Web 应用开发模式存在如下不足：

① 不能提供及时信息，页面上提供的都是静态不变的信息。

② 当需要添加新的信息时，必须重新编写 HTML 文件。

③ 由于 HTML 页面是静止的，所以并不能根据用户的需求提供不同信息，不能满足多样性的需求。

静态页面的开发模式存在众多的缺点，因此不能适应于大中型系统和商业的需求，也很快被淘汰。当 Web 应用程序全部为静态应用程序时，随着企业业务的增多，HTML 页面程序也会越来越多，这非常不利于后期代码的维护，使得新信息发布过程非常麻烦。所以建立一个动态的 Web 应用程序就显得非常重要。一方面，服务器可以根据不同的访问返回不同的请求，满足了服务的多样性；另一方面，通过后台管理页面发布和修改信息即可发布新的信息，提高了用户的体验感，也降低了维护的难度。

总的来说，动态 Web 应用程序的建立，可以给客户提供及时信息以及多样化服务，可根据客户的不同请求，动态返回不同的需求信息，极大地增加了业务处理的能力。

在动态网页开发中，目前应用比较多的后台处理语言是 PHP、JSP 和 ASP，由于 ASP 是微软针对自身操作系统开发的，因此 ASP 目前只能在 Windows 系统中有效应用，而 Windows 的安全性问题让大家一直都很困扰，这也在一定程度上限制了 ASP 的发展。PHP 虽然是开源项目中比较成熟的一种，应用也比较广泛，但它实现框架开发的难度较大，因此这在一定程度上限制了 PHP 技术的发展。JSP 是目前发展比较快的一项技术，它能够有效地与 Java 进行结合使用，在安全性和平台应用方面，均得到了非常好的应用，是目前 Web 开发应用非常广泛的技术之一。

1.3.3 JSP 简介

JSP（Java Server Pages）是以 Java 语言作为整个服务器的脚本语言，并在服务器端提供一个 Java 库的接口来支持 HTTP 应用程序。从架构上来说，JSP 可以看作 Java Servlet API 的一个应用扩展，它实现了利用动态 HTML 以及普通静态 HTML 混合编码的技术。由于 JSP 具有跨平台且学习较容易，因此在近几年来发展非常迅速，越来越多的公司开始利用 JSP 作为网站开发的重要技术。一个 JSP 页面的调用过程如图 1.4 所示。

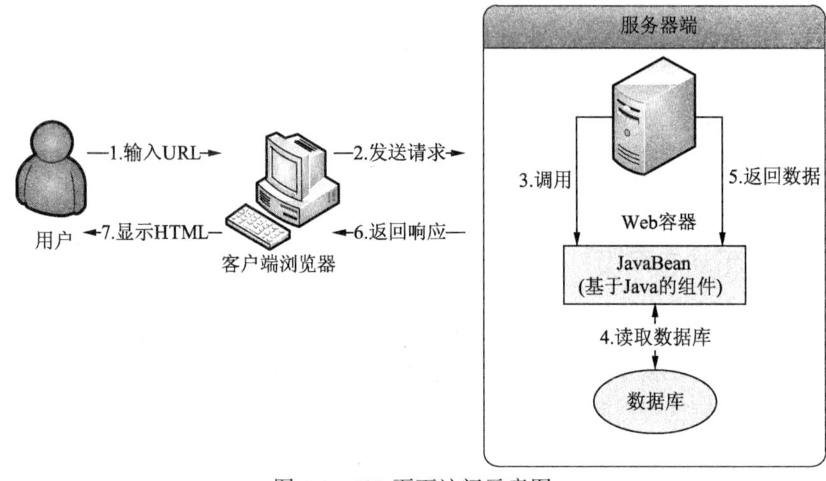

图 1.4　JSP 页面访问示意图

与传统的网页调用方式不同，JSP 页面在被访问时，服务器处理 JSP 的请求需要执行以下 3 个过程：

① 翻译过程（Translation phase）。服务器中的 Web 容器会利用 JSP 引擎把服务器中的 JSP 文件翻译转换为 Java 源码。

② 编译过程（Compilation phase）。将翻译阶段中转换的 Java 源代码通过 Java 虚拟机（JVM）编译成可执行的字节码，也就是 Java 中对应的 class 文件。

③ 请求过程（Request phase）。如果服务器接受了用户的请求，就会依据用户的请求把编译好的 JSP 文件执行，当执行结束后，再将系统生成的 HTML 页面返回给客户端浏览器，从而完成整个调用过程。

在这个过程中，如果服务器端的 JSP 文件被编译好了，用户的每次调用过程都只需要调用编译好的二进制字节码，而不需要重新执行翻译过程和编译过程，这样可以大大提高服务器的响应速度。另外，如果服务器端的 JSP 文件被修改了，用户在下次调用时，服务器会重新执行翻译过程和编译过程，一旦执行完毕，在下一次调用时又可直接调用二进制字节码。

使用 JSP 进行开发，有如下优势：

① 开源性。JSP 是完全开源的，用户进行开发操作时，完全无须支付任何费用。

② 跨平台支持。由于 Java 的推出是为了跨平台的支持，因此 JSP 继承了 Java 跨平台的特性，在目前的所有平台上（包括 Linux 系统平台和 Windows 系统平台）几乎都能对 JSP 进行支持。

③ 一次编写，处处运行。这点也是继承了 Java 的属性，因为 JSP 在调用的过程中是被编译成二进制字节码的，因此它能做到一次编写，处处运行。

④ 支持相应的服务器组件。在 Web 开发的应用中，很多应用要有相应的服务器组件对其进行支持，以便更好地调用。JSP 是使用 Java 语言作为其开发的根本技术，因此在服务器组建支持方面，它支持很多相关的服务器组件，如 Tomcat。

⑤ 方便安全的数据库连接。在 Web 开发中，都需要调用后台数据库，而调用数据库的安全性和便捷性在开发过程中非常重要，JSP 采用 JDBC 方式对数据库进行调用，这种方式采用第三方插件进行封装调用，安全性有了很大的提高。另外，Oracle 公司旗下的 Sun 公司也开发了相应的 JDBC 插件供开发人员进行选择开发，采用官方数据库插件进行开发，一旦出现安全问题，能及时发现并得到解决。

JSP 作为 Java Servlet API 的扩展应用，具有 Java 的很多特性，也很容易被整合到其他应用平台中。因此，基于以上的一些特性，JSP 在 Web 系统开发中的应用非常广泛。

本章小结

本章介绍了 Web 的基本知识，通过对这些基本知识的了解，也基本上确定了本书在开发语言上选择使用 JSP 作为主要开发语言，使用 Chrome 浏览器作为本书的测试浏览器，在后续章节中，将会陆续讲解 Web 应用程序的开发方式和架构。

第2章 Web开发基本环境的搭建

在进行 Web 的应用程序开发之前，首先需要搭建相应的 Web 开发和运行环境，本章详细讲解如何搭建以下环境：

- JDK（Java Development kit）：Oracle 公司官方的 Java 开发和运行环境。
- Eclipse 或 MyEclipse：目前最流行的 Web 集成开发环境（Integrated Develop Environment，IDE）。
- Tomcat：开发 Web 应用服务器，也是应用最广的 JSP 服务器。
- Windows 和 Linux 的环境配置。

2.1 Web 开发环境简介

由于本书的 Web 开发的后端服务器语言主要应用的是 JSP 语言，而 JSP 是在 Java 的基础上进行代码书写的，因此本书的开发环境需要读者安装 JDK、Eclipse（或 MyEclipse）、Web 应用服务器（Tomcat）。

1. JDK 简介

Java 程序的运行是在 JRE（Java Runtime Environment）的基础上运行的，而开发 Java 程序，则需要 JDK（Java Development Kit）。JDK 不仅包含 Java 开发支持的工具，也包括 Java 运行基本环境 JRE。关于 JRE 和 JDK，这里可以简单描述为：JRE 是用户运行 Java 程序所需要的基本环境，是面向用户的；而 JDK 是开发人员为开发 Java 程序所需要的基本环境，是面向开发者的。

JDK 不仅仅指的是 Oracle 公司（原 Sun 公司）发布的 JDK，也包括其他公司发布的自己私有的 JDK（如开源组织颁布的 OpenJDK）。官方的 JDK 仅仅包含了 Java 开发的基本功能；而 IT 公司自己开发的 JDK 对官方版本进行了一些性能的优化，包含了更多的类库，在执行效率和安全性上的表现可能更好一些。本书的 JDK 采用的是官方发布的标准 JDK，这样可兼容更多的环境和开发工具。

2. IDE 简介

为了开发效率的提高和工程的管理，Web 开发一般会选择一个性能良好的继承开发工具（IED），这种开发工具能方便地完成 Web 项目的编写、编译、部署和调试等工作。目前应用比较好的工具有以下几种：

① Eclipse。Eclipse 最初由 IBM 开发，现在已经开源并由 Eclipse 基金会进行管理，是目前应用最为广泛的 IDE 工具，它不仅可以进行 Java 开发，还可以进行 Web、Android 开发等。Eclipse 是一款完全免费的开发工具，支持多种插件，运行速度很快，其官方网站为 http://www.eclipse.org。

② MyEclipse。MyEclipse 是在 Eclipse 基础上实现了 Java EE 标准的一款 IDE 工具，它支持目前大部分 Java EE 框架，提供多种插件，可以方便快速地开发 Web 应用。不过 MyEclipse 是收费的，在使用上远不如 Eclipse 广泛。

③ WebStorm。WebStorm 是 Jetbrains 公司开发一款基于 Web 前端开发的工具，它不支持 JSP 的语法高亮解析，但是在前端开发的界面设计中，它的效率比单纯的 MyEclipse 强大得多。WebStrom 是一款收费软件，有 30 天的免费期，不过对学生及高校教师来说，可以申请为期一年的免费期。

④ IntelliJ IDEA。IntelliJ IDEA 同样也是 Jetbrains 公司开发的一款针对 Java EE 开发的 IDE，它支持 Java Web 工程的解析，支持 JSP 的语法高亮，支持 Tomcat 直接部署，不过在应用上远不如 Eclipse 和 MyElipse。但是由于学生和教师在官方网站上可以申请一年的免费使用权，方便大家做开发工作。

由于其他 IDE 工具不如这几款工具广泛，因此本书不做过多的介绍。本书项目中使用的 IDE 工具是 MyEclipse，它可以免费使用 30 天。另外，本书中所有的项目都能使用 Eclipse 进行开发。读者可以根据自己的需求进行对应设置和开发。同时，为了照顾高校的学生和教师，本书的项目均可以在 IntelliJ IDEA 中进行部署使用，前端（HTML+CSS+JS）的相关项目可以直接使用 WebStorm 进行开发。

3. Web 应用服务器

Web 应用服务器是进行 Web 开发的重要工具之一，本书采用开源组织 Apache 的 Tomcat 6 作为开发工具。

Tomcat 是 Apache 公司开发的一个免费的开放源代码的 Web 应用服务器，属于轻量级应用服务器，在中小型系统和并发访问用户不是很多的场合下被普遍使用，是开发和调试 JSP 程序的首选，可利用它响应 HTML 页面的访问请求。同时，Tomcat 也是一款绿色的安装工具，使用比较方便，性能也较为出色。

2.2 JDK 的安装

由于 JDK 是 Java 开发的重要工具，因此本书首先介绍 JDK 的安装步骤。Java 已经推出了 Java 8，本书的开发是在 Java 6 上进行开发的，我们下载的是 JDK 6 的版本。下载完成后，需要进行安装并配置环境变量。本书将从 Windows 和 Linux 两个版本的安装进行详细讲解。

1. Windows 系统安装 JDK 及环境变量配置方法

下载的 JDK 默认安装在 C 盘，为了开发管理的方便，一般不建议将软件安装在系统盘下，最好能够独立划分一个分区，作为软件管理的单独盘符。如本系统的 JDK 就安装在 E:\Program Files\Java\jdk1.6.0_45，这个安装目录很重要，在后面的环境变量配置中需要这个目录。

安装完 JDK 后即可直接编译或者运行 Java 程序,但此时如果想使用命令提示符运行 Tomcat 等软件，或者直接在 Windows“开始”菜单的“运行”中运行 Java 自带的程序，则需要设置 JAVA_HOME 环境变量，以及将 JDK 下的 bin 目录添加到 Path 环境变量中。其添加方法如下：

① Windows XP 系统中，右击“我的电脑”图标，在弹出的快捷菜单中选择“属性”|“高级”|“环境变量”命令；在 Windows 7 系统中，右击“计算机”图标，在弹出的快捷菜单中选择“属性”|“高级系统设置”|“环境变量”命令，即可修改环境变量。

② 在“高级”选项卡中，单击“环境变量”按钮，对环境变量进行操作。单击“新建”按钮，新建环境变量名为“JAVA_HOME”，并填写变量值为 JDK 的安装路径，如本系统的 JAVA_HOME 为 E:\Program Files\Java\jdk1.6.0_29；同时新建 JRE 环境变量名为“JRE_HOME”，并填写 JRE 的路径，该路径在 JDK 的同级目录下，如本系统的 JRE_HOME 为 E:\Program Files\Java\jre6。

③ 在“环境变量”对话框中找到 Path 变量，双击 Path 变量，开始编辑 Path 变量。在原变量值后添加英文分号（;），然后将“%JAVA_HOME%\bin;”和“%JRE_HOME%\bin;”添加到 Path 变量值后。设置好后，单击“确定”按钮保存。

④ 在“环境变量”对话框中找到 ClassPath 变量，如果没有该变量，则需要新建，并在变量中增加变量值“.;%JAVA_HOME%\lib;%JRE_HOME%\lib;”需要特别注意前面的“.;”，它代表为当前目录中的变量值。

⑤ 通过以上步骤，JDK 安装基本完成。这时需要测试 JDK 是否安装成功，测试方法为：打开命令提示符，输入“java version”并按【Enter】键，即可看到相应的版本信息，至此 JDK 安装成功。如果提示 java 不是内部命令或者外部命令，则是 JDK 安装失败，需要根据前面的步骤对应检查进行安装。

在命令提示符下输入“java -version”，则会出现图 2.1 中所示的内容。

在图 2.1 中的 JDK 版本是 1.8,本书中的代码是在 JDK 1.6 的版本下编辑的，所以建议读者使用 JDK 1.6 及其以上的版本。

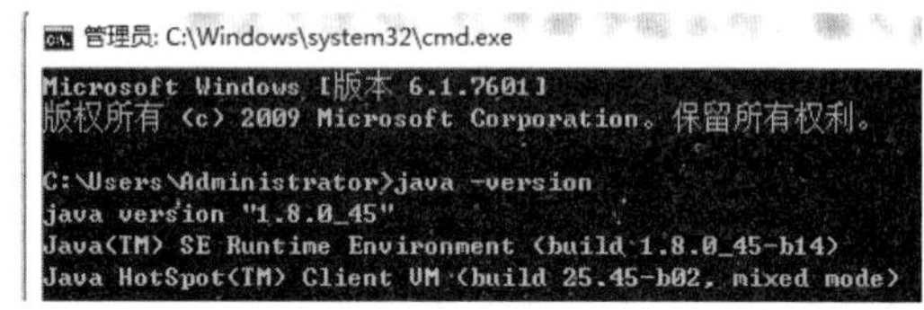

图 2.1　JDK 安装成功

2. Linux 系统安装 JDK 及环境变量配置方法

由于现在大部分的 Web 程序是在 Windows 系统上进行开发,部署和运行却在 Linux 系统上，因此，我们有必要对 Linux 的 JDK 安装及其环境变量的配置有一个了解，方便读者搭建 Linux 系统进行建站。

Linux 的安装 JDK 和 Windows 类似，不过需要进行命令行操作。与 Windows 相同的是，我们在软件安装时，也是将软件安装到固定的目录中，方便对软件进行管理。我们下载的 Linux 的 JDK 版本为 jdk-6u33-linux-i586.bin，准备将其安装在/opt/jvm 目录下。具体安装方法如下：

① 打开一个 Linux 的终端，进入/opt 目录，在目录中新建文件夹 jvm：sudo mkdir jvm。将下载好的 JDK 文件移动到 jvm 文件夹下，需要 root 权限，或者 sudo 进行操作。

② 增加 JDK 可操作权限：sudo chmod +x jdk-6u33-linux-i586.bin。接着运行 sudo ./jdk-

6u33-linux-i586.bin，至此 Linux 下的 JDK 安装完成。

③ 接着开始配置环境变量，在终端中输入“sudo gedit /etc/profile”，打开相应的配置文件。在文件最后添加如下代码，即可完成环境变量配置：

```
#set java environment
export JAVA_HOME=/opt/jvm/jdk1.6.0_33
export JRE_HOME=/opt/jvm/jdk1.6.0_33/jre
export CLASSPATH=.:$JAVA_HOME/lib:$JRE_HOME/lib:$CLASSPATH
export PATH=$JAVA_HOME/bin:$JRE_HOME/bin:$PATH
```

④ 使更改生效：source /etc/profile。

⑤ 配置到 rc.local 文件中：sudo gedit /etc/rc.local。在打开文件的 exit 0 前面加入如下信息：

```
export JAVA_HOME=/opt/jvm/jdk1.6.0_33
export JRE_HOME=/opt/jvm/jdk1.6.0_33/jre
```

⑥ 测试安装成功。在终端中输入“java –version”代码测试，即可得到相应的版本信息。如果未能正确出现版本信息，则表示安装失败，需要检查安装步骤是否正确。该安装成功的提示效果与图 2.1 类似。

2.3 Eclipse 和 MyEclipse 的安装

Eclipse 为一个免费的 Java 开发 IDE，官方网站为 www.eclipse.org。Eclipse 以其代码开源、使用免费、界面美观、功能强大、插件丰富等特性成为 Java 开发中使用最为广泛的开发平台。事实上，Eclipse 不仅可以开发 Java，还可以开发 PHP、Perl、C++等各种语言程序。例如，Nokia 公司便使用 Eclipse 开发 C++程序。Eclipse 是一个开发的平台，可以在上面搭建任何应用，如 Google 开发的最流行的 Android 开发工具 Android Studio 就是以 Eclipse 为基础添加的插件应用。

MyEclipse 是在 Eclipse 基础上加上自己的插件开发而成的功能强大的企业级集成开发环境，主要用于 Java、Java EE 以及移动应用的开发。MyEclipse 的功能非常强大，支持也十分广泛，尤其是对各种开源产品的支持相当不错，可以说 MyEclipse 是几乎囊括了目前所有主流开源产品的专属 Eclipse 开发工具。

Eclipse 可以从官方网站上下载，在其官方网站上可看到下载链接，有如下一些版本：

① Eclipse IDE for Java Developers。该版本是专门针对 Java 开发者设计的版本，主要应用于 Java 开发。

② Eclipse IDE for Java EE Developers。该版本是 Java EE 开发的集成开发环境，也是我们进行 Web 开发要下载的版本。

③ Eclipse IDE for C/C++ Developers。该版本是针对 Eclipse 作为 C++应用开发而设计的。

④ Eclipse for PHP Developers。该版本是 Eclipse 的 PHP 开发专用版本。

当然还有其他一些版本，可根据不同用户的不同需求进行下载，包括不同版本的操作系统。

在 Windows 操作系统中，Eclipse 为典型的绿色软件，不需要安装，也不用在注册表中进行注册，只需要将下载的压缩文件放置在指定的目录即可。运行时，双击 Eclipse 文件夹下的 eclipse.exe 文件即可运行 Eclipse 程序。另外，Eclipse 是 Java 内核的，因此需要 Java 运行环境。如果 Eclipse 没有找到 JRE 或者提示 JRE 版本过低，就会出现启动错误。

在 Linux 版本中，安装与启动步骤稍微麻烦一点，其具体的启动和安装步骤如下：

① 将下载的文件放到指定的目录，如/opt/eclipse，然后对文件进行解压：sudo tar -zxvf eclipse-jee-indigo-SR2-linux-gtk.tar.gz。

② 解压后，需要进行相应的权限控制，给予 Eclipse 启动权，在 Eclipse 的安装目录中，增加启动操作权：sudo chmod a+x eclipse。

至此，双击运行 Eclipse 的文件即可启动 Eclipse。如果在 Linux 的桌面上用快捷图标启动，则需要自行添加，在 Linux 桌面版系统中，用户的桌面图标一般在/home/用户/Desktop 文件夹中，一般是隐藏的。添加方式如下：

① 进入 Desktop 文件夹中，创建并编辑一个新的 Eclipse 文件：sudo gedit eclipse.desktop，将如下代码写入文件保存即可：

```
[Desktop Entry]
Name=Eclipse
Comment=Eclipse IDE
Exec=/opt/eclipse/eclipse
Icon=/opt/eclipse/icon.xpm
Terminal=false
Type=Application
Categories=Application;Development;
```

② 此时文件还无法正确显示，还需要赋予相应的权限：sudo chmod 777 eclipse.desktop。

此时 Linux 版本下的 Eclipse 安装成功，如果运行过程中出现没有找到 JRE 或者 JRE 版本过低的情况，也会出现启动错误。

Eclipse 安装成功后，下面介绍 MyEclipse 的安装了。MyEclipse 是近几年发展比较成熟的 Java EE 开发工具，最早是以 MyEclipse 插件的形式运行在 Eclipse 平台上的，不过随着其用户量的逐渐增加，MyEclipse 也逐渐形成自己的 IDE 开发平台，用户可以到其官方网站上下载。该软件由于是在 Eclipse 上提供比较完善的插件，因此目前采取的是收费策略，用户有 30 天的试用期。

MyEclipse 不仅支持 Java EE 6 和最新版 Jave EE7 官方标准，而且集成 Spring、Struts 2、Hibernate 等各种开发框架（著名的 SSH 开发框架就是取的这 3 个框架的首字母），能够支持用户自动将 Web 应用程序部署到 Tomcat、JBoss、Web Logic、Web Sphere 等各类服务器，也能查看 MySQL、Oracle、DB2、Derby、MS SQL Server 等各类数据库。MyEclipse 功能十分强大，是一个理想的 JSP 开发工具。Eclipse 和 MyEclipse 的启动界面如图 2.2 所示。

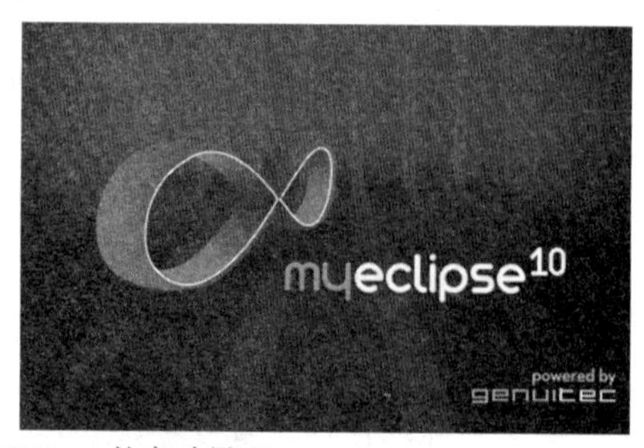

图 2.2　Eclipse 和 MyEclipse 的启动界面

在 Windows 系统中，MyEclipse 的安装方式和普通软件的安装方式相同，这里主要介绍 Linux

下的安装方式，在 Linux 下，下载好的文件是 MyEclipse.run 文件，首先需要增加相应的操作权限：sudo chmod +x MyEclipse.run，然后双击运行即可安装到指定的目录即可。MyEclipse 的桌面快捷方式添加和 Eclipse 一样，这里不做过多介绍。

这里有一点特别说明，在 Linux 系统中，安装需要一定的虚拟内存，如果没有设置虚拟内存则无法安装，虚拟内存的设置可参照 Linux 的官方手册。

2.4　配置 Tomcat 服务器

Tomcat 是一个免费、开源的 Web 服务器，在 Java EE 规范中也被称为容器（Container），因为所有的 Web 应用程序都需要部署到容器中运行。Web 服务器管理着 Web 应用程序，并提供 Web 应用程序所需的一切资源。

Tomcat 归于 Apache 基金组织下，应用范围很广泛，既可以用来学习 JSP 的开发，也可以用来架构各类中小型商业应用。Tomcat 已经实现了 Java EE 7 中 Web 层的各种规范。Tomcat 官方网站为 tomcat.apache.org，可以在官方网站上直接下载应用，在官方网页中，Tomcat 对应的版本有 Tomcat 6/7/8 几个版本，读者可以根据自己项目的需求，自行下载使用。

在本书中，考虑到目前应用的稳定性，因此使用的 Tomcat 版本为 Tomcat 6.0，在下载时可以选择绿色版本，即 Zip 压缩版进行下载。Zip 版的 Tomcat 不需要安装，直接解压并配置环境变量即可使用。

在 Windows 系统下，将压缩版的 Tomcat 下载后，进行解压到指定目录，配置并添加环境变量 CATALINA_HOME，并将%CATALINA_HOME%\bin 添加到环境变量 Path 中，具体配置方法参考 JDK 的配置。这样就可以直接在命令行直接输入 Starup 启动 Tomcat。

如果不想配置环境变量，则需要在 Tomcat 的安装目录中直接双击 Startup.bat 进行启动。通过文件 Startup.bat 启动 Tomcat 需要设置环境变量 JAVA_HOME 以及 CATALINA_HOME。

在 Linux 系统中，则需要自己配置，具体的配置方法如下：

① 将下载的 Tomcat 放在指定的目录中，然后直接解压文件：tar -zxvf apache-tomcat-6.0.36.tar.gz.

② 配置 Tomcat 的环境变量，在 tomcat/bin 的目录下编辑相应的配置文件：sudo gedit setclasspath.sh，同时将如下的 JDK 环境变量加入其中：

```
export JAVA_HOME=/opt/jvm/jdk1.6.0_33
export JRE_HOME=/opt/jvm/jdk1.6.0_33/jre
```

③ 完成上述操作后，在命令行中输入 tomcat:. /startup.sh。

此时，如果运行过程中没有任何错误，那么在浏览器中输入相应的网址即可启动相应的网页：http://127.0.0.1:8080 或者 http://localhost:8080，运行效果图如图 2.3 所示。

HTTP 协议默认的端口号为 80。如果服务器端口号为 80，则 URL 中的端口号可以省略，否则必须使用冒号加端口号指明端口。大部分的 Web 服务器都是 80 端口的，如百度，在浏览器地址栏中输入 http://www.baidu.com 和 http://www.baidu.com:80 的效果是一样的。而 Tomcat 默认的端口号为 8080，不是服务器默认的端口，因此，如果想把 Tomcat 的默认端口改为 80，则需要修改 Tomcat 的配置文件。

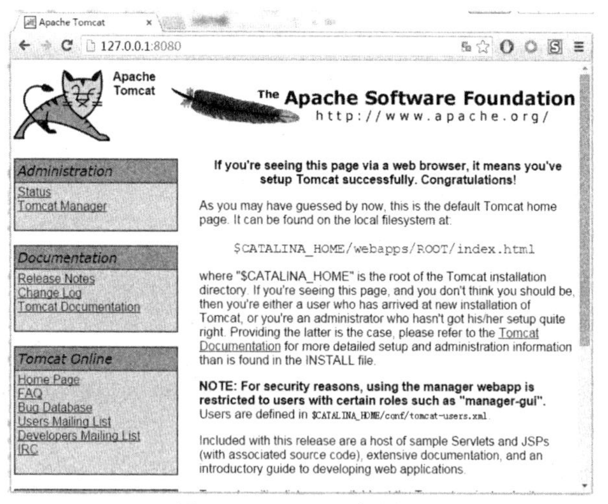

图 2.3　Tomcat 运行界面

Tomcat 的端口号配置文件在 Tomcat 目录下的 conf\server.xml 文件中配置，<Connector>标签中配置了端口号：

```
<Connector port="8080" protocol="HTTP/1.1"  connectionTimeout="20000"
           redirectPort="8443" />
```

也可以根据需要修改成别的端口号，建议在修改该文件时，先备份该文件。如果 Tomcat 修改的端口号与其他端口号冲突，那么 Tomcat 就会启动失败，在本书中，一律使用 8080 作为开发模式下的端口。

由于 Tomcat 服务器是在本机上，因此可以使用 localhost 来访问。localhost 表示本机，访问 Tomcat 服务器的方式有：

① 使用域名 localhost 访问，仅限于本机上，如 http://localhost:8080。

② 使用 IP 地址 127.0.0.1 访问。仅限于本机上，如 http://127.0.0.1:8080，其中 127.0.0.1 代表本机 IP，为保留 IP。

③ 使用机器名称访问。仅限于本机上或者局域网内，如 http://PC:8080。

④ 使用本机 IP 访问，如 http://192.168.1.10:8080。

⑤ 如果有域名指向该服务器，可以使用域名访问，如 http://www.PC.com。

除了上面的方法，还提供一种方式为机器设置临时域名。在 Windows 系统中，打开 C:\Windows\System32\drivers\etc 文件夹下；在 Linux 系统中打开/etc 文件夹。使用记事本编辑文件 hosts。在文件后加入如下 IP 地址与对应的主机名称：

```
127.0.0.1    www.baidu.com
127.0.0.1    www.google.com
```

然后保存，那么启动 Tomcat 后，即可使用 http://www.baidu.com:8080 与 http://www.google.com:8080 访问 Tomcat 服务器。采用这种方式修改也有一定的弊端，就是我们在访问百度或者 Google 网站时，它指向的是本机的服务器，而无法获得正常的访问。所以在开发中，一般不采取这种修改 hosts 文件的方式进行测试。

本书中的 Tomcat 全部采用 8080 的端口号，这样代码可以和本书中的内容一致。

2.5　MySQL 安装

不管你承认与否，MySQL 不仅仅能够用于小型关系数据库，还成为很多大型 IT 公司首选的数据库，如 Google、淘宝等大型 IT 公司都在使用 MySQL 数据库。而在 Web 开发中，数据库的应用也是很有必要的，在后续章节中，本书将会重点介绍数据库的相关操作知识。这里将讲解 MySQL 的安装方法，MySQL 可以在官方网站（http://www.mysql.com）中下载，建议下载 MySQL 5 以上的稳定版，本书使用的版本为 MySQL 5.5。在 Windows 系统中，其具体的安装步骤如下：

① 在官方网站上下载安装文件，直接单击 Next 按钮，有 3 个安装选项 Typical（典型安装）、Complete（完全安装）、Custom（自定义安装）供选择。这里选择 Custom 安装方式，只须选择所需的配置即可。

② 然后，单击 Developer Components（开发者部分），选择“This feature, and all sub features, will be installed on local hard drive.”，即“此部分，及下属子部分内容，全部安装在本地硬盘上”。“MySQL Server（mysql 服务器）”“Client Programs（mysql 客户端程序）”“Documentation（文档）”也如此操作，以保证安装所有文件。

③ 在目录安装上，选中“Change...”，手动指定安装目录。在目录选择上，尽量不要选择和系统盘在同一盘符上，以免重装系统造成数据丢失。

④ 紧接着，一直单击 Next 按钮，在最后 Finish 的页面上，勾选“Configure the MySQL Server now”复选框，方便配置 MySQL。

⑤ 进入配置目录后，有两种配置方式：Detailed Configuration（手动精确配置）和 Standard Configuration（标准配置），这里选择“Detailed Configuration”，方便熟悉配置过程。

⑥ 在选择服务器类型时有 3 种服务器可供选择：“Developer Machine（开发测试类，MySQL 占用很少资源）”和“Server Machine（服务器类型，MySQL 占用较多资源）”和“Dedicated MySQL Server Machine（专门的数据库服务器，MySQL 占用所有可用资源）”。读者可根据自己的类型选择，一般选“Server Machine”。

⑦ 选择 MySQL 数据库的大致用途，也有 3 种选择：“Multifunctional Database（通用多功能型）”“Transactional Database Only（服务器类型，专注于事务处理）”和“Non-Transactional Database Only（非事务处理型，较简单，主要做一些监控、计数用，对 MyISAM 数据类型的支持仅限于 non-transactional），这里选择“Transactional Database Only”，单击 Next 按钮继续。

⑧ 在数据库备份配置页面中，选择默认即可。在数据库连接数选择上有 3 种选择：“Decision Support（DSS）/OLAP（20 个左右）”“Online Transaction Processing（OLTP）（500 个左右）”和“Manual Setting（手动设置，自己输一个数）”。这里选择“Online Transaction Processing（OLTP）”，单击 Next 按钮继续。

⑨ 在设定端口方面，如果想远程操作数据库则选中 Enable TCP/IP Networking，端口号选择默认 3306。在安全上，为了避免非法入侵，这里选择 Enable Strict Mode。

⑩ 在接下来的字符集编码上，统一选择 utf8 编码字符集，一直单击 Next 按钮，并设定 root 密码，完成后，利用 Execute 检查是否配置成功，如果不成功，则按照之前配置检查重新配置。

Windows 的安装相对而言是比较简单的，而对于 Linux 系统来说，安装和配置就显得比较复杂，其具体的配置方法如下：

① 在 Ubuntu 系列的系统中，采用 sudo apt-get install mysql-server，即可在网络上实时安装；对于 RHEL 系列的 Linux 系统来说，采用 yum install mysql-server 进行安装。

② Ubuntu 系统在安装中，是会提示输入密码的，而 RHEL 则会需要自己配置密码。

③ 配置 MySQL。编辑/etc/mysql/my.conf 文件，按如下方法进行配置：

在[client] 的下面加上：

```
default-character-set=utf8
```

在[mysql] 的下面加上：

```
default-character-set=utf8
```

在[mysqld] 的下面加上：

```
character-set-server=utf8
collation-server=utf8_general_ci
```

④ 重启 MySQL，即可保证配置一致：

```
sudo /etc/init.d/mysql restart
```

在 Windows 下和 Linux 下，尽量要保证配置一致，这样才能保证 Web 系统的跨系统兼容。同样，在命令行中输入 mysql –u root –p 并按【Enter】键，然后输入密码，即可看到图 2.4 所示的界面。

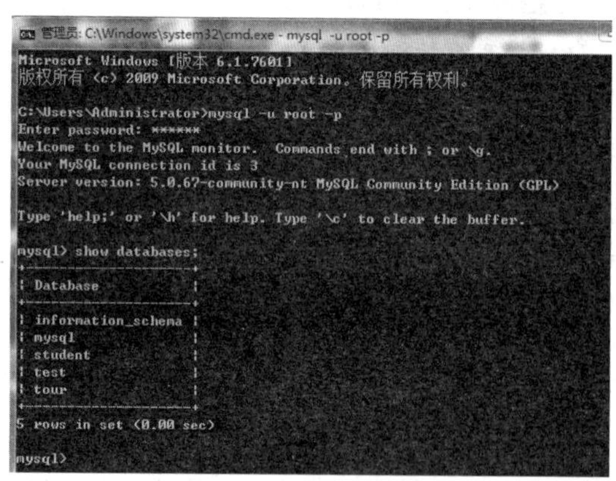

图 2.4　MySQL 安装成功界面

2.6　第一个 Web 程序

环境搭建完成，下面使用这一套开发平台写下第一个 Web 程序。MyEclipse 会自动填写配置文件，并自动部署到服务器上工作。

在书写第一个 Web 程序时，首先要新建一个 Web 工程。具体的建立方法如下：

① 启动 MyEclipse，并选择工作文件夹。选择 File | New | Other 命令，在弹出的对话框中选择 Web Project 选项，然后单击 Next 按钮，在随后弹出的对话框中将工程名命为 web，并选择 Java EE 6.0 单选按钮后，单击 Finish 按钮。

② 在新建 Web 项目之后，MyEclipse 左侧的导航视图栏会出现一个文件结构视图，其中 src 文件夹是 Java 程序源文件夹；WebRoot 是 Web 应用程序的根目录；web.xml 为 MyEclipse 自动

生成的程序描述文件。

③ 新建一个 Servlet。选择 File | New | Other 命令，在弹出的对话框中选择 Servlet 选项。单击 Next 按钮，在弹出的对话框中输入 package 名称以及 Servlet 名称后单击 Finish 按钮。这时，MyEclipse 生成了一个固定格式的 Servlet，并将 Servlet 相关的配置文件添加到 web.xml 中。这里简单介绍 web.xml 文件的组成：

a. <servlet> …</servlet> 指明了 Servlet 类路径以及名称。

b. <Servlet-mapping> ... </servlet-mapping>指明了访问指定名称的 Servlet 的 URL 路径。

例如，代码行 <url-pattern>/servlet/FirstServlet</url-pattern>指明了访问该 Servlet 的路径为 http://localhost:8080/web/servlet/FirstServlet（路径中/web 为该 web 应用程序的名称）。

④ MyEclipse 自动生成的 FirstServlet 只是完成了一句简单的话的输出（见图 2.5）。这里可以简单修改一下 FirstServlet 的源代码。

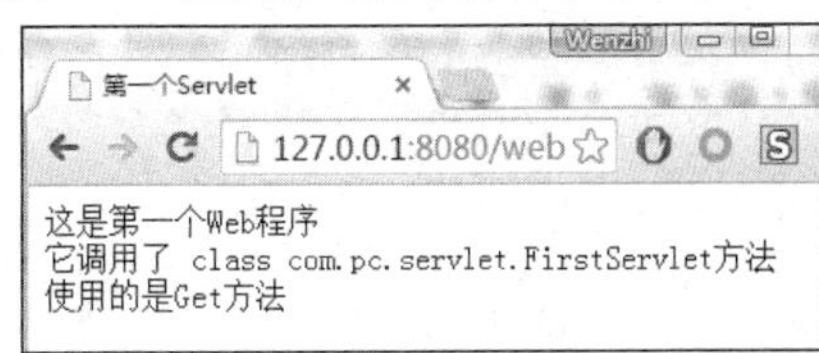

图 2.5　第一个 Web 程序运行的效果

当然，也可以不用向导而是手工添加一个 Servlet，方法是添加一个继承自 HttpServlet 的类，然后把 Servlet 配置到 web.xml 中。

⑤ 部署到 Tomcat。部署（Deploy）是指将程序部署到 Tomcat 下，也就是 Web 程序的发布。部署时需要部署所有的 class 文件、web.xml、jar 文件、JSP 文件等。部署分为两种，一种是手工部署，一种是自动部署。

a. 手工部署。在 Tomcat 目录（如 C:\tomcat）的 webapps 下新建文件夹，取名为 web，然后找到项目工作目录，将该目录 web\WebRoot 下的所有内容复制到 Tomcat 目录下刚刚建好的 webapps\web 下，这样就手工完成了 Web 的部署。然后启动 Tomcat 即可使用 http://localhost:8080/web/servlet/FirstServlet 访问上面新建的 Servlet。

b. 自动部署。还有一种更方便的部署方式，就是使用 MyEclipse 的自动部署功能。MyEclipse 集成了市面上大多数的 Web Server。选择 Window | Preferences 命令，在弹出的对话框中找到 Tomcat 6.x，在 MyEclipse 中配置 Tomcat，配置完毕后单击 OK 按钮，配置即刻生效。接下来部署 Web。单击工具栏图标中的服务器部署图标，在弹出的对话框中选择 Web，然后单击 Add 按钮。在新的对话框中选择 Tomcat 后单击 Finish 按钮。

自动部署的好处是，每当对源文件做一次修改，该文件都会被自动部署到 Tomcat 下。也就是说，修改源文件后，Tomcat 下立即生效，而不需要做重新部署的操作。推荐使用自动部署功能。其中，源码如下：

```
package com.pc.servlet;
import java.io.IOException;
import java.io.PrintWriter;
import javax.servlet.ServletException;
import javax.servlet.http.HttpServlet;
import javax.servlet.http.HttpServletRequest;
import javax.servlet.http.HttpServletResponse;
public class FirstServlet extends HttpServlet {
    public void doGet(HttpServletRequest request, HttpServletResponse response)
            throws ServletException, IOException {
        request.setCharacterEncoding("utf-8");
```

```
        response.setCharacterEncoding("utf-8");
        response.setContentType("text/html");
        PrintWriter out=response.getWriter();
        out.println("<!DOCTYPE html>");
        out.println("<HTML>");
        out.println("  <HEAD><TITLE>第一个 Servlet</TITLE><meta charset='utf-8'>
           </HEAD>");
        out.println("  <BODY>");
        out.print("    这是第一个 Web 程序 <br/> 它调用了 ");
        out.print(this.getClass());
        out.println("方法 <br/> 使用的是 Get 方法");
        out.println("  </BODY>");
        out.println("</HTML>");
        out.flush();
        out.close();
    }
}
```

⑥ 在 Tomcat 下，有一个非常有用的功能，即导出为 WAR 包。WAR 文件就是普通的 Zip 文件，只是里面包含一个 Web 应用程序。WAR 的全称为 Web Archive。类似的还有 EAR 包，全称为 EJB Archive，是将 EJB 组件打包的格式。WAR 包的导出方式为：选择 File | Export 命令，在弹出的对话框中选择 WAR file，然后选择项目名称。将导出的 WAR 文件直接放到指定目录，启动 Tomcat，Tomcat 默认会自动完成解包、部署等工作。WAR 就是一种为了方便部署而定义的文件。

⑦ 在 MyEclipse 中启动 Tomcat。在 MyEclipse 中，可以直接启动 Tomcat，具体方法为：单击工具栏服务器的下拉按钮，单击 Tomcat 6.x | Start 命令启动 Tomcat；同时，选择 Tomcat 6.x | Stop 命令可停止 Tomcat。

在浏览器中输入 http://127.0.0.1:8080/web/servlet/ FirstServlet，即可访问上述代码。

2.7 中文乱码问题

在 Web 工程中，最常见的问题是乱码问题，而乱码一般都是由于中文的乱码设置问题，这里需要重点强调一下。

1. MyEclipse 编码设置

① 打开 MyElipse，选择 Window | Preferencef 命令。

② 在打开的首选项中，找到 Gerneral | Workspace 设置。

③ 找到 Text File Encoding，默认为 GBK。

④ 选择 Other，更换为 UTF-8。

⑤ 单击 Apply 和 OK 按钮即可。

2. 乱码产生的原因

在最新版的 Java 语言中，默认使用的字符集为 Unicode 编码格式（字符集）来保存字符。产生乱码主要是在编码和解码的过程中产生的：

① 编码（Unicode→GBK）。把 Unicode 这种编码格式对应的字节数组转换成某种本地编码格式（如 GBK）对应的字节数组，从而保存。

② 解码（GBK→Unicode）。把某种本地编码格式的字节数组转换成 Unicode 这种编码格式对应的字节数组。

③ 乱码：如果某个服务器默认使用 ISO-8859-1 编码格式，使用 1 个字节保存，则会出现中文乱码。即在编码和解码的过程中出现问题，产生乱码。

3. 乱码解决

产生乱码的原因主要是编码和解码不匹配的问题，这里需要做以下设置，以解决这些问题：

① 统一编码，在 HTML 5 中可以添加<meta charset="UTF-8">。

② 在不是 HTML 5 的页面中，可以使用的解决方案：<meta http-equiv="content-type" content="text/html; charset=UTF-8">。

③ 在 request 处理时设置为 utf-8 编码：request.setCharacterEncoding("utf-8");。

④ 在 response 时做同样设置：response.setCharacterEncoding("utf-8");。

⑤ 在 Servlet 内部处理：response.setContentType("text/html;charset=utf-8");。

4. 表单提交

如果表单有中文参数值，也需要注意编码问题。因为，当表单提交时，浏览器会对表单中的数据进行编码（会使用打开表单时的编码格式进行编码），而服务器默认情况下，会使用 ISO-8859-1 去解码，所以，会产生乱码问题。这里综合前文内容，提供两个解决方案。

方法一：

① 先保证表单所在的页面按照指定的编码格式打开。即使用<meta http-equiv="content-type" content="text/html;charset=utf-8" />规范浏览器正在解析的数据类型和编码格式，HTML 5 的用法参考前文的乱码解决，即添加<meta charset="UTF-8">。

② 调用 request.setCharacterEncoding("utf-8");的意思是告诉服务器，使用指定的编码格式进行解码。

③ 该方法只能用于 post 请求，并注意编码代码放在 request.getParameter()方法前。

方法二：

① 统一编码，在 HTML 5 中可以添加<meta charset="UTF-8">;。

② 后台使用 new String(name.getBytes("iso-8859-1"),"utf-8");对 name 进行编码的二次解析。

在表单提交处理中，推荐使用方法一，并使用 post 的表单提交，这样可以在很多情况下避免乱码的情况。

本章小结

本章中使用 MyEclipse+Tomcat 服务器搭配了基本的 Web 开发平台，并介绍了 JDK、MySQL 等软件的安装。在案例中已经见识到 MyEclipse 在 Web 开发中的强大功能，实际上 MyEclipse 对诸多的 Java EE 技术均有着良好的支持，程序开发者可以简单地点几下鼠标就能完成很复杂的工作。一个好的 IDE 可以加速程序开发的周期，减少失误性 Bug 的个数。

尽管如此，MyEclipse 也只是一个 IDE，它的任务只是生成一些正确格式的代码。其他的 IDE 也会生成格式差不多的代码。例如 Borland 公司的 JBuilder、Oracle 公司的 JDevelop、Sun 公司的 NetBeans、Jetbrains 公司的 Intellij IDEA 也有类似的功能，只是操作方式上有所区别。程序开发者应该把注意力放在最根本的代码上，而不是如何使用某种 IDE 上。

另外，本章解决了 Web 中出现的乱码问题，读者在后续的 Web 应用程序开发中，如果发现乱码问题，可返回本章查阅。

第3章 Web前端技术

不论浏览器中的网页显示的效果多么绚丽，其本质还是由静态网页组成的，如果在这些静态网页中嵌入交互性代码（如 JSP），就构成了动态页面。而这些静态页面的技术通常称为 Web 前端技术，因此，使用 Web 技术开发大型 Web 应用程序，需要先从 Web 前端技术开始。

目前，Web 前端技术包括 HTML、CSS 和 JavaScript 几部分，这些技术都是相辅相成，缺一不可的。本章从 Web 开发的基本知识出发，介绍前端技术。

3.1 HTML 5 基础

3.1.1 HTML 简介

HTML（HyperText Markup Language，超文本标记语言）是浏览器可以直接解析的一种格式语言。用户浏览的所有信息包括文字、视频、动画、图像、音频等信息都是由浏览器对 HTML 进行解析，并将对应的资源引入到页面中，供用户访问。

HTML 5 是 HTML 发布的第 5 个版本，是 W3C 联盟于 2014 年推出的一个新标准的 HTML 语言，它在之前 HTML 4 的基础上做了重大改进，对标签进行了规范化管理，增加了很多实用的功能。目前，在移动端，特别是手机上支持度良好，得到了广泛的推广和使用。本书的代码基本上都是使用的 HTML 5 标准，未使用的地方会做特别说明。

3.1.2 HTML 文档结构

1. 第一个简单的 HTML 程序

HTML 的本质是标记，也就是说，它是在文本的基础上进行了标记，并引入了其他的相关资源。一个最简单的 HTML 程序代码如下（此处代码为案例需要，非 HTML 5 标准，后文会详细介绍相关标准）：

```
<HTML>
    <HEAD>
        <TITLE>第一个 HTML 程序</TITLE>
    </HEAD>
    <BODY>
        第一个 HTML 程序
    </BODY>
</HTML>
```

图 3.1　第一个 HTML 程序

将上述代码复制到文本文件中，并将文本文件的后缀改为 html，双击该文件，即可通过浏览器访问，其显示界面如图 3.1 所示。

从图 3.1 中可以看出，一个简单的 HTML 文档基本上由以下的 4 部分组成的：

① <HTML></HTML>。这是 HTMTL 文档的起始位置和结束位置，

② <HEAD></HEAD>。这是 HTML 的头部标签，一般包含 HTML 文档的字符集、脚本文件、CSS 代码、JavaScript 代码等不需要在浏览器中直接显示的内容。

③ <TITLE></TITLE>。这是在浏览器页面中的标题栏的内容。

④ <BODY></BODY>。这部分是网页的主体部分，页面中显示的所有效果都是属于这部分。

2. HTML 的基本特点

在学习 HTML 之前，首先了解 HTML 的基本特点，本书将 HTML 的基本特点总结如下，方便读者熟悉：

① HTML 是少数几个不区分大小写的语言，如标签中的<HTML>、<html>、<hTmL>的解析是一样的。

② HTML 的标记分为配对标记和单标记，其中大部分是成对出现的，称为配对标记，少部分单独出现，称为单标记。如换行标记
是单标记，<p>...</p>、……、<table>...</table>等是配对标记。

③ HTML 的标签如果是成对出现的，当后面的结束标记省略时，编译器不会提示错误，有些页面也会正常显示。但是，在 HTML 5 的标准下，一般建议不要省略标记，尽量书写完整，这样方便后面的 CSS 进行页面的优化。

④ 大部分标记都带有若干属性，属性之间不同的值，可以表示不同的意义。

3. 相对路径和绝对路径

（1）相对路径

在 Web 应用程序开发中，本文将相对路径定义为不以“/”开头的路径。它在应用中有如下特点：

① <a href="../1.html">表示访问上一级目录中的 1.html，该文件必须在上一级目录下，否则报 404 错误。

② <a href="./2.html">表示访问当前目录中的 2.html。

③ ./表示当前路径作为起点，../表示以上一级目录作为起点，如果要定位到其他目录，则需要添加目录名。

④ 相对路径较易出错，在实际开发中建议使用绝对路径。

（2）绝对路径

与相对路径不同，绝对路径是以“/”开头的路径，它的用法如下：

① <a href="/web/2.html">表示访问 Web 工程根目录中的 1.html，无论之前的链接在何处。

② 链接地址、表单提交地址、重定向的绝对路径，应该从“应用名（工程名）”开始写，

而转发应该从“应用名之后”开始，格式如“/工程名/目录路径/index.html”。

4. MyEclipse 的 HTML 编辑

在本书中，所有的页面都是通过 MyEclipse 开发并管理 Tomcat，具体步骤如下：

（1）配置 MyEclipse 中的 Tomcat

① 单击工具栏上的 Run/Stop/Restart MyEclipse Servers 图标的下拉按钮，选择 Configure Server。

② 在弹出的 Preferences 对话框中展开 MyEclipse—Servers—Tomcat—Tomcat 6.X。

③ 将 Tomat server 选项置为 Enable（默认为 Disable）。

④ 单击 Tomcat home directory 之后的 Browse 按钮，选择 Tomcat 主目录；然后自动生成 Tomcat base directory 和 Tomcat temp directory，单击 OK 按钮。

⑤ 注意事项：两项可改可不改的。

a. Tomcat 下的 JDK—Tomcat JDK name 是已安装的 JDK。

b. 建议 Tomcat 下的 Launch—Tomcat launch mode 设置为 Run model，默认为 Debug mode，该模式在有些时候会显示不正常。

⑥ 再单击工具栏上的 Run/Stop/Restart MyEclipse Servers 图标的下拉按钮，选择 Tomcat 6.x，单击 Start 按钮。

⑦ 当在控制台显示 Server startup in XXX ms 时，则 Tomcat 启动成功。

（2）建立 Web 工程

① 建立一个 Web Project（Web 工程），填写 Project name（如 web），JDK 最好选 6.0，其他选项默认，单击 Finish 按钮。

② 在 WebRoot 下右击，新建一个 HTML 文档，修改文件名，如 1.html。

③ 在后续章节中，可能会涉及操作 Java 类和 web.xml 文件，感兴趣的读者可以提前了解。

（3）部署项目到 Tomcat 服务器

① 单击工具栏上的 Deploy MyEclipse J2EE Project to Server 图标。

② 弹出 Project Deployments 对话框，单击 Add 按钮。

③ 弹出 New Deployment 对话框，选择 Tomcat 6.x，单击 Finish 按钮，最后单击 OK 按钮。

“Project Deployments”对话框有 4 个按钮，常用的为：

a. Add 按钮：在 Tomcat 服务器上增加新应用。

b. Remove 按钮：删除 Tomcat 服务器上的新应用。

c. Redeploy 按钮：重新部署该应用，一般每次修改后都需要重新部署。

（4）访问 Tomcat 服务器上的页面

访问方式很简单，只需要在浏览器地址栏中输入 http://localhost:8080/web/1.html 并按【Enter】键，即可访问，其中 web 为工程名。

3.1.3　HTML 5 的基本语法

HTML5 向下兼容 HTML4 及之前版本的所有语法，因此 HTML 中所有的标记都可以在 HTML5 中直接应用。但是，目前的网页开发中，建议 HTML5 只作为语义部分，页面的颜色和样式都使用 CSS 来渲染，页面中的简单互动都使用 JS 来渲染。由于本书主要是学习 Web 的基本技术，鉴于篇幅有限的缘故，这里只做简单的介绍，其它复杂的应用也是在这些简单应用的基础上进行组装的。

在 W3C 的规范中，要求 HTML5 的标签全部使用小写字母，因此本书后续的代码也基本遵循这个原则,前面的一小节的大写字母为了让读者对 HTML 语法有一个了解,对其兼容性有一个认识。

网页中的基本元素如文本、图像、超链接、表格等本质上对应的是 HTML 的相应标记，在制作 HTML 文档时，只需要在对应的 HTML 代码中插入相应的属性和内容即可。

1. 文本的创建方式

在网页中，直接添加文本的方式有以下几种方式：

（1）直接添加文本

最简单的文本添加方式是直接添加，如<div>添加文本</div>、<td>添加文本</td>、<li>添加文本</li>等标记中。

（2）段落文本

使用<p>...</p>的段落标签可以很容易地在段落与段落之间添加文本，并且文本与文本之间有一行间距。如：

```
<p>段落 1</p>
<p>段落 2</p>
<div>说明: 段落 1 和段落 2 之间隔了 1 行</div>
```

（3）标题文本

标题文本的作用是给文本添加一个标题，它是具有语义的标记。该标记一共有 6 层，分别是 h1、h2、h3、h4、h5、h6，数值越大，字体越小，如<h1>是最大的标题标记，而<h6>是最小的标题标记。

标题标记中有很多属性如 align="center"表示居中显示，但是在 HTML 5 的代码中，这种 align 属性一般不推荐使用，如果需要使用样式，一般都是采用 CSS 进行控制。

（4）换行标记

在 HTML 中，
是常见的换行标记，一般在编辑中，直接利用【Enter】键是无法起到换行的作用的，必须采用标记进行换行操作。

（5）列表标记

列表标记的标签如<ul>、<li>等一般在 HTML 5 的代码中使用较少，现在都将这种列表标记与 CSS 进行配合使用，可以制作界面优良的下拉菜单。

（6）其他标记

在 HTML 中，有时需要输入一些特殊的标记，如空格、版权信息（©）、大于符号等，在这种情况下，需要对符号进行特殊处理，表 3.1 中列举了特殊的标记符号。

表 3.1 特殊的标记

显 示 结 果	说 明	键盘输入方式	数值输入方式
	显示一个空格		
<	小于	<	<
>	大于	>	>
&	&符号	&	&

续表

显示结果	说　明	键盘输入方式	数值输入方式
"	双引号	"	"
©	版权	©	©
®	注册商标	®	®
×	乘号	×	×
÷	除号	÷	÷

在表 3.1 中，可以利用   或   在浏览器中显示一个空格，其他符号也是采用类似的方式输出。

图 3.2 是利用文本标记创建的一个页面，其代码如下：

```
<html>
    <head><title>文本的测试属性</title></head>
    <body>
        <h1 align="center">Web 前端技术</h1>
        <p>Web 前端技术包含以下常见技术</p>
        <ul>
            <li>HTML: 网页的基本语言</li>
            <li>CSS: 层叠样式表</li>
            <li>JavaScript: 浏览器脚本语言</li>
</ul>
    </body>
</html>
```

图 3.2　网页的文本标记

2. 图像

图像是目前来说网页中的重要组成部分，在网页中，选取合适的图像，能够吸引更多用户获取更多的流量。而且图像的表现更加直接，很容易让用户了解网站的主要内容。

在 HTML 中，使用<img>标签对图像进行插入，并且可以设置图像的大小、对齐等属性。<img>标签是一个单标记，其基本用法的代码如下：

```
<html>
    <head><title>图像的属性</title></head>
    <body>
        <h1 align="center">这是一个基本图像</h1>
        <img src="./images/pic.jpg" width="200" height="150" align="center"
                title="图片的测试"/>
    </body>
```

```
</html>
```

上述代码的图片 pic.jpg 放置在 images 文件夹中，并且与该 html 文件同级的目录下，其显示的效果图如图 3.3 所示。

另外，<img>标记有一些常见的属性，如 src、alt 等，其属性的基本意义如表 3.2 所示。

图 3.3　图片效果

表 3.2　<img>标记的常见属性

属　性	基 本 含 义
src	图片文件的 URL 地址
alt	图片无法显示时的提示性文字
title	鼠标指针停留时的说明文字
align	对齐方式，HTML 5 不推荐该方式
width, height	图片的宽度和高度，建议使用 CSS 技术

3. 超链接

超链接是网站最重要的标记之一，它的主要作用是方便浏览者从一个网页跳转到另外一个网页，从而将多个无关联的页面联系在一起。在互联网上，超链接是通过 URL 定位的，而在同一个网站工程中，通常使用路径来定位到另外一个 HTML 文档。

在网页中，超链接是使用<a>...</a>标签来完成的，下列代码即完成了几个简单的超链接：

```
<html>
    <head><title>超链接的属性</title></head>
    <body>
        <a href="./index.html" target="_blank">首页</a>
        <a herf="mailto:test@test.com" title="联系的Email 地址">email 联系</a>
    </body>
</html>
```

上述代码的运行效果如图 3.4 所示，图中的超链接的显示方式为文本，除了这种显示方式外，超链接还可以使用图片、多媒体等做超链接。

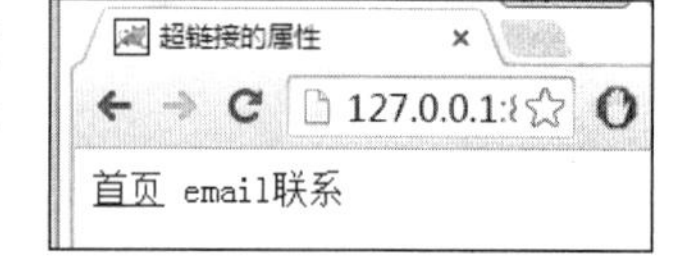

图 3.4　图片效果

超链接中有一些基本属性，其属性的基本含义如表 3.3 所示。

表 3.3　超链接的基本属性说明

属 性 名	说　明	示　例
href	跳转的路径	跳转文件的路径、URL 地址、E-mail 等
target	打开方式 （在新标签或窗口中打开）	_blank：在新标签或窗口中打开 _self：在当窗口中打开，默认情况为_self _parent：在当前窗口的父窗口中打开 _top：在整个浏览器窗口中打开
title	提示文字	鼠标指针停留时的说明文字

（1）用文本做超链接

使用文本做超链的方式是常见的，基本上在标签<a>...</a>之间插入文本即可，其基本的格式如下：

```
<a href="./index.html">文本位置</a>
```

（2）用图片做超链接

使用图片做超链接的方式比较简单，基本上将以上代码的文本换成图像即可，其代码的基本形式如下：

```
<a href="./index.html"><img src="./images/index.jpg" border="0"/></a>
```

（3）其他超链接形式

除了以上常见的几种超链接形式外，还有其他几种超链接形式，如音频、视频等都可以做超链接，其方式和上述的效果类似。不过有一种热区链接的方式，这种方式需要将图片中的指定区域进行标记，当用户点击到标记区域的相关内容后，即可触发超链接效果。由于这些超链接的应用不是很常见，因此本书不做过多的详细介绍。

4. 表格

表格是网页中的常见元素，它不仅仅可以显示页面中的数据，还可以对页面中的元素进行布局和排版，达到美化页面的效果。另外，表格通常和表单配合使用，可以达到很好的页面布局。

（1）表格的基本属性

绘制一个表格通常需要<table>、<tr>、<td>这 3 个标签，其中<table>是定义表格的位置和显示效果，<tr>是定义表格的行，<td>是定义表格中的元素位置。一个简单表格的代码如下：

```
<html>
    <head><title>表格的属性</title></head>
    <body>
        <table border="1px" cellpadding="10px " cellspacing="5px">
            <tr>
                <td>单元格 1</td>
                <td>单元格 2</td>
            </tr>
            <tr>
                <td>单元格 3</td>
                <td>单元格 4</td>
            </tr>
        </table>
    </body>
</html>
```

关于以上代码，这里有一点需要说明，就是<table>的 border、cellpadding、cellspacing 属性在 HTML 5 中已经明确不推荐使用，HTML 5 将表格的这些设置给 CSS 进行控制了。而在本书中，由于很多地方使用 CSS 进行描述的效果不佳，因此仍采用这些基本属性进行设置，读者在开发中，强烈建议使用 HTML 配合 CSS 的设计架构，这是目前的主流模式。另一方面，border = 0、cellpadding = 0、cellspacing = 1 是默认值，其效果并不是很好，所以一般需要重新设置，上述代码的显示效果如图 3.5 所示。

在<table>中，虽然目前的 HTML 5 官方建议使用 CSS 进行表格的设置，但是在很多代码中，还是沿用了 HTML 4 的属性，这些属性的基本含义如表 3.4 所示。

图 3.5　<table>的显示效果

表 3.4　表格的基本属性

属　　性	基 本 含 义
border	表格外边框的宽度，默认值为 0
bgcolor	表格的背景颜色
cellspacing	单元格与单元格之间的间距，默认值为 0
cellpadding	单元格内的间距，默认值为 0
width, height	表格的宽度和高度，建议使用 CSS 技术
align	表格的对齐属性

（2）单元格的对齐属性

在单元格<td>和<tr>中也有很多属性，其中用的较多的属性为 align（现在也被 CSS 替代了），它的主要作用是控制单元格的水平对齐属性，有 left、center、right 这 3 个属性值，默认值是 left。如下列代码即为对齐属性的显示代码。其中，代码的显示效果如图 3.6 所示，水平的效果不是很明显，原因是目前浏览器对 align 的属性支持度较低，因此在对单元格进行设置的过程中建议采用 CSS 完成。

```
<html>
    <head><title>表格的对齐属性</title></head>
    <body>
        <table border="1px" cellpadding="10px " cellspacing="5px">
            <tr align="center"> <td>水平居中</td> </tr>
            <tr align="right"> <td>水平居右</td> </tr>
        </table>
    </body>
</html>
```

（3）单元格的合并属性

有些单元格可能会出现合并的一些属性，如图 3.7 所示，即为部分单元格的合并效果。

图 3.6　单元格的对齐属性

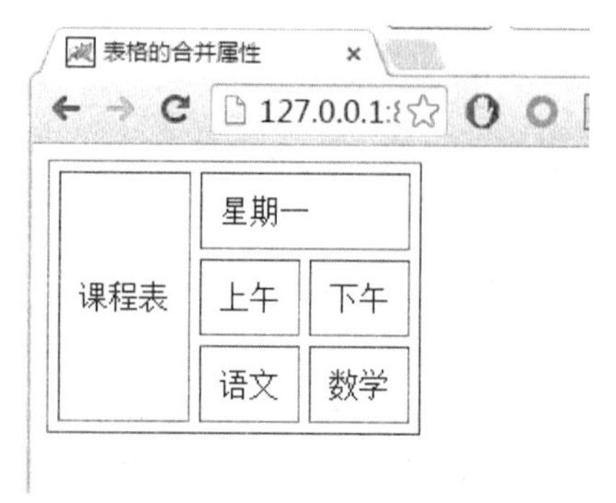

图 3.7　单元格的合并效果

单元格的合并分为水平和垂直合并，水平合并又称多列合并，对应的属性为 colspan；垂直合并又称为多行合并，对应的属性为 rowspan，它们是<td>的特有属性。图 3.7 的代码如下：

```
<html>
    <head><title>表格的合并属性</title></head>
    <body>
        <table border="1px" cellpadding="10px " cellspacing="5px">
            <tr>
                <td rowspan="3">课程表</td>
                <td colspan="2">星期一</td>
            </tr>
            <tr>
                <td>上午</td>
                <td>下午</td>
            </tr>
            <tr>
                <td>语文</td>
                <td>数学</td>
            </tr>
        </table>
    </body>
</html>
```

5. 表单

表单是浏览器和服务器进行数据交换的重要标签之一，利用表单可以把用户填写的相关信息提交到服务器。用户一般从服务器获取数据，有超链接和表单提交两种方式，在第 1 章的图 1.1 中，可以很清晰地了解浏览器和服务器的传输流程。而表单是传输中最重要的一部分，用户可以通过 HTML 编写的表单向服务器请求制定的数据，当用户单击页面上的“提交”按钮时，表单的信息就会发送到服务器中，由服务器的相关应用程序进行处理，并将处理的数据返回给用户。

本章的表单仅仅只是讲解 HTML 的表单设计，关于服务的表单处理，在后续的章节中会继续讲解。一个简单的表单代码如下所示，代码中设计的标签和用法在本节会详细说明的，这里的提交会出现 404 错误，因为响应的 register.jsp 页面没有定义：

```
<html>
    <head><title>表单的基本属性</title></head>
    <body>
        <form action="register.jsp" method="post">
            <p>用户名: <input type="text" name="username" /> </p>
            <p>密  码: <input type="password" name="passwd" /> </p>
            <p>年  龄: <input type="number" name="age" min="1" max="100" value=
                     "18"/></p>
            <p>性  别:
                男 <input type="radio" name="sex" value="male" checked="checked"/>
                女 <input type="radio" name="sex" value="female"/>
            </p>
            <p>爱好:
                <input type="checkbox" name="fav1" value="football"/>足球
                <input type=" checkbox " name="fav2" value="basketball"/>篮球
            </p>
            <p>属相:
```

```
                <select name="zodiac">
                    <option value="rat"/>鼠</option>
                    <option value="box"/>牛</option>
                </select>
            </p>
            <p>个人简介: <br/> <textarea name="info"></textarea></p>
            <p> <input type="submit" value="提交" /> </p>
        </form>
    </body>
</html>
```

(1)表单的基本属性

这里的表单主要是<form>标签完成，它是一个配对标记，并且是严格配对的，具体的用法如下：

① 表单需要限定其范围，一个表单的所有标记内容都要写在<form>和</form>之间，当用户单击表单中的“提交”按钮时，提交的信息只能是<form>和</from>之间的内容；这里有一个特别说明：HTML 5 增加了 form 属性，允许在<form>标签外使用，并能将数据提交到服务器外，但是该标签应用较少，所以本书不做重点介绍。

② 表单的属性必须完整，如表单的 action 响应位置、提交的 method 方法等。

③ 表单需要一个提交按钮，方便用户的数据提交。

上述代码的显示效果如图 3.8 所示。

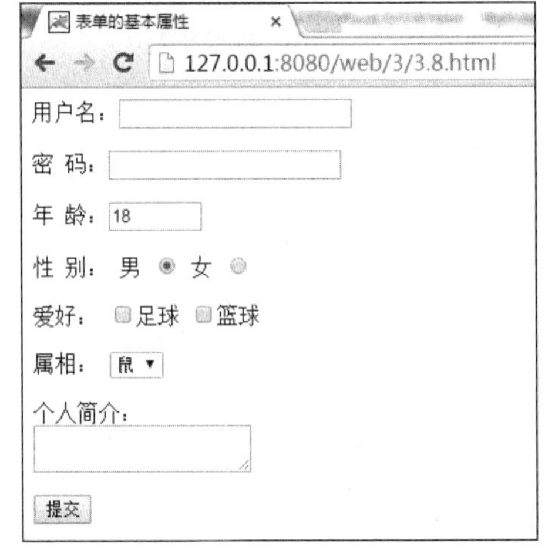

图 3.8 表单效果

除了以上的基本用法外，表单还有以下基本属性：

① name 属性。name 属性是作为唯一的一个名称标记该表单，如<form name="myform">，该属性的主要作用是供 JavaScript 通过代码调用表单中的元素（随着 HTML 5 的发展，这种方式已经逐渐演变为 id 属性）。

② id 属性。id 属性的主要作用是供 JavaScript 调用，并对元素进行页面的检验和控制，在整个 HTML 页面中 id 的名称是唯一的。

③ action 属性。action 属性是用来设置表单的响应 URL 的，如<form action="login.jsp">，表示当用户提交数据后，将数据提交到 login.jsp 进行处理，处理完成后通常将结果返回给浏览器。

④ method 属性。表单中的 method 方法对应的有两个选项 get 和 post，其中默认的方法是 get，用法如<form method="post">，这两种方法的区别如下：

a. get 方法提交后，会在浏览器的地址栏中将提交的信息显示出来，提交的数据之间用&隔开；post 方法提交后，信息不会在浏览器中显示出来，数据更加安全。

b. get 方法最多只能提交 256 个字符，而 post 方法无此限制，因此在提交文件、大量的数据时尽量使用 post 方法。

c. 超链接本质上是一个 get 方法，服务器将超链接当作 get 方法处理。

d. 大部分的表单提交中，推荐采用 post 方法，但是在一些特殊地方，还是会使用 get 方法进行数据的提交，如在分页控制的应用中。

（2）表单数据的处理流程

表单的数据处理流程可以简单描述为：当用户单击表单后的提交按钮后，表单会向服务器发送用户填写的内容，服务器则会通过提交数据的 name 和 value 对应的值进行数据的提取，然后对提取数据进行处理后，返回给服务器。

在表单提交中，一个最简单表单必须有以下 3 部分内容：

① <form>标记。表单提交必须有一个完整的 form 标记，否则表单的数据无法确定后台服务器处理的位置。

② 表单中至少有一个提交项。每个表单至少有一个提交项（文本域、单选按钮或复选框等），这样提交的数据才有意义，才能正确收集到用户的信息，否则没有信息提交给服务器。

③ 提交按钮。每一个表单中最好有一个提交按钮，方便用户将输入的信息提交到服务器中。

6. 表单中常见的标记

从图 3.6 源代码可以看出，表单中的信息包含<input>、<select>、<option>、<textarea>等标签，本节将重点介绍这些标签，其他标签在后续代码中用到时也会具体讲解。

（1）<input>标记

<input>标记主要是用来让用户输入信息，方便表单提交将输入的信息提交到服务器中进行数据处理。<input>标签的样式由 type 属性控制，type 属性为不同的值，对应的显示的效果也不同，常见的 type 属性值如表 3.5 所示。

表 3.5　type 类型的属性值

属性值	基本含义	属性值	基本含义	属性值	基本含义
text	文本框	hidden	隐藏域	submit	提交按钮
password	密码框	file	文件域	reset	重置按钮
radio	单选按钮	number	数字域	button	普通按钮
checkbox	复选框	email	邮件域	range	滑动按钮

表 3.5 列出了常用的属性值，还有其他属性值，如 url、image、search 等，因为这些属性值应用较少，本节不做介绍，后续章节有需要时再详细讲解。

（2）单行文本框

当<input>的属性中 type="text"时，代码在页面中显示一个单行文本，文本框主要用来收集用户的基本信息，其基本用法如下：

```
<input type="text" name="username" id="username" size="20"/>
```

这段代码的意思是：该文本框的宽度为 20 个字符，id 和 name 都为 username。这里需要重点说明的是 id 的作用域只在本页面中起作用，主要是与 JavaScript 配合，起到页面交互的作用；提交中起关键作用的 name，如果用户输入信息为“张三”，提交后，服务器收到的数据其实是“username=张三”的信息。服务器处理的是属性 name 中的属性名为 username 中的信息。

如果用户没有输入内容，那么服务器提交表单后收到的数据其实为空；在 HTML 5 中，为了避免这种情况，定义了 required 属性，在提交信息之前，页面会对提交项做检查，如果没有输入，则不允许提交。

另外，<input>还有一个 value 属性，可以在初次打开页面中让文本显示一个初始值，方便用户对初始值进行操作，这些常用的属性如表 3.6 所示。

表 3.6 <input>的常见属性

属 性 名	说 明	示 例
value	设置文本框的初始内容	value="提示"
size	文本框的输入宽度	size="20"
required	表示信息必须输入	required="required"
maxlength	规定文本框最大输入字符个数	maxlength="10"

（3）密码框

当<input>中的 type 属性为 password 时，表示该属性是一个密码域，用户的输入会以密文显示，但是在提交到服务器的过程中，则是以明文形式输入。其基本用法如下：

```
<input type="password" name="passwd" size="20" />
```

当用户在密码框中输入的信息为“123456”时，服务器实际处理的是“passwd=123456”信息，服务器处理会在后续章节中详细讲解。

（4）单选按钮

当<input>中的 type 属性为 radio 时，它就会在页面中显示一个单选按钮，这里需要重点说明的是：单选按钮只有在 name 值相同时才有效。在一组单选按钮中，浏览器只允许用户选择一个按钮，当提交时，只有被选中的单选按钮的 name 和 value 被提交到服务器中。单选按钮的基本用法如下：

```
男 <input type="radio" name="sex" value="male" checked="checked" />
女 <input type="radio" name="sex" value="female"/>
```

其中，checked="checked"表示当前按钮默认状态为选中状态。

（5）复选框

当<input>的 type 属性为 checkbox 时，该标签在页面中显示为复选框，允许用户选择一个或多个选项。复选框的一个属性为 checked 时，表明该复选框默认为选中状态。当表单提交时，浏览器检测复选框，只有当复选框为选中状态时，才会提交到服务器进行处理。复选框的基本用法如下：

```
爱好:     <input type="checkbox" name="fav1" value="football"/>足球
          <input type=" checkbox " name="fav2" value="basketball"/>篮球
```

（6）数字域

当<input>标签的 type 属性为 number 时，它是 HTML 5 的新属性，在页面中显示的是一个数字域，页面中只允许用户输入指定的整数类型，其基本用法如下：

```
<input type="number" name="age" min="1" max="100" step="1" value="18"/>
```

上述代码的意思是该文本框为一个数字域，提交的 name 为 age，输入的数值范围为 1～100，每次递进 1 个数值，默认值为 18。如果输入的数值不在此范围内，则表单会提示，并无法提交页面。

（7）文件域

当<input>的 type 属性为 file 时，页面会显示为带浏览标记的文件上传域，以供用户将文件上传到服务器中，具体用法在后续服务器章节会详细讲明，其常见用法代码如下：

```
<input type="file" name="upfile"/>
```

（8）隐藏域

当<input>的 type 属性为 hidden 时，此时的文本域为隐藏状态，在页面中不会有任何显示效果。这种隐藏域的常见用法是存储用户的特定信息，如有些页面需要分步完成，此时可以用隐藏域来存储特定的信息，如 id，以便帮助用户接受处理同一类的信息。其常见的用法代码如下：

```
<input type="hidden" name="id" value="2" />
```

（9）多行文本域

<textarea>是多行文本域的标记，作用是让用户在浏览器中输入多行文字，如很多留言和评论都是多行文本域。常见的文本域用法如下：

```
<textarea name="info"></textarea>
```

文本域的常见属性如表 3.7 所示。

表 3.7　多行文本域的基本属性

属　性	基 本 含 义
cols	用来设置文本域的列数（宽度）
rows	设置文本域的行数（高度）
wrap	有三个属性值，默认为 virtual 自动换行。 wrap="off"，不允许自动换行； wrap="virtual"，允许自动换行； wrap="virtual"，允许自动换行，在自动提交时，会在换行后添加 标记

（10）下拉菜单标记

下拉菜单标记由<select>和<option>共同组成，每一个<option>对应的 value 不同，其用法如下：

```
属相: <select name="zodiac">
     <option value="rat"/>鼠</option>
     <option value="box"/>牛</option>
</select>
```

上述介绍了一些 HTML 的基本标签，还有其他很多标签，鉴于篇幅，本书不做讲解。由于 HTML 的主要作用是前端的语义，而现在的大部分网页都是使用的 DIV+CSS 的架构，因此在后续章节中，将会着重介绍该架构的基本知识。

3.2　CSS 基础

CSS（Cascading Style Sheet，层叠样式表）是由万维网联盟（W3C）组织进行维护和制定标准，是一种用于为结构化语言（包括 XML 和 HTML）增加相应样式的计算机语言。CSS 常用于网页编排中，在 HTML 中使用 CSS 可以制作出非常绚丽的网页效果。

CSS 是在 HTML 被发明之初，就开始以样式表的形式出现，而且是不同的浏览器针对自身不同的特点进行定义，当时的样式表仅仅是给网页的浏览者使用的，因为早期的 HTML 定义的功能和属性很少，浏览者只能通过浏览器定义的样式表进行调节，从而改善阅读效果。让用户对样式进行调节，一方面无法满足网页设计师对网页进行的调控，另外一方面，用户对网页要进行调控，这势必会增加用户使用的难度。因此，随着 HTML 的迅速发展，其自身功能和属性也逐渐完善，浏览器定义的样式表也就失去了作用。

为了让网页设计者能够更好的对网页元素进行调控，1994 年哈坤·利与 Bert Bos 决定共同合作设计 CSS。虽然之前也有样式表，但是 CSS 是第一个层叠样式表。所谓层叠，即允许用户的样式可以继承其他样式表中的样式，这样用户可以非常灵活的对网页进行设计，用户可以在某些需要自己设计的地方使用自己的样式表，同时也可以在其他地方继承其他样式表。这种设计方式得到了万维网联盟（W3C）组织的认同，同时于 1996 年 12 月，万维网联盟（W3C）组织推出了第一个 CSS，即 CSS1，随后在 1998 年推出了 CSS2。目前最新的 CSS 版本为 CSS3，它结合当前的 HTML 5 进行 Web 开发成为网页开发必不可少的一部分。

CSS 在使用上，是将 HTML 中的显示与内容分开，这么做有很多好处：

① 可以使文件结构化。这种结构化设计，可以对网页设计中进行模块化设计（用 div 控制），并且在设计过程中，能够遵循自上而下，逐步细化的思想，使得编程人员能够更好地利用 CSS 对网页元素进行控制。

② 增强文档的可读性。由于 CSS 和 HTML 分开了，所以在对 HTML 源码进行查看时更加容易理解，而且在 CSS 源码中全部是关于样式的定义，也能够很好地对源码进行查看。另外，可读性作为程序设计中最重要的原则，能够有利于程序员对程序进行修改，在多人协作开发系统中，也能方便他人理解自己书写程序源码，从而提高系统开发的效率。同时，可读性也更方便开发者对设计的程序或系统进行升级和维护。

③ 能够更加方便用户决定网页元素的显示效果。由于 CSS 能够和用户进行简单的交互、对网页元素进行像素级别的控制，这能够让网页设计者对网页的显示效果进行更精确的控制，也能够决定网页元素的显示位置。

④ 文档的结构定义更加灵活。由于显示和内容分开了，因此文档的结构定义也就更加灵活，可以在一个 HTML 文件中引入多个 CSS 文件进行调控，而不必在一个页面中冗余过多的 CSS 定义。

⑤ 维护和升级更加容易。由于 CSS 是将显示和内容分开的，因此在维护和升级上也相对更加容易。用户在维护时，只用修改相应的 CSS 文件即可，不用对整个系统进行更改，更改完成后，上传到服务器，即刻生效。同时，用户在对 Web 系统进行升级时，也只是修改 CSS 文件，增加新的 CSS 定义，不必对整个系统文档修改。

由于目前 Web 设计中，往往采用 div 进行控制，即采用一个 div 嵌套控制另外一个 div，如边界（margin）、边框（border）、填充（padding）、内容（content）。为了对 div 进行有效控制，一般采用 CSS 进行控制。这种嵌套方式与我们日常生活中的盒子包装有些类似，如边界相当于最外面的一层盒子的包装膜、边框相当于里面的一层盒子、填充相当于盒子里为了防止里面物品受损的填充物、内容相当于盒子里的物品。在这里，我们可以把每一个 HTML 的标记看作是一个盒子，对盒子里面还可以放一些小盒子，每个盒子同时拥有以上 4 个属性，每个属性可以分为上、下、左、右 4 个边界。因此对其控制的盒子模型如图 3.9 所示。

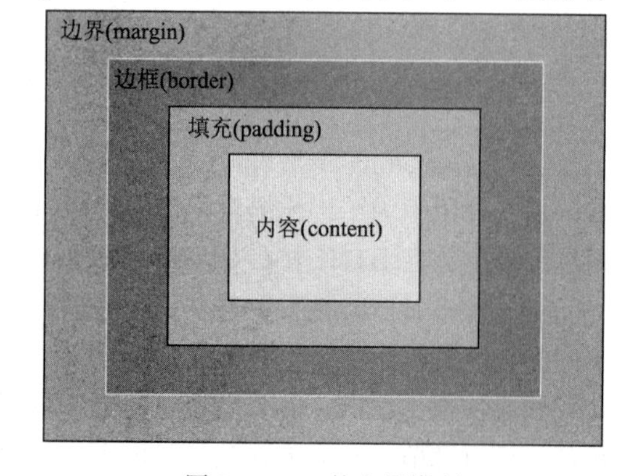

图 3.9　CSS 的盒子模型

从图 3.9 中可以很清楚地看到利用 CSS 盒子模型能对 HTML 进行有效的控制，并把 HTML 中的元素有效地划分成不同的盒子，以及盒子中嵌套使用，这样可以有效地对网页各个元素进行最精确的控制，从而使得网页显示达到非常绚丽的效果。

基于以上 CSS 的特点和优势，CSS 能够非常容易的对页面布局进行控制，并能够改善页面的显示效果，因此它是目前 Web 开发中不可缺少的技术之一。在本文中，仅对 CSS 的一些基本用法进行介绍。

3.2.1　CSS 简介

早期，依靠 HTML 元素的属性设置样式，如 border/align；而每个元素的属性不尽相同，所以样式设置比较混乱；因此，W3C 推出了一套标准：使用某种样式声明后，所有的元素通用，即 CSS 产生，它是对页面的样式进行统一的定义（声明）的。

1. CSS 基本特性

在本节的开始，已经对 CSS 进行了简单的定义：

① CSS（Cascading Style Sheets）：层叠样式表，又称级联样式表，简称样式表。

② 它的主要作用是用于 HTML 文档中元素的样式定义。

③ 实现了将内容与表现分离。

④ 提高了代码的可重用性和可维护性。

2. CSS 的语法构成

这里定义一个简单的 CSS 样式，代码如下：

```
h1 {
    text-align:center;
    color:#0000ff;
}
```

上述代码的主要功能是：定义了样式 h1，其文本显示为居中样式，颜色显示为蓝色，界面显示效果如图 3.10 所示。

图 3.10　CSS 样式显示的效果

从上述显示和代码中，可以看出 CSS 的语法有以下特点：

① 样式表由多个样式规则组成，每个样式规则有两部分：选择器和声明。

② 选择器：决定哪些元素使用这些规则，如 h1{}。

③ 声明：由一个或者多个属性/值对组成，用于设置元素的外观表现，如“text-align: center;”。

3. CSS的3种使用方式

3 种使用方式有内联样式、内部样式表、外部样式表，这 3 种样式应用的范围不一样，具体的用法如下：

（1）内联样式

内联式的特点是样式定义在单个的 HTML 元素中，它的具体用法如下：

① 样式定义在 HTML 元素的标准属性 style 中。

② 不需要定义选择器，也不需要大括号。

③ 只需要将分号隔开的一个或者多个属性/值对，作为元素的 style 属性的值。

这里将上述 h1 的内联式写法定义如下，代码的显示效果和图 3.10 的效果一样。内联式可以看成是将代码写入 html 代码中，这种用法不便于维护，因此不推荐使用。

```
<h1 style="text-align:center; color:#0000ff;">这是 h1 标签</h1>
```

（2）内部样式表

样式定义在 HTML 页的头元素中。

① 样式表规则位于文档头元素的<style>元素内。

② 在文档的<head>元素内添加<style>元素，在<style>元素中添加样式规则。

图 3.10 显示效果的内部式代码如下，内部式比内联式效果好，如果页面的 CSS 代码不是很多，也可以使用，但是缺点也一样，不便于维护，可复用性也比较差。

```
<html>
  <head>
    <title>CSS 内联式</title>
    <meta charset="UTF-8">
    <style type="text/css">
        h1 {
            text-align:center;
            color:#0000ff;
        }
    </style>
  </head>
  <body>
    <h1>这是 h1 标签</h1>
    <h2>这是 h2 标签</h2>
  </body>
</html>
```

（3）外部样式表

将样式定义在一个外部的 CSS 文件中（.css 文件），由 HTML 页面引用样式表文件。

① 首先需要创建一个单独的样式表文件，用来保存样式规则。

a. 一个纯文本文件。

b. 该文件中只能包含 CSS 样式规则。

c. 文件后缀为.css。

② 然后在需要使用该样式表文件的页面上，使用<link>元素链接需要的外部样式表文件。在 link 中，rel 代表做什么用；href 代表引入的文件在哪；type 代表引入的文件是什么类型的；

text/css 代表纯文本类型的 CSS 代码。

```
====================myStyle.css====================
h1 {
text-align:center;
color:#0000ff;
}

====================3.10.html====================
<html>
  <head>
<title>CSS 外部式</title>
<meta charset="UTF-8">
<link rel="stylesheet" type="text/css" href="myStyle.css" />
  </head>
  <body>
    <h1>这是 h1 标签</h1>
    <h2>这是 h2 标签</h2>
  </body>
</html>
```

（4）三种用法的区别

① 内联样式。将样式定义在元素的 style 属性中，但没有重用性。

② 内部样式表。将样式定义在<head>元素里的<style>中，但仅限于当前文档范围重用。

③ 外部样式表。将样式定义在单独的.css 文件中，有页面引入它；但可维护性和可重用性高，同时实现了数据（内容）和表现的分离。

④ 推荐使用内部样式表和外部样式表。

4. CSS 的表特征和优先级

CSS 在使用的过程中，具有如下特性：

① 继承性。大多数 CSS 的样式规则可以被继承（子元素继承父元素的样式）。

② 层叠性。可以定义多个样式表；不冲突时，多个样式表中的样式可层叠为一个，即不冲突时采用并集方式。

③ 优先级。即冲突时采用优先级。

a. 内联>内部或者外部。

b. 内部和外部：优先级相同的情况下，采取就近原则，以最后一次定义的为优先。

c. 当修改时，不想去找，就在 CSS 中最后的位置重新写一遍新的样式。这也是 CSS 文件越来越大的原因。

注意事项：还应注意浏览器的默认设置。

级联（层叠）样式表 CSS 的特点是继承+并集+优先级。

5. CSS 选择器

CSS 的选择器有很多，具体用法如下：

（1）标签选择器

HTML 文档的元素名称就是标签选择器。标签选择器也称为元素选择器。

语法：如 html<color:black;>、h1{color:blue;}、p{color:silver;}。

缺点：不同的元素样式相同，即不能跨元素。所以做不到同一类元素下的细分。

（2）类选择器

类选择器属于自定义的某种选择器，其具体用法如下：

语法：.className{样式声明};。

注意事项：

① html 文件中，所有元素都有一个 class 属性，如<p class="name"></p>。

② 类选择器还有一种用法：<div id="d1"class="s1 s2">hello</div>，样式 s1 和样式 s2 对 div 共同起作用。

下面以一个简单的类选择器作为例子，说明类选择器的用法，代码如下：

```
=====================CSS 样式定义=====================
.myClass{
    background-color:#0000ff;
    font-size:20px;
    text-align:center;
}

=====================HTML 的调用方式=====================
<h2 class="myClass">h2 中的文本</h2>
<p class="myClass">p 中的文本</p>
```

上述代码的显示效果如图 3.11 所示。

图 3.11　类选择器的运行结果

（3）分类选择器

将类选择器和元素选择器结合起来使用，以实现同一类元素下不同样式的细分控制。如<input>元素，又有按钮又有文本框的，采用分类选择器。其具体的语法为：元素选择器.className{样式声明}。

以图 3.11 为例，如果只让代码对 p 有用，对 h2 没用，就可以采用分类选择器，具体代码如下：

```
=====================CSS 样式定义=====================
p.myClass{
    background-color:#0000ff;
    font-size:20px;
    text-align:center;
}
=====================HTML 的调用方式=====================
<h2 class="myClass">h2 中的文本</h2>
<p class="myClass">p 中的文本</p>
```

其代码显示效果如图 3.12 所示，虽然代码中仅仅只是增加了一个 p，但是代码的显示效果仅仅对 p 有用。

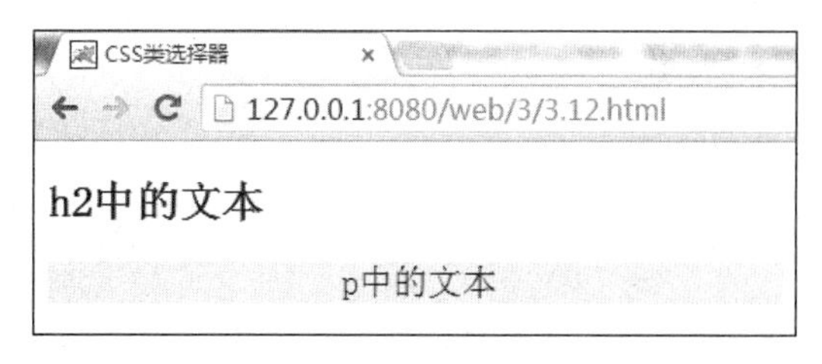

图 3.12　分类选择器

（4）id 选择器

以某个元素 id 的值作为选择器。比较特殊的、页面整体结构的划分一般使用 id 选择器，这种选择器应用也较多，其具体用法如下：

语法：定义 id 选择器时，选择器前面需要有一个“#”号，选择器本身则为文档中某个元素的 id 属性的值。

特点：html 文件中，所有元素都有一个 id 属性。且某个 id 选择器仅使用一次。

以图 3.11 为例，其代码如果以 id 选择器显示同样的效果，其代码如下：

```
=====================CSS 样式定义=====================
#myId{
    background-color:#0000ff;
    font-size:20px;
    text-align:center;
}

=====================HTML 的调用方式=====================
<h2 id="myId">h2 中的文本</h2>
<p id="myId">p 中的文本</p>
```

（5）派生选择器

依靠元素的层次关系来定义。某一包含元素下的一些相同子元素使用派生选择器，其具体语法：通过依据元素在其位置的上下文关系来定义样式，选择器一端包括两个或多个用空格分隔的选择器。

以图 3.12 为例，如果需要显示同样的效果，则代码如下：

```
=====================CSS 样式定义=====================
p div{
    background-color:#0000ff;
    font-size:20px;
    text-align:center;
    }
=====================HTML 的调用方式=====================
<h2>h2 中的文本</h2>
<p><div>p 中的文本</div></p>
```

（6）选择器分组

对某些选择器定义一些统一的设置（相同的部分），其语法为：选择器声明为以逗号隔开的元素列表。

选择器分组可以简单地说：为了让不同的元素有相同的显示效果，可以将其定义一起，用逗号隔开。以图 3.11 为例，让 h1 和 p 显示同样的效果，则代码如下：

```
=====================CSS 样式定义=====================
h2,p{
    background-color:#0000ff;
```

```
    font-size:20px;
    text-align:center;
}

=====================HTML 的调用方式=====================
<h2>h2 中的文本</h2>
<p>p 中的文本</p>
```

（7）伪类选择器

伪类用于向某些选择器添加特殊的效果，常见的为超链接，具体用法如下：

语法：使用冒号“:”作为结合符，结合符左边是其他选择器，右边是伪类。

常用伪类：有些元素有不同的状态，典型的是<a>元素。

link：未访问过的链接。

active：激活。

visited：访问过的链接。

hover：悬停，鼠标移入，所有元素都能用。

focus：获得焦点。

这里可以用一个简单的超链接为例，定义后，所有超链接的格式发生变化。如果让某个具体的超链接发生变化，可以用派生选择器。由于以下代码图片显示效果不是很理想，读者可以在浏览器中观看效果。

```
a:link{
    color:blue;
    font-size:15pt;
}
a:visited{
    color:pink;
    font-size:15pt;
}
a:hover{
    font-size:20pt;
}
a:active{
    color:red;
}

/***派生选择器***/
p a:active{
    color:red;
}
```

（8）选择器优先级

基本规则：内联样式>id 选择器>类选择器>元素选择器。

优先级从低到高排序：div < .class < div.class < #id < div#id < #id.class < div#id.class。

6. CSS 定位

（1）CSS 定位简介

CSS 定位是指将页面中的元素在页面中以固定的方式显示，CSS 的定位分为以下几种：

① 普通定位：页面中的块级元素框从上到下一个接一个地排列，每一个块级元素都会出现在一个新行中，内联元素将在一行中从左到右排列水平布置。

② 浮动定位：页面元素的定位随着前面或后面的位置而变化。

③ 相对/绝对定位。

（2）position（定位）属性

更改定位模式为相对定位、绝对定位、固定定位，其具体用法如下：

语法：position:static/absolute/fixed/relative;。

取值说明：

static：默认值。无特殊定位，元素遵循 HTML 定位规则（即默认的流布局模式）。

absolute：将元素从文档流中拖出，使用 left、right、top、bottom 等属性相对于最近的有 position 属性的祖先元素，如果没有，那么它的位置相对最初的包含块，如按<body>进行绝对定位。而其层叠通过 z-index 属性定义。

relative：元素不可层叠，但将依据 left、right、top、bottom 等属性在正常文档流中偏移位置。

fixed：元素定位遵从绝对定位，但是要遵守一些规范。低版本的 IE 中，这个属性无效。

（3）偏移属性

实现元素框位置的偏移，其具体用法如下：

语法：top/bottom/right/left:auto/length;。

取值说明：

auto：默认值，无特殊定位，根据 HTML 定位规则在文档流中分配。

length：由浮点数字和单位标识符组成的长度值/百分数。必须定义 position 属性值为 absolute 或者 relative 此取值方可生效。

（4）堆叠属性

堆叠属性，顾名思义，就是将元素堆叠在另外一个元素上，其具体用法如下：

语法：z-index:auto/number;。

取值说明：

auto：默认值，为 0，遵从其父元素的定位。

number：无单位的整数值，可为负数。

特别说明：

① 较大 number 值的元素会覆盖在较小 number 值的元素之上。如两个绝对定位元素的此属性具有同样的 number 值，那么将依据它们在 HTML 文档中声明的顺序层叠。

② 此属性仅仅作用于 position 属性值为 relative 或 absolute 的元素。

③ 默认布局使用堆叠无效。

（5）相对定位：relative

相对定位具有以下特点：

① 元素仍保持其未定位前的形状。

② 原本所占的空间仍保留。

③ 元素框会相对它原来的位置偏移某个距离。

④ 在相对定位元素之后的文本或元素占有他们自己的空间而不会覆盖被定位元素的自

然空间。

⑤ 相对定位会保持元素在正常的 HTML 流中，但是它的位置可以根据它的前一个元素进行偏移。

⑥ 相对定位元素在可视区域之外，滚动条不会出现。

（6）绝对定位：absolute

绝对定位具有以下特点：

① 绝对定位会将元素拖离出正常的 HTML 流，而不考虑它周围内容的布局。

② 要激活元素的绝对定位，必须指定 left、right、top、bottom 属性中的至少一个。

③ 绝对定位元素之后的文本或元素在被定位元素被拖离正常 HTML 流之前会占有它的自然空间。

④ 绝对定位元素在可视区域之外会导致滚动条出现。

定位的主要作用是方便页面中元素显示，读者可以根据页面的需求，定义一个符合页面元素需求的定位。

3.2.2 CSS 的高级用法

CSS 的高级用法包括 CSS 与 HTML 的属性对比，以及 CSS 中相关属性的细分，鉴于本书的重点是介绍 Web 的基本知识，因此只介绍最基本的 CSS 用法。另外，由于现在的 W3C 标准提倡使用 HTML 作为语义，使用 CSS 进行页面渲染，因此在 CSS 与 HTML 属性对比中，是希望读者能够了解两者的区别，在代码书写中，尽量将 HTML 的自带样式转化为 CSS 的标准样式。

1. CSS 高度

这里的 CSS 高度是指通过 CSS 来控制设置对象的高度。使用 CSS 属性单词 height。单位可以使用 px、em 等，常使用 px（像素）为单位。实例如下：

```
MyCSS.yangshi{height:300px;}即设置了 myCSS 类选择器对象高度为 300px。
CSS 高度单词：height
CSS 最大高度：max-height(IE7 及以上版本浏览器支持)
CSS 最小高度：min-height(IE7 及以上版本浏览器支持)
CSS 的行高：line-height（当 line-height 和 height 的数值相等时，则样式上下居中）
```

以上高度设置的都是采用的数字加单位的写法，如 height: 500px;的用法，其他用法一致，默认单位为 px，并且提倡使用 px 作为默认单位。另外，在有些 HTML 的语法中，也提供了 height="100"的方式作为样式，这种方式已经默认被淘汰，如以下代码的用法，最后转化为上述 CSS 的标准样式：

```
<table>
        <tr><td height="100">我的高度为 100px</td></tr>
        <tr><td height="50">我高度为 50px</td></tr>
</table>
```

以上代码分别设置了高度为 100px 和 50px 的两行表格。接下来讲解 CSS 高度的使用方法及技巧。

（1）CSS 自适应高度

CSS 中的高度的特点是：高度随着内容的增加而增加，也就是说，CSS 的 height 属性如果不设置，会被 CSS 盒子中内容撑高，也就是所谓的高度自适应。这种自适应的写法需要根据页面的需求来使用，无需在页面中使用 height: auto;的方式来标注。

（2）固定高度及隐藏超出固定高度的内容

为了保证 CSS 盒子中的高度固定，同时让盒子中多余的内容不显示出来，此时提供一个解决办法，即设置高度为固定高度，同时隐藏溢出内容。

如设置一个高度为 50px，宽度为 50px，并禁止内容超出此高度、宽度，为了观看效果，同时设置对象为 1px 黑色边框演示：

```
<!-- CSS 代码: -->
.box{
    height:50px;
    width:50px;
    overflow:hidden;
    border:1px solid #666;    /**#666 是#666666 的缩写，以下类同**/
}
<!-- html body 内代码: -->
<div class="box">
        CSS 演示，内容
        测试内容高度超出演示实例
</div>
```

上述代码显示的效果如图 3.13 所示。

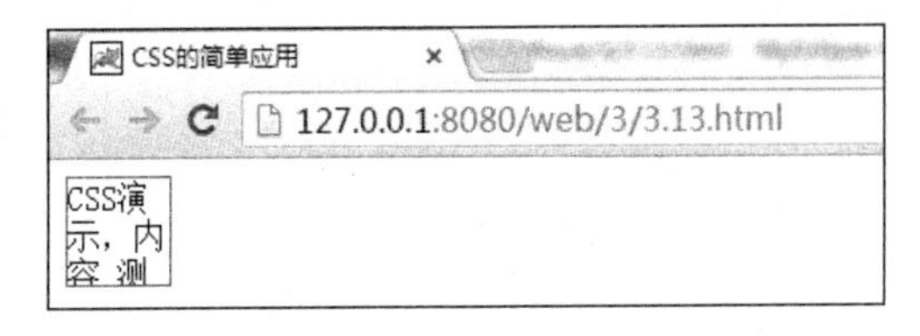

图 3.13　页面效果显示

在显示过程中，看出设置固定高度宽度并设置 1px 的黑色边框，并且实现内容未超出设置高度、宽度。禁止溢出设置 CSS 高度、CSS 宽度的 CSS 属性单词及值为 overflow:hidden;。

（3）设置最小高度

有时特别是在文章页面里因为文章内容多少参差不齐，所以我们可以使用最小高度设置让左右结构的布局对齐，感觉饱和一点，但是又不能设置固定高度，因为内容可能多可能少，当内容多时自然设置固定高度就不会显示完整内容。

最小高度的运用方法如下：

```
.myCSS{
    min-height:50px;
    _height:50px;    /*这里的_height 目的是为了解决浏览器兼容的问题*/
}
```

这样就可以解决此问题，说明这里不能再使用 overflow:hidden;因为 CSS overflow 设置隐藏超出内容溢出，这样会导致有些内容无法完全显示。

2. CSS 宽度

（1）宽度基础知识

CSS 宽度是指通过 CSS 样式设置对应 DIV 宽度，以下了解传统 HTML 宽度、宽度自适应、固定宽度等宽度知识。

- 传统 HTML 宽度属性单词：width，如 width="300";。

- CSS 宽度属性单词：width，如 width:300px;。
- 最大宽度单词：max-width，如 max-width:300px;。

（2）HTML 初始宽度与 DIV+CSS 宽度对照

① 传统 HTML 中宽度 width="300"，即设置对应元素宽度为 300px（像素）。而宽度值后无需跟单位，默认情况下以像素（px）为单位。

如<td width="300">我的宽度为 300px</td>，即设置了对应表格 td 的宽度为 300px。

② DIV CSS 中宽度设置“width:300px;”，即设置对应 CSS 样式为 300px，这里需要跟单位。如#header{ width:300px;}，即定义 header CSS 选择器样式为 300px 宽度。

而在标签中则运用“<div id="header">我的宽度为 300px 宽度</div>”。

（3）CSS 宽度说明

① CSS 宽度自适应。我们常常看到一个网页宽度随浏览器宽度改变而自动改变，如 www.baidu.com 一样，宽度是自适应宽度。这是运用了百分比实现自适应宽度。

如果网页总宽度为 80%即 width:80%;，将使此宽度知道自适应宽度为浏览器 80%。前提是设置最外层没有宽度限制的条件下。

DIV CSS 自适应宽度例子：

CSS 样式代码：

```
<style type="text/css">
body{
    margin:0 auto;          /*这里是内容居中，后面会详细说明的*/
    text-align:center;      /*这表示文字居中显示*/
}
.myCSS{
    width:80%;              /*宽度为自适应的，是页面宽度的 80%*/
    border:1px solid #333;
    margin:0 auto;
}
</style>
```

html 中 body div 代码：

```
<div class="myCSS">我是 80%自适应宽度</div>
```

该例代码即设置内容居中，为了方便测试加上 1px 黑色边框。可以测试观察其内容是随浏览器拉大，而宽度变宽是自适应宽度 80%，而左右两边始终有留有 10%的宽度，因为设置此 box 宽度为 80%。上述代码的显示效果如图 3.14 所示。

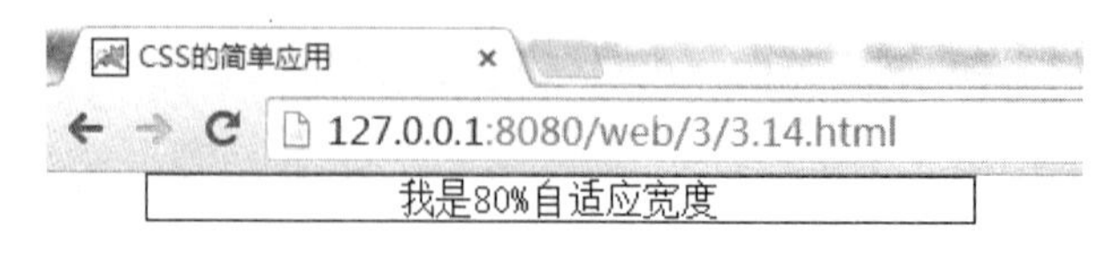

图 3.14　自适应宽度的 CSS 效果

② CSS 宽度固定。固定即设置宽度为固定值即可，如很多时候需要对网页的宽度样式设置为固定，这时只需要设置宽度为 width:300px，即设置对应固定宽度为 300 像素。

③ 最小固定宽度。CSS 样式属性单词：min-width。它兼容支持：min-width 除 IE6 不支持为，IE7 以上浏览器、火狐、谷歌都支持。常常用于设置宽度最小值，如设置对应 DIV 的样式

最小宽度值限制。例如：

```
.myCSS{
    border:1px solid #333;
    min-width:300px;
}
```

即设置最小宽度为 300px，但目前的项目开发中一般很少设置最小宽度。如果要使用最小宽度即，一般使用浮动（float）来替代或最小宽度。

④ 最大固定宽度。CSS 属性单词：max-width。它兼容支持目前流行的大部分浏览器。最大固定宽度是对对应的样式 DIV 设置最大宽度限制，即内容不超过此设置最大宽度。最大宽度限制例子：

```
.myCS{
    border:1px solid #333;
    max-width:300px;
}
```

即设置了最大宽度限制为 300px。

3. CSS 边框

（1）CSS 边框基础知识

CSS 边框（CSS border）即 CSS border 是控制对象的边框边线宽度、颜色、虚线、实线等样式 CSS 属性。html 原始边框与 DIV+CSS 边框对照

HTML 表格控制边框示例：

```
border="1" bordercolor="#000000"
```

说明：控制表格边框宽度为 1px，颜色为黑色，默认为实线样式边框。

DIV CSS 边框示例：

```
border-color:#000;
border-style:solid;
border-width:1px;
```

说明：设置对象边框颜色为黑色、边框为实线、宽度为 1px 边框。

特别提示：目前的实际项目开发中，已经极少使用 HTML 的边框控制，转而使用 CSS 代码对边框进行控制。本书的对比效果主要是让读者理解如何将 HTML 的边框样式转化为 CSS 的边框样式效果。

（2）边框样式

设置上边框：border-top。

设置下边框：border-bottom。

设置左边框：border-left。

设置右边框：border-right。

（3）边框显示样式示例：

```
border-style : none | hidden | dotted | dashed | solid | double | groove | ridge
| inset | outset
```

边框样式一般都是边框的线性，其参数值解释为：

- none：无边框。
- hidden：隐藏边框。
- dotted：点画线。
- dashed：虚线。
- solid：实线边框。
- double：双线边框。两条单线与其间隔的和等于指定的 border-width 值。
- groove：根据 border-color 的值画 3D 凹槽。
- ridge：根据 border-color 的值画菱形边框。
- inset：根据 border-color 的值画 3D 凹边。
- outset：根据 border-color 的值画 3D 凸边。

说明：上述有些特性可能在 IE 较低版本中运行效果不佳，但是现在的 HTML 5 和 CSS 3 已经完全兼容最新版的浏览器。如果出现不兼容的情况，可以下载最新版的 chrome 浏览器测试。本书提供的不兼容情况是针对低版本浏览器可能出现的情况，但是读者在学习过程中可以先不考虑这些特殊应用，因为新技术必定会淘汰旧技术的。

例子：

设置上边框为 1px 实线黑色边框的例子。

```
border-top-color:#000; border-top-style:solid; border-top-width:1px;
```

或简写为如下代码，简写的顺序为颜色、线性、边框宽度，如：

```
border-top:#000 solid 1px; /*实战项目中，一般推荐使用这种简写*/
```

可以根据以上实例举一反三，可以设置左、右、下的边框 CSS 样式。

（4）DIV CSS 边框技巧

如果设置对象上、下、左、右边框相同样式，可以简写，无须分别写出上、下、左、右的属性及对应值。例如，设置上下左右边框为 1px 宽度、实线、黑色边框的 CSS 代码如下：

```
border:1px solid #000;
```

（5）三边有边框，一边没有边框

如左右下有边框并且样式为黑色 1px 宽度实线边框，而上边没有边框，CSS 代码如下：

```
border:1px solid #000;
border-top:none; /*将原本有的上边框层叠*/
```

注意：border:1px solid #000; 和 border-top:none;前后顺序不能调换。因为 CSS 具有层叠性，后面书写的样式会将前面的样式层叠，上述代码就是将上边框层叠的经典显示案例，读者可以试着注释或者调换顺序测试。

4. CSS 背景

（1）CSS 背景基础知识

在上一小节中，已经简单说明 CSS 背景的基本用法，这里重点详细说明其具体用法。CSS 背景在这里是指通过 CSS 对对象设置背景属性，如通过 CSS 设置背景的各种样式。CSS 中的背景有如下设置：

background-color：设置颜色作为对象背景颜色。

background-image：设置图片作为背景图片。

background-repeat：设置背景平铺重复方向。

background-attachment：设置背景图像是随对象内容滚动还是固定的。

background-position：设置对象的背景图像位置。

HTML 是指对应效果的 table 背景设置，HTML 背景用 Bgcolor 设置背景颜色时，与 CSS 背景颜色对应 background-color；用 Background 设置图片作为背景时，与 CSS 背景图片对应 background-image。说明：HTML 的设置背景方式已不推荐使用。

（2）背景颜色

如果是给 table 设置背景颜色，可以使用 bgcolor="颜色值"设置对象背景颜色。

如果是 CSS 背景颜色，可使用 background-color:颜色值;或 background:颜色值设置对象背景颜色，如 background-color::red;设置了红色背景。

（3）CSS 图片背景

这里说的是以图片作为背景图片时，CSS 可以使用 background 或 background-image 直接引用图片地址来设置图片作为对象背景。

使用 background:url(./img/logo.gif);设置图片作为背景与使用 background-image:url(./img/logo.gif);设置图片作为背景具有相同效果。这样设置图片作为背景有个缺陷，就是图片会上下左右的重复。可以按照如下方法进行设置：

```
background:url(logo.gif) no-repeat 10px 5px fixed;
```

说明：

url(logo.gif)：应用外部图片地址路径。

no-repeat：是否让图片重复显示，这里是不重复。repeat-x 是 X 方向重复；repeat-y 是 Y 方向重复。

10px：距左 10px，可以使用 center 属性居中处理。

5px：距顶 5px，可以使用 top 属性，距顶部距离为 0；可以使用 bottom 属性，距底部距离为 0。

fixed：设置是否固定或随内容滚动；fixed 为固定，scroll 为随内容滚动。该属性一般可以省略，默认值为 scroll。

（4）DIV CSS 背景居中

CSS 背景分为左右居中和上下居中，具体可以根据 margin 和 padding 的来设置上下和左右居中，图 3.14 的自适应效果就是一个典型的左右居中的案例，上下居中需要计算屏幕的高度，根据高度来设置居中效果，可以应用 margin-top 来设置。背景图像上下居中，可以使用计算上下高度然后平分设置，如上下高度距离为 500px，那就设置图片居顶部多少 PX 可以让图片实现上下居中，如图片的高度为 100px，那么设置当前 div 的 margin-top: 200px;即可实现上下居中。

使用图片作为背景在一个网页布局中常常会遇到，希望大家能在实际中掌握其知识。一般设置对象图片作为背景属性。实例：background:#666 url(图片地址) no-repeat center top ;

设置图片作为背景时，如果设置图片在 X 坐标方向重复，再设置图片在对象位置的左或右位置时将无效，可设置在对象上或下位置开始显示，简言之，repeat-x 属性使得图片左右设置失效。

设置图片作为背景时，如果设置图片在 Y 坐标方向重复，再设置图片在对象位置的上或下位置时将无效，可设置图片在对象左或右位置开始显示，同样，repaet-y 属性使得图片上下设置失效。

如果设置背景完全重复显示，则设置图片在对象上下左右位置时，开始显示多个重复图片，即为图片上下左右全部重复。

5. CSS float 用法

通过 CSS 定义 float（浮动）让 DIV 样式层块向左或向右（靠）浮动。float 语法：

```
float : none | left |right
```

参数说明：

none：对象不浮动。

left：对象浮在左边。

right：对象浮在右边。

举例：我们让文字和图片在一个固定宽度 DIV 层内，让蓝色背景文字内容居右，小图片居左。

① 首先设置一个最外层宽度为 300px、高度为 200px 的 CSS 命名为 box 的 CSS 选择器，代码如下：

```
.box{width:300px; height:200px;}
```

② 设置 box 内的文字内容部分 CSS 样式命名为 myCSS，并设置背景为浅蓝色，宽度为 120px，居右浮动，代码如下：

```
.myCSS{
    width:120px;
    float:right;
    background:#0066FF;
}
```

③ 设置图片居左浮动 DIV+CSS 样式，代码如下：

```
img {
    float: left;
}
```

④ body 内的 DIV 布局，代码如下：

```
<div class="box">
        <div class="myCSS">测试内容</div>
        <img src="demo.gif" />
</div>
```

说明：这里 img 标签是链接外部图片，图片名为 demo.gif，上述代码显示的效果为文字和图片，正好处于一行中，且文字居右，图片居左。

6. CSS 字体

CSS 字体的功能有很多，这里给出一个简单的示例说明：

```
font:12px/1.5 Arial,Helvetica,sans-serif;
```

一般常用以上代码定义一个网页的文字的 CSS 样式，这段代码意思是字体的大小是 12px，line-height 为 1.5 倍字体尺寸，字体是按照 Arial, Helvetica, sans-serif 的优先级顺序显示，如果本机中没有 Arial，则会显示后面的字体，以此类推。

7. CSS 加粗

CSS 加粗指的是通过 DIV CSS 控制对象的加粗。使用 CSS 属性单词 font-weight。对象值从 100 到 900，font-weight 常用的值为 bold。

font-weight 参数：

normal：正常的字体。相当于 number 为 400。声明此值将取消之前任何设置。

bold：粗体。相当于 number 为 700。也相当于 b 对象的作用。

bolder：特粗体。

lighter：细体。

number：100 | 200 | 300 | 400 | 500 | 600 | 700 | 800 | 900。

HTML 直接对对象加粗的标签有<b></b>或<strong></strong>，两者效果相同。

① 在 HTML 中对对象直接加粗：可以用<b>或<strong>对其加粗（已淘汰）。

② 使用 CSS 加粗对象：可以使用 font-weight:bold 实现加粗，相当于 Font-weight:700;。

8. CSS 下画线基础

在 DIV CSS 网页中常常使用 CSS 代码来对对象文字内容加上下画线。使用 CSS 属性单词：

```
text-decoration : none || underline || blink || overline || line-through
```

说明：

none：无装饰。

blink：闪烁。

underline：下画线。

line-through：贯穿线。

overline：上画线。

应用：超链接取消下画线可以使用 text-decoration: none;的方式设置。

9. CSS 注释

CSS 注解又被称作 CSS 注释，是在 CSS 文件代码间加入注释，解释说明意思，通常情况下 CSS 注解是不会被浏览器解释或被浏览器忽略的。

CSS 注解可以帮助我们对自己写的 CSS 文件进行说明，如说明某段 CSS 代码的功能、样式等，增加可读性的同时，也方便以后对代码进行维护。同时，在团队开发网页时，合理适当的注解有利于团队快速阅读，方便团队的协作开发，以便顺利快速开发 DIV+CSS 网站。

CSS 注解是以“/*”开始，以“*/”结束，注解说明内容放到“/*”“*/”中间，且 CSS 注释只能使用这种方式。

Div+CSS 注释示例如下：

```
/* css 注解实例 css 注释实例 */
/* body 定义 */
body{
   text-align:center;
```

```
    margin:0 auto;}
/* 头部css定义 */
#header{
    width:960px;
    height:120px;}
```

10. padding 用法

在 CSS 中，margin 是设置盒子的外边距的，而盒子内边距的设置一般是使用 padding。padding 和 margin 类似，包含上、右、下、左四个属性，同样，也可以分解为以下四种样式分开书写：

padding-top: 距盒子顶部的距离。

padding-right: 距盒子右边的距离。

padding-bottom: 距盒子下边的距离。

padding-left: 距盒子左边的距离。

如 padding-top: 100px;，则是内容距离顶部 100px，同时盒子的高度增加 100px。除了使用 px 的单位，还可以使用百分比（%）的设置，如 padding-left:10%;，则以盒子的宽度的 10%作为长度，距离左边这个 10%的长度。

如果是上下左右都需要设置 padding 的值时可以用简写来实现，以优化 CSS。

如简写方式有：

① padding:10px;：意思就是内容距盒子上下左右的距离是 10px（10 像素），效果等同于以下的写法。

```
padding-top:10px;
padding-right:10px
padding-bottom:10px;
padding-left:10px;
```

② padding:5px 10px;：意思是内容距盒子上下为 5px，左右为 10px，等价于以下写法。

```
padding-top:5px;
padding-right:10px
padding-bottom:5px;
padding-left:10px;
```

③ padding:5px 6px 7px;：意思内容距离上边距为 5px，左右边距为 6px，下边距为 7px，等价于以下写法。

```
padding-top:5px;
padding-right:6px
padding-bottom:7px;
padding-left:6px;
```

④ padding:5px 6px 7px 8px;：意思是内容距离上、右、下、左的边距为 5px、6px、7px、8px，等价于以下写法：

```
padding-top:5px;
padding-right:6px
padding-bottom:7px;
padding-left:8px;
```

其中 padding:5px 6px 7px 8px; 的转法为顺时针，为上、右、下、左的顺时针转，用法和 margin 类似。

11. CSS 外边距

CSS 的外边距主要是对 margin 的设置，既然 margin 和 padding 都是设置边距的，那么它们肯定有所区分，具体的区别体现在以下几个方面：

① margin 主要是外边距的设置，即盒子与盒子间的距离，作用在两个盒子之间；padding 主要是内边距的设置，主要是盒子内容与盒子边距的距离，作用在盒子内部。

② 如果对盒子设置背景颜色，则 margin 无背景颜色，而 padding 由于在盒子内部，因此会有对应的背景颜色。

③ 设置 margin 不会增大盒子的大小，而 padding 的设置会增加盒子本身的大小，如 padding: 100px;，则会给盒子的高度和宽度都增加 200px 的距离。

虽然 margin 的设置和 padding 类似，但是这里还是需要给大家做一个详细的说明，margin 的具体用法如下：

margin-top: 距离顶部盒子的距离。

margin-right: 距离右边盒子的距离。

margin-bottom: 距离底部盒子的距离。

margin-left: 距离左边盒子的距离。

margin 的简写也是遵循上、右、下、左的写法，如 margin: 1px 2px 3px 4px;，则表示盒子距离其他盒子的上、右、下、左的距离为 1px、2px、3px、4px，即等价于以下写法：

```
margin-top:1px;
margin-right:2px
margin-bottom:3px;
margin-left:4px
```

margin 的其他用法和 padding 一样，也是遵循省略的语句格式，推荐使用简写的方式。在 CSS 的用法中，上下两个盒子的 margin-bottom 和 margin-top 具有“从大原则”，即为盒子的上下间距遵从数值大盒子的原则，如：

```
/**CSS 代码**/
.box1 {
   margin -bottom: 100px;
   border: 1px dashed red;
}
.box2 {
   margin-top: 50px;
   border: 1px dashed blue;
}
<!-- html 代码 -->
<div class=".box1"></div>
<div class=".box2"></div>
```

那么上述两个盒子为上下结构，且盒子与盒子的上下间距为 100px，而不是两个盒子的加法值，这种效应称为盒子 margin 的“从大原则”。

12. CSS 文本

① 文本字段换行，HTML 中使用
和<p>；css 没有换行的概念，它将元素分为行内元素（display: inline;）和行间元素（display: block;），其中行内元素不换行，而行间元素换行，同时浮动会使元素产生贴靠现象，丧失换行的特性。

② 文本上下文字间隔，使用 CSS 属性单词 line-height，作用是定义对象行高，后面跟具体的数值和单位。如 div {line-height:22px; }，即定义行高为 22px。行高在使用过程中，当行高与盒子高度相等时，则会有文字居中的效果：

```
.myCSS {
    height: 32px;
    line-height: 32px; /**行高=盒子高，单行文字居中**/
}
```

③ CSS 文本缩进，使用 CSS 单词 text-indent，作用是设置对象中的文本的缩进，后面也跟具体数值和单位。如 div { text-indent : 25px; }，即定义对象内开头的文字往后缩进 25px。一般在中文字体中，首行缩进两字符的定义方式为：

```
.myCSS {
    text-indent: 2em;    /**首行缩进 2 字符**/
}
```

④ 文本文字间间隔，使用单词 letter-spacing，作用是设置对象内文本字与字之间的间距距离，后跟具体数值和单位。示例为 div {letter-spacing:5px; }，即定义字与字之间的距离为 5px，该属性一般应用较少。

13. CSS 颜色

这里要介绍的是网页设置颜色包含的内容以及网页颜色规定规范，包括如下内容：

① 常用颜色地方包含：字体颜色、超链接颜色、网页背景颜色、边框颜色。

② 颜色规范与颜色规定：网页使用 RGB 模式颜色。

网页中颜色的运用是网页必不可少的一个元素。使用颜色的目的在于有区别、有动感（特别是超链接中运用）、美观之用，同时颜色也是各种网页的样式表现元素之一。

传统的 HTML 颜色与 CSS 颜色对比：

（1）文字颜色控制一样

传统 HTML 和 CSS 文字颜色相同，使用“color：”+“RGB 颜色取值”即可，如颜色为黑色字即对应设置 CSS 属性选择器内添加“color:#000;”即可。

（2）网页背景颜色设置区别

传统设置背景颜色使用“bgcolor=颜色取值”（已淘汰），而 CSS 中则使用“background-color:”+颜色取值。例如，设置背景为黑色，传统 HTML 设置，即在标签内加入“bgcolor="#000"”即可实现颜色为黑色背景。如果在 W3C 中即在对应 CSS 选择器中始终用“background-color:#000”实现。

（3）设置边框颜色区别

一般使用“bordercolor=取值”（已淘汰），CSS 中使用“border-color:”+颜色取值。例如，在

传统 HTML 直接在 table 标签加入“bordercolor="#000"”即可；在 CSS 中设置为“border-color:#000;”即可让边框颜色为黑色，同时设置宽度和样式（虚线、实线）。

RGB 颜色的定义给出了 5 种方法：

① #rrggbb，如 # 00cc00。

② #rgb，如#abc，这种颜色和#aabbcc 的颜色值是一样的。

③ rgb(x,x,x)的 x 是一个包容性的 0～255 之间的整数，如 rgb(0,204,0)。

④ rgb(y%,y%,y%)，其中 y 是一个包容性的数量介于 0.0～100.0，如 rgb(0%,80%,0%)。

⑤ rgba(r, g, b, a)，其中 r,g,b 取值范围为 0~255，a 表示不透明度，从透明到不透明的取值范围为 0~1，如：rgba(0, 0, 0, 0.3)，表示一个透明效果的颜色。

说明：在正常使用颜色的定义时，推荐使用#rrggbb 的方式；如需要使用透明效果，则采用 rgba(r, g, b, a)的定义方式。

14. 用 CSS 控制超链接文字样式

这里主要讲文字类型的超链接,超链接的样式包括通过 CSS 来控制设置超链接有无下画线、超链接文字颜色等样式。

超链接通俗地讲是指从一个网页指向一个目标的连接关系，这个目标可以是另一个网页，也可以是相同网页上的不同位置，还可以是一个图片，一个电子邮件地址，一个文件，甚至是一个应用程序。而在一个网页中用来超链接的对象，可以是一段文本或者是一个图片。当浏览者单击已经链接的文字或图片后，链接目标将显示在浏览器上，并且根据目标的类型来打开或运行。

超链接的代码如下：

```
<a href="http://www.baidu.com/" target="_blank" title="百度">DIV+CSS</a>
```

解析：

① href 后跟被链接地址目标网站地址，这里是 http://www.baidu.com/。

② target 的属性：

- _blank：在新窗口中打开链接。
- _parent：在父窗体中打开链接。
- _self：在当前窗体打开链接，此为默认值。
- _top：在当前窗体打开链接，并替换当前的整个窗体（框架页）。

③ title 后跟链接目标说明，也就是对超链接被链接网址的情况进行简要说明。

CSS 可控制超链接样式-css 链接样式如下：

a:active：是级链接的初始状态。

a:hover：是把鼠标指针放上去时的状况。

a:link：是鼠标点击时的状况。

a:visited：是访问过后的情况。

在设置超链接样式时，遵循 link、visited、hover、active 的顺序设置准则，如果不按照这种顺序设置，则超链接的控制不生效。

（1）通常对全站超链接样式化方法

```
/**link 和 visited 属性可以简写到 a 标签中**/
a{
    color:#333; /**颜色**/
    text-decoration:none; /**无下划线**/
}

/**当鼠标放上去时，超链接颜色变为：#CC3300，同时带有下划线效果**/
a:hover {
    color:#CC3300;
    text-decoration:underline;
}
```

（2）通过链接内设置类控制超链接样式方法

```
案例超链接代码<a href="http://www.baidu.com/" class="myCSS">CSS</a>
```

对应 CSS 代码：

```
a.myCSS{
    color:#333;
    text-decoration:none;
    }
a.myCSS:hover {
    color:#CC3300;
    text-decoration:underline;
}
```

通过这样的设置可以控制链接内的 CSS 类名为“myCSS”超链接的样式，也就是它具有专一性，仅对“myCSS”的超链接生效。

（3）通过对应超链接外的父级的 CSS 类的 CSS 样式来控制超链接的样式

```
案例超链接代码：
<div class="myCSS">
    <a href="http://www.baidu.com/">CSS</a>
</div>
```

对应 CSS 代码：

```
.myCSS a{
    color:#333;
    text-decoration:none;
}
.myCSS a:hover {
    color:#CC3300;
    text-decoration:underline;
}
```

上述代码仅对样式为 myCSS 盒子内部的超链接生效。

15. DIV CSS 优化

（1）CSS 代码简写

① border（CSS 边框）简写：

```
border-top:1px solid #000;
border-bottom:1px solid #000;border-left:1px solid #000;
border-right:1px solid #000;
```

也可简写为：

```
border:1px solid #000;
```

② padding（CSS padding）简写：

```
padding-top:1px;
padding-right:2px;padding-bottom:3px;
padding-left:4px;
```

也可简写为：

```
padding:1px 2px 3px 4px;
```

另外，当 padding 的上、右、下、左的值一致时：

```
padding-top:1px;
padding-right:1px;padding-bottom:1px;
padding-left:1px;
```

可简写为：

```
padding:1px;
```

③ margin 简写：

```
margin-top:1px;
margin-right:2px;
margin-bottom:3px;
margin-left:4px;
```

也可简写为：

```
margin:1px 2px 3px 4px;
```

同样的，当 margin 的上、右、下、左的值一致时：

```
margin-top:1px;
margin-right:1px;
margin-bottom:1px;
margin-left:1px;
```

也可简写为：

```
margin:1px;
```

④ background 简写：

```
background-color:#000;
```

也可简写为：

```
background:#000;
```

多行的 background 语句可以简写为一行，如：

```
background-image: url("logo.gif");
background-repeat: no-repeat;
background-position: 5px 8px;
```

也可简写为：

```
background: url("logo.gif") no-repeat 5px 8px;
```

⑤ font 简写：

```
font-size:12px;line-height:12px; font-family:Arial,Helvetica,sans-serif;
```

也可简写为：

```
font:12px/12px Arial,Helvetica,sans-serif;
```

（2）CSS 重用优化

这里主要介绍使用 CSS 代码的共用属性提取来达到节约代码、维护方便，CSS 实例如下：

```
.myCSS_.a{
    width:100px;
    height:20px;
    text-align:left;
    float:left;
    font-size:24px;
}
.myCSS_.b{
   width:100px;
   height:20px;
   text-align:right;
   float:left;
   font-size:24px;
}
```

它们都有相同的高度、宽度、浮动、文字大小，只有内容居左居右不同，就可以提取他们相同的属性。优化后：

```
/*优化原理：相同代码写在一起，中间用逗号隔开*/
.myCSS_.a,
.myCSS_.b{
    width:100px;
    height:20px;
    text-align:left;
    float:left;
    font-size:24px;
}
/*不同代码分开写，充分利用 CSS 的层叠性*/
.myCSS_.b{
    text-align:right;
}
```

16. CSS id 与 CSS class

（1）CSS id

在同一个页面中，只允许有唯一的 id，且 id 不允许重名，id 的主要作用是给 JavaScript 进行取值、定位以及其他的 JS 操作的，可以说 id 是预留给 JavaScript 使用的，class 是个 CSS 专门使用的。但是，有些情况，如页面中的某一个 div 盒子部分正好需要使用 id，那么这个时候，就可以使用 CSS id 选择器进行处理。也就说：id 是一次性使用的产品，它在页面中仅能使用一次，不具备多次使用的功能。CSS id 选择器的用法和使用如下文所示。

id 选择器以“#”来定义，命名 CSS 选择器。举例如下：

```
#box1{
    color:#F00;    //等价于#FF0000，即字体颜色为红色
}
#box2{
    color:#0F0;    //等价于#00FF00，即字体颜色为绿色
}
```

对应 html 中 div 引用：

```
<div id="box1">我颜色为红色</div>
<div id="box2">我颜色为绿色</div>
```

一个 DIV 标签的定义只能使用一个 id，如：

```
<div id="box1" id="box2">测试内容</div>
```

或

```
<div id="box1 box2">测试内容</div>
```

两个都是不正确的，并且 CSS 样式属性也不能生效。

（2）CSS class

与 CSS id 特性不同的是，clsss 类可以在一个网页内无限次引用。class 选择器定义以“.”来定义。定义 css class 选择器的例子：

```
.myCSS1{
   color:#F00;          //等价于#FF0000，即字体颜色为红色
}
.myCSS2{
   font-size:28px;    //定义文字大小为 18px
}
```

对应 HTML 中 DIV+CSS 引用：

```
<div class="myCSS1">我颜色为红色</div>
<div class="myCSS2">我字体大小为 28px</div>
<div class="myCSS1 myCSS2">我颜色为红色文字大小为 28px</div>
```

以上即是“myCSS1”“myCSS2”类的正确使用方法。

扩展知识：能否使用数字命名 CSS 属性选择器

以下为错误的 CSS 类使用方法：

```
<div class="myCSS1" class="myCSS2">我将无效</div>
```

一个 div 标签内可以同时运用 id 和 class：

```
.myCSS1 {...}
#box1 {...}
#box2 {...}
.myCSS2 {...}
<div class="myCSS1" id="box1">这样是可以的也是正确的。</div>
<div class="myCSS1 myCSS2" id="box2">同样是正确的可取的。</div>
```

17. CSS 后代选择器

CSS 后代选择器也可称为 CSS 的父级和子级，这里的 C 父级和子级是相对而言的，如一个 DIV“A”被另外一个 DIV“B”包裹着，这样我们就可以让 B 是 A 的父级，或者称为 A 是 B 的

后代。示例：

```
.myCSS {...}
.myCSS .a {...}
.myCSS .b {...}
```

Div 代码：

```
<!—渲染效果 1 的 html 样式-->
<div class="myCSS">
     <div class="a">内容 a</div>
     <div class=" b">内容 b</div>
</div>
<!—渲染效果 2 的 html 样式-->
<div class="myCSS">
     <div class="myStyle">
         <div class="a">内容 a</div>
         <div class=" b">内容 b</div>
     </div>
</div>
```

以上 DIV+CSS 代码中的两种样式都可以渲染内容 a 或内容 b 的样式，在这里可认为 a 父级（上一级）是 myCSS。从严格意义上来讲，CSS 的父级和子级可看成是 CSS 的父级和子孙集，因为当上述代码中的 DIV 中间再增加一层盒子时，代码也会生效。也就是说，如果盒子的级别为.myCSS .myStyle .a 的层次，那么上述内容 a 的样式也会对其生效。另外一方面，盒子写成父级和子级的形式，通过.myCSS .a 即可知道 a 的父级是 myCSS。清楚 DIV 盒子之间父级子级的关系，目的也是便于维护和查找代码。

18. CSS 儿子选择器

在有些地方，将 CSS 儿子选择器定义为 CSS 指针，在本书中，统一定义为 CSS 儿子选择器。从严格意义上来说，CSS 儿子选择器可以看作是 CSS 后代选择器的一个变种，或者说是后代选择器的一种严格定义形式。如一个盒子的效果样式为.div1 .div2 .div3，那么可以认为这种盒子是一种指针的形式体现，即页面的渲染是从.div1 盒子开始向下寻找遇到.div2 和.div3 才能生效，中间如果出现了.div1 .div4 .div2 .div3 的形式也算有效。也就是说，CSS 儿子选择器是从上一级开始，一级级查找渲染，直到符合条件的匹配即可生效。

但是 CSS 儿子选择器可以看成是只允许上下级的关系，不允许渲染到子孙级别，如.div1 > .div2 > .div3，那么页面的渲染只允许盒子的结构为.div1、.div2、.div3 的层次，如果中间出现.div4，那么盒子不会生效。

另外，有些地方将 CSS 儿子选择器定义为 CSS 指针的原因是因为在写法上是在中间加一个“>”，这个和 C++中指针的调用有点类似，所以称为 CSS 指针。CSS 儿子选择器是一种严格的盒子表示方式，从上一级一直指向下一级。

关于 CSS 父级和子级的说明：在实际应用中，CSS 儿子选择器的方式因为定义和页面渲染过于严格，所以应用较少；一般都是推荐使用 CSS 后代选择器的表示形式。

19. CSS 图片

在网页编写中，常常会遇到以下情况：

① img 图片多了边框，特别是链接后的图片带边框。

② 图片超出撑破 DIV。

下面我们通过以下的四种方式来解决上述的两个问题。

（1）有边框的图片

解决方法：

我们只须在初始化 IMG 标签使用以下 CSS 语句即可去除边框：

```
img{
    padding:0;
    border:0;}
```

（2）图片超出撑破 DIV

解决办法：

使用 CSS 控制改对象 IMG 标签宽度即可，假如该对象为 myCSS 设置宽度为 500px，那我们就只需设置 myCSS img{max-width:500px;}。

总结：

① 一个网页中难免有图片，这时我们需要初始化 img 标签，即 img{ padding:0; border:0;}。

② 避免图片过宽撑破网页，建议在上传图片时将图片剪切来比设置宽度小，同时还可以对该对象加入 overflow:hidden 属性，即隐藏超出内容包括图片。

（3）使用 CSS 让大图片不超过网页宽度

接下来，介绍网站在开发 DIV+CSS 时会遇到一个问题，在发布一个大图片时因为图片过宽会撑破自己设置的 DIV 宽度的问题。

图片撑破布局原因：

① 由于浏览器版本低。

② 没有设置 div 布局的宽度。

解决图片超出宽度或撑破 div css 布局方法

① 在页面中发布图片时将图片进行编辑缩放。

② 通过对对应 DIV 的 CSS 来设置显示的图片最宽宽度（推荐）。

③ 通过 CSS 对图片设定宽度。

（4）通过 CSS 来解决图片撑破 DIV 布局案例

通过 CSS 来控制代码如下（myCSS 是对应父级类名）：

```
.myCSS {margin:auto;width:600px;}
.myCSS img{
    max-width: 100% !important;
    height: auto!important;
    width:expression(this.width>600 ? "600px" : this.width)!important;
}
```

这种图片第一次加载时图片不能显示。直接通过对对应的 DIV 内的内容图片宽度设置代码如下：

```
.myCSS img{ width:500px;}
```

宽度自定，但是不推荐此方法，因为设置后此 DIV 布局内的图片将全部宽度为 500px，那样将造成图片小的，被放大显示模糊。

这里本书推荐使用使用 max-width 来设置，设置方法如下：

```
.myCSS img{ max-width:500px;}
```

20. px/em 的区别

任意浏览器的默认字体高度为 16px，所有未经调整的浏览器都符合 1em=16px。那么 12px=0.75em,10px=0.625em。为了简化 font-size 的换算，需要在 CSS 的 body 选择器中声明 font-size=62.5%，这就使 em 值变为 16px*62.5%=10px，这样 12px=1.2em，10px=1em，也就是说只需要将原来的 px 数值除以 10，然后换上 em 作为单位即可。

em 单位有如下特点：

① em 的值并不是固定的。

② em 会继承父级元素的字体大小。

我们在写 CSS 时如果要用 em 为单位，需要注意以下 3 点：

① body 选择器中声明 font-size=62.5%。

② 将原来的 px 数值除以 10，然后换上 em 作为单位。

③ 重新计算那些被放大的字体的 em 数值。避免字体大小的重复声明。

以上简单介绍了 px、em、pt 的单位，读者在使用候，记住以下两点即可：

① 在所有的页面中，尽可能使用 px。

② 在中文缩进中，推荐使用 em，如段前空两个字符，可以使用 text-indent: 2em;语句。

21. CSS display 属性的用法

在一般的 CSS 布局制作时，常常会用到 display 的对应值：block、none 和 inline。

（1）CSS display 使用

下面的代码运行后，页面上不会有任何显示。

CSS 代码：

```
.myCSS{display:none}
```

HTML 对应运用：

```
<div class="myCSS">我是测试内容</div>
```

（2）CSS display 的参数

- block：块对象的默认值。用该值为对象之后添加新行。
- none：隐藏对象。与 visibility 属性的 hidden 值不同，它不为被隐藏的对象保留其物理空间。
- inline：内联对象的默认值。用该值从对象中删除行。
- compact：分配对象为块对象或基于内容之上的内联对象。
- marker：指定内容在容器对象之前或之后。要使用此参数，对象必须和:after 及:before 伪元素一起使用。
- inline-table：将表格显示为无前后换行的内联对象或内联容器。
- list-item：将块对象指定为列表项目，并可以添加可选项目标志。
- run-in：分配对象为块对象或基于内容之上的内联对象。
- table：将对象作为块元素级的表格显示。

- table-caption：将对象作为表格标题显示。
- table-cell：将对象作为表格单元格显示。
- table-column：将对象作为表格列显示。
- table-column-group：将对象作为表格列组显示。
- table-header-group：将对象作为表格标题组显示。
- table-footer-group：将对象作为表格脚注组显示。
- table-row：将对象作为表格行显示。
- table-row-group：将对象作为表格行组显示。

（3）CSS 行内元素转块级元素

使用 display:block 属性后，该对象会由行内元素转为块级元素，这样其后面的内容会自动换行。

CSS 示例代码：

```
.myCSS{display:block; background-color: #f0f0f0;font-size: 20px;}
```

html 对应运用代码：

```
<span class="myCSS">我的后面文字会换行</span>我是被前面的 myCSS 对应 CSS 属性换行。
<span>不会被换行,因为我没有被设置 display:block</span>
```

上述代码的显示效果如图 3.15 所示。

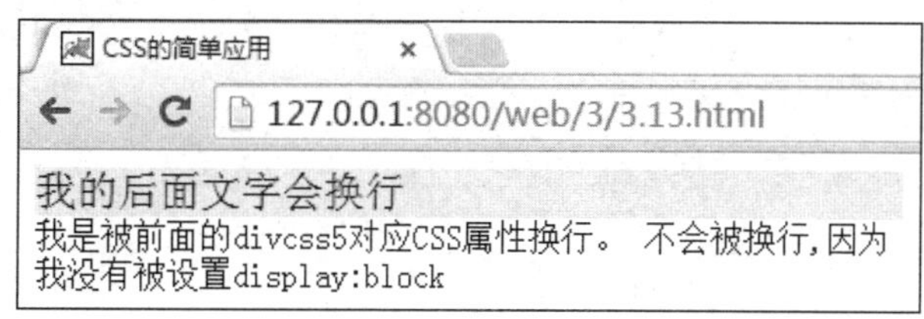

图 3.15　CSS 的 block 效果

（4）css display none

此 display 的 none 值也常常使用，用于隐藏对象内容，被隐藏的对象也不会占用自身固有宽度、高度空间。

（5）CSS 块元素转行内元素

display:inline 常常在 li 中使用，功能是让 li 排成一排（称删除行）。

接下来以一个未设置 li 的列表与一个设置 CSS display inline 的样式进行对比演示。

css 代码：

```
ul.myCSS li{display:inline;}
```

解释：ul. myCSS 对应 li css 样式属性为 display:inline

Html 对应代码：

```
<ul>
        <li>我父级 ul 没有 myCSS 样式</li>
        <li>我是独行</li>
        <li>我是独行</li>
</ul>
<ul class=" myCSS ">
        <li>我父级 ul 有 myCSS 样式</li>
```

```
        <li>我站成一排</li>
        <li>我在 myCSS 下 li 站成一排</li>
</ul>
```

说明：设置 CSS 为 display:inline 的 li 对象，li 被排成一排，而未设置的 li 列表对象仍然继承原来自身独占一行的 CSS 样式。其显示效果图如图 3.16 所示。

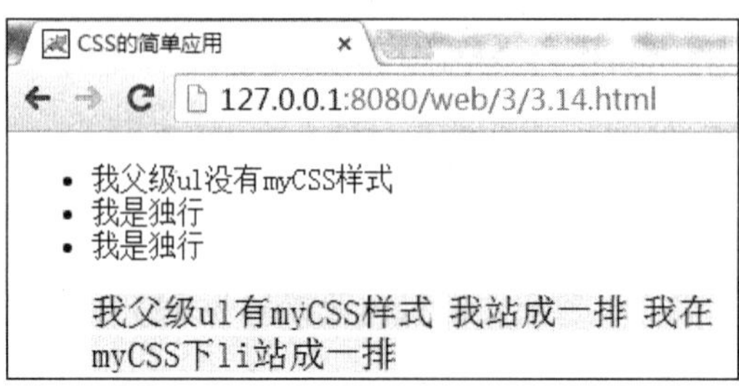

图 3.16 CSS 的显示效果

22. CSS 的应用案例

在 CSS 的高级用法中，主要详细讲解 CSS 基本属性的用法，其中由于篇幅的关系，很多用法都没有讲到，如 CSS 3 属性中的 border-radius 属性，还有其他很多样式。这些样式的设计从用法上来说，基本上都是大同小异的。下面就以我们所学的案例为例，制作一个常见的导航条，代码如下：

```
/*CSS 样式*/
* {
    margin:0px;
    padding:0px;
}
.nav {
    width:600px;
    height:50px;
    border:1px dashed #ffe5aa;
    margin:100px auto;
}
.nav ul {
    list-style:none;
}
.nav ul li {
    float:left;
    width:150px;
    line-height:50px;
    text-align:center;
}
/*超链接美化*/
.nav ul li a {
    display:block;
    width:150px;
    height:50px;
    text-decoration:none;
    background-color:#abd5ff;
```

```
    color:#fdf6e3;
}
/*鼠标指针放在超链接上的效果*/
.nav ul li a:hover {
    background-color:orange;
}
<!-- html 格式 -->
<div class="nav">
    <ul>
        <li><a href="#">首页</a></li>
        <li><a href="#">业务介绍</a></li>
        <li><a href="#">联系我们</a></li>
        <li><a href="#">网站地图</a></li>
    </ul>
</div>
```

上述代码在页面中显示的效果如图 3.17 所示。

图 3.17　样式效果图

3.3　JavaScript 基础

JavaScript 其前身是由 Netscape 公司的 LiveScript 发展而来的，它是一种基于原型、弱类型、动态类型的浏览器客户端脚本语言，与 HTML 不同的是，它是区分大小写的。早在 1995 年，Netscape 公司就已经在 Netscape 浏览器（火狐浏览器前身）实现了 LiveScript，在随后与 Sun 公司进行合作，并更名为 JavaScript。

JavaScript 的推出，是为了解决当时服务器压力过大、网络速率较低的情况下，浏览器与服务器交互过于频繁，从而浪费了很多不必要的验证问题。随着时间的推移，JavaScript 也对用户与服务器交互做出了很多的优化，如当前流行的 Ajax 和 jQuery 技术。

为了使得 JavaScript 得到进一步的推广和发展，1997 年 JavaScirpt 向欧洲计算机制造商协会（WCMA）提交了 JavaScript 1.1 草案，欧洲计算机制造商协会（WCMA）根据其提交的草案，并联合 Sun、微软、NetScape 等当时的主流脚本语言开发公司提出了 ECMA-262 标准，并且命名为 ECMAScript。随后，国际标准化组织（ISO）和国际电工委员会（IEC）也采用 ECMAScript 作为其标准，这也让浏览器提供商把 ECMAScript 作为其内在标准，从而进一步推动了 JavaScript 的发展。

由于 JavaScirpt 是完全兼容 ECMAScript 的，这使得目前主流的 Web 开发都是利用 JavaScript 进行开发的。JavaScript 是一种用来向 HTML 页面增加交互过程的、一种解释性的、一种具有事件驱动和对象的、一种目前比较安全的客户端（浏览器）脚本语言。它具有如下功能：

① JavaScript 能够读取 HTML 元素，并进行相应的修改。JavaScript 能够有效地读取 HTML 页面中的数据元素，并对其进行修改，从而达到不同的页面显示效果。

② JavaScript 能够对当前主流的浏览器进行判定。由于目前不同的浏览器对页面显示的效果也不尽相同，因此 JavaScript 对浏览器进行有效的判定，能够更加方便页面对不同浏览器进行不同的显示，从而解决浏览器兼容的问题。

③ JavaScript 能够有效地响应浏览器事件。JavaScript 的设计目的就是能够及时的与前端用户进行交互，所以它能够通过响应浏览器的事件，与用户进行交互，从而达到更好的用户体验效果。

④ JavaScript 能够动态地嵌入 HTML 网页中。JavaScript 的动态嵌入，能够更好地帮助开发人员调用 JavaScript。目前常见的有 3 种嵌入方式：直接嵌入方式、引入外部脚本文件嵌入（如上文示例中引入的 test.js）以及在<script></script>脚本中嵌入。一般而言，为了更好的对 JavaScript 进行管理，采用的是引入外部脚本嵌入的方式，这种方式能够对 JavaScript 进行有效的管理，同时页面和事件处理分离，也便于用户对系统进行升级。

⑤ JavaScript 能够对数据进行验证。JavaScript 可以在用户数据被提交到服务器前，进行简单的页面验证，从而有效减少服务器的压力。比如用户提交的要求是数字，可是用户却输入成了字符，这种情况可以直接在浏览器进行验证，防止用户重新输入和提交数据。在浏览器中对数据进行验证，防止用户数据输入错误的同时，也大大减轻了服务器的压力。

⑥ 控制浏览器的 Cookies。JavaScript 对 Cookies 的控制包括创建 Cookies 和修改 Cookies。Cookies 作为存储在客户端的数据，是用来识别用户身份的，最典型的应用是用户在登录页面后，会保留相关的登录信息，使得用户在下次登录该网站时不必输入用户名和密码，方便了用户。JavaScript 对 Cookies 进行管理，能够增强用户的安全。另外，它能够动态删除 Cookies，从而保证用户资料不被泄露。同时，它也能与服务器端进行有效的验证，看用户的 Cookies 是否过期，是否需要重新认证。

基于以上的一些特点和优势，JavaScript 在 Web 开发中得到了广泛的应用，可以说目前前端技术基本上是由 HTML + CSS + JavaScript 完成的。

3.3.1 JavaScript 的基本特点

1. 什么是 JavaScript

JavaScript 是一种基于对象（Object）和事件驱动（Event Driven）并具有安全性能的脚本语言。JavaScript 的主要作用是与 HTML 超文本标记语言、Java 脚本语言（Java 小程序）一起实现在一个 Web 页面中链接多个对象，与 Web 客户交互作用。从而可以开发客户端的应用程序等。它是通过嵌入或调入在标准的 HTML 语言中实现的。它的出现弥补了 HTML 语言的缺陷，它是 Java 与 HTML 折中的选择，具有以下几个基本特点：

（1）JavaScript 是一种脚本编写语言

JavaScript 是一种脚本语言，采用小程序段的方式实现编程，与其他脚本语言一样，JavaScript 是一种解释性语言，它提供了一个简易的开发过程。JavaScript 的基本结构形式与 C、C++、VB、Delphi 十分类似，但需要先编译，在程序运行过程中被逐行解释。它与 HTML 标识结合在一起，从而方便用户的使用操作。

（2）基于对象的语言。

JavaScript 是一种基于对象的语言，同时也可以看作一种面向对象的语言，这意味着它能运用已经创建的对象，因此，许多功能可以通过对象的调用来实现。

（3）简单性

JavaScript 的简单性主要体现在：首先它是一种基于 Java 基本语句和控制流之上的简单的设计，可以说是从 Java 中的一种过渡。其次它的变量类型是采用弱类型，并未使用严格的数据类型，因此变量的运用较为简单。

（4）安全性

JavaScript 是一种安全性语言，它不允许访问本地的硬盘，并不能直接将数据存入到服务器上（可以通过 ajax 间接提交数据），不允许对网络文档进行修改和删除，只能通过浏览器实现信息浏览或动态交互，从而有效地防止数据的丢失。

（5）事件驱动性

JavaScript 可以直接对用户或客户输入做出响应，无须经过 Web 服务程序。它对用户的响应，是采用以事件驱动的方式进行的。所谓事件驱动，就是指在页面中执行了某种操作所产生的响应，就称为“事件”（Event），如按下鼠标、移动窗口、选择菜单等都可视为事件。当事件发生后，可能会引起相应的事件响应。

（6）跨平台性

JavaScript 依赖浏览器本身，与操作系统无关，实现了“一次编写，处处运行”的目的。

综合所述，JavaScript 功能非常强大，它可以被嵌入到 HTML 的文件之中，可以直接响应用户的需求事件（如 form 的输入），而不用任何的网络数据来完成用户交互的目的。

2. JavaScript 和 Java 的区别

JavaScript 和 Java 很类似，但仍有所不同，Java 是一种比 JavaScript 更复杂的编程语言，而 JavaScript 则是较为容易的语言。JavaScript 在开发中无须注重很多技巧，所以许多 Java 的特性在 Java Script 中并不支持。

在结构上，JavaScript 与 Java 有着紧密的联系，但本质上他们是两个公司开发的不同的产品。Java 是面向对象的程序设计语言，特别适合于 Internet 应用程序开发；而 JavaScript 是为了扩展 Netscape Navigator 功能，让 JavaScript 可以嵌入 Web 页面中，它是一种基于对象和事件驱动的解释性语言。JavaScript 的前身是 Live Script；而 Java 的前身是 Oak 语言。下面对两种语言间的异同进行比较。

（1）基于对象和面向对象

Java 是一种真正的面向对象的语言，即使是开发简单的程序，必须设计对象。 JavaScript 是一种脚本语言，是一种基于对象（Object Based）和事件驱动（Event Driver）的编程语言，本身提供了非常丰富的内部对象供设计人员使用。

（2）解释和编译

两种语言在其浏览器中所执行的方式不一样。Java 的源代码在传递到客户端执行之前，必须经过编译，因而客户端上必须具有相应支持 Java 运行的编译器。

JavaScript 是一种解释性编程语言，其源代码在客户端执行之前不需经过编译，而是直接发送给浏览器进行解释执行。

（3）强变量和弱变量

两种语言对变量的声明所采取的措施是不一样的。Java 采用强类型变量检查，即所有变量在编译之前必须进行声明。JavaScript 中的变量声明采用其弱类型，即变量在使用前不需作声明，而是解释器在运行时检查其数据类型。

（4）代码格式不一样

Java 是一种与 HTML 无关的格式，必须通过像 HTML 中引用外媒体那样进行加载，其代码以字节代码的形式保存在独立的文档中。JavaScript 的代码是一种文本字符格式，可以直接嵌入 HTML 文档中，并且可动态加载。

（5）嵌入方式不一样。

在 HTML 文档中，两种编程语言的标识不同，JavaScript 使用 <script>...</script> 来标识，而 Java 使用<applet> ... </applet>来标识。

（6）静态联编和动态联编

Java 采用静态联编，即 Java 的对象引用必须在编译时进行，以使编译器能够实现强类型检查。JavaScript 采用动态联编，即 JavaScript 的对象引用在运行时进行检查，如不经编译则无法实现对象引用的检查。

3.3.2 JavaScript 的代码结构

JavaScript 是事件驱动的语言，当用户在网页中进行某种操作时，就产生了一个"事件"，也叫 event，事件可以看成网页中任何事情，如单击页面元素、鼠标移动等。JavaScript 可以说是由事件驱动的，也就是说当页面中的事件发生时，JavaScript 可以对其做出响应，对页面中的事件进行处理。

因此，可以简单说一个 JavaScript 的程序由"事件 + 事件处理"组成，用户是事件的发出者，JavaScript 是对事件的处理。根据 JavaScript 在代码中的位置，可以将 JavaScript 分为三种方式。

1. 行内式

行内式即将 JavaScript 的脚本代码嵌入到 HTML 的标记事件中，具体的做法是在 HTML 代码中添加事件属性，其属性名为事件名称，属性值即为 JavaScript 的脚本代码。具体用法如下：

```
<html>
    <head><title>JavaScript 行内式</title></head>
    <body>
        <p onclick="alert('行内式 JavaScript 弹窗效果'); ">点击此处文字会弹出一个窗口</p>
    </body>
</html>
```

上述代码中的 onclick 就是一个 JavaScript 的事件名，表示鼠标单击的事件，alert()是一个事件处理函数，作用是弹出一个警告框。整个事件可以描述为当用户点击页面中的文字时，就会弹出一个警告窗，运行效果如图 3.18 所示。

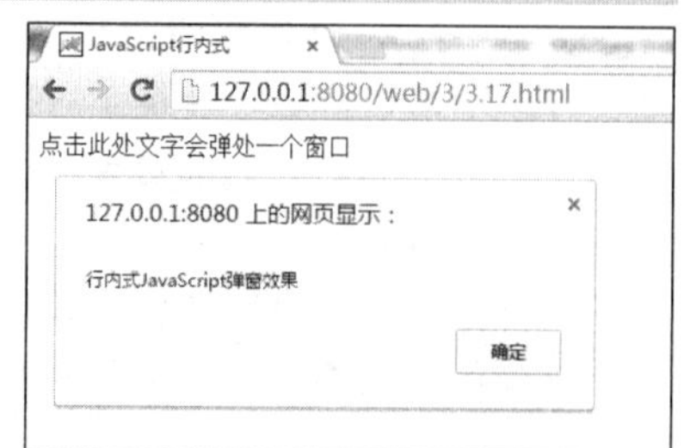

图 3.18　单元格的合并效果

2. 嵌入式

嵌入式即使用<script>标记将 JavaScript 代码嵌入网页

中，这种情况主要是针对页面代码很长时，将这些代码写在一个函数中，页面只需要调用该函数即可。图 3.18 所示的嵌入式可用如下代码表示：

```
<html>
    <head>
        <title>JavaScript 嵌入式</title>
        <script type="text/JavaScript">
            function msg() {
                alert("嵌入式 JavaScript 弹窗效果");
            }
        </script>
    </head>
    <body><p onclick=" msg();">点击此处文字会弹出一个窗口</p></body>
</html>
```

上述代码的效果和行内式的效果一致，在代码中<script></script>标记内定义了一个 msg() 函数，将函数的事件处理写入函数中。当用户点击页面中的文字，即触发函数事件，发出弹窗的响应。

3. 外链式

外链式即将 JavaScript 的代码写入外部的 js 文件中，通过<script>标记的 src 属性将外部脚本文件关联起来，然后在 HTML 代码中可以直接调用该文件中的事件处理。这样既提高了代码的重用性，也方便代码的维护工作，修改时只需要修改这个 js 文件即可。图 3.18 的外部式用法代码如下：

```
    =========================html 代码=========================
<html>
    <head>
        <title>JavaScript 嵌入式</title>
        <script type="text/JavaScript" src="./scritp.js"></script>
    </head>
    <body><p onclick=" msg();">点击此处文字会弹出一个窗口</p></body>
</html>

    ======================外部文件: script.js======================
function msg() {
    alert("外链式 JavaScript 弹窗效果");
}
```

关于以上 3 种方式，这里重点推荐的是外链式，现在很多大型 Web 应用程序的开发都是采用外链式，将 JavaScript 写在文件外部，方便调用，也方便文件的管理。如果读者需要做大型软件开发工作，推荐使用外链式。本书由于代码量不是很大，所以大部分工程都采用嵌入式的代码。

3.3.3 JavaScript 的事件

编写 JavaScript 程序一般需要 3 个要素：触发程序的事件名、事件的处理函数和事件的作用元素（DOM 对象）。而在程序的撰写中，常见的 JavaScirpt 事件可分为鼠标事件、HTML 事件和键盘事件 3 种。常见的鼠标事件和 HTML 事件如表 3.8 所示。

表 3.8　鼠标事件的基本说明

事件名	说明	事件名	说明
onclick	单击鼠标左键时触发	onmouseover	移动到元素上时触发
ondbclick	双击鼠标左键时触发	onmouseout	从元素上移出时触发
onmousedown	按下任意一个鼠标按键时触发	onmousemove	鼠标在元素上持续移动时触发
onmouseup	释放任意一个鼠标键时触发		

表 3.8 所示为常见的鼠标事件，也有一些特殊的事件，这里不做说明。表 3.9 所示为常见的 HTML 事件。

表 3.9　常用的 HTML 事件

事件名	说明	事件名	说明
onload	页面或图像加载完成后触发该事件	onsubmit	表单提交时，触发该事件
onunload	页面在退出时触发该事件	onblur	元素失去焦点时触发该事件
onerror	在加载文档或图像发生错误时触发该事件	onfocus	元素获得焦点时触发该事件
onselect	选择文本框或下拉列表的某项触发该事件	onscroll	浏览器滚动时触发该事件
onchange	文本框或下拉列表改变时触发该事件		

HTML 的事件也称为 event 对象，上述表格中还有一些特殊的事件没有写进来，如 onresize（窗口大小改变时触发），这些由于使用不是很频繁，所以暂不做详细介绍。关于键盘事件，相对用得较少，主要有 3 种键盘事件，如表 3.10 所示。

表 3.10　常用的键盘事件

事件名	说明	事件名	说明
onkeydown	按下某个键盘按键时触发该事件	onkeyup	按下时释放某个按键时触发事件
onkeypress	按下并释放某个按键时触发事件		

关于以上事件，需要重点说明的是 JavaScript 的事件名应该全部小写，因为 JavaScript 和 HTML 不同，它是区分大小写的，而 HTML 是不区分大小写的。

3.3.4　JavaScript 事件的监听

在前面的 HMTL 章节中，已经重点强调了 id 的主要作用是和 JavaScript 进行配合使用，起页面交互的作用，这个交互的本质其实就是通过 id 来对事件进行监听并响应的一个过程。其具体的应用类似于“对象.事件”的形式，其中对象可以是浏览器对象、DOM 对象或 JavaScript 内置对象等内容。下面通过事件监听的方式，实现图 3.18 的效果：

```
<html>
    <head>
        <title>JavaScript 事件监听</title>
        <script type="text/JavaScript">
            var demo=document.getElementById("msgId");
            demo.onclick=msg;
```

```
            function msg() {
            alert("事件监听 JavaScript 弹窗效果");
            }
        </script>
    </head>
    <body><p id=" msgId">点击此处文字会弹出一个窗口</p></body>
</html>
```

上述代码中，在标签<p>中添加了 id 属性，主要目的是方便 JavaScript 通过 document 对象的方式获取该元素，用法如代码中的 document.getElementById("msgId")，这句代码的作用是：当用户单击页面中的文字时，可以通过 msgId 定义的 id 访问标签<p>，访问得到了一个 DOM 对象：demo。

语句 demo.onclick = msg;则是通过"DOM 对象.事件名 = 函数名"的方法来调用的 msg 函数。

这段代码如果直接运行会出错，甚至得不到响应的效果，原因是：浏览器对 HTML 页面的解析是自上而下进行执行的，JavaScript 的 DOM 对象在执行之前还没有获取到 id 为 msgId 的标签，所以此时对象不存在，运行容易出错。解决这种错误有以下两种方法：

（1）标签后嵌入 JavaScript 代码

```
<html>
    <head><title>JavaScript 事件监听</title></head>
    <body>
        <p id=" msgId">点击此处文字会弹出一个窗口</p>
        <script type="text/JavaScript">
            var demo=document.getElementById("msgId");
            demo.onclick=msg;
            function msg() {
                alert("事件监听 JavaScript 弹窗效果");
            }
        </script>
    </body>
</html>
```

由于 HTML 的代码是自上而下执行，所以将 JavaScript 的代码放入标签后，即可正确执行。上述代码即将<script>标签放入 id 之后即可正确运行。

（2）调用 onload 事件

由于 JavaScript 代码的执行是在页面加载完成后，因此可以使用 onload 事件，将 id 的获取放入 window.onload 事件中，这样在浏览器的页面加载完成后才会调用该句 JavaScript 代码，避免对象不存在的情况。

```
<html>
    <head>
        <title>JavaScript 事件监听</title>
        <script type="text/JavaScript">
            window.onload=function() {
                var demo=document.getElementById("msgId");
            };
            demo.onclick=msg;
            function msg() {
                alert("事件监听 JavaScript 弹窗效果");
            }
```

```
        </script>
    </head>
    <body><p id=" msgId">点击此处文字会弹出一个窗口</p></body>
</html>
```

关于 JavaScript 事件调用，这里有以下几点使用说明：

①“demo.onclick = msg”的用法是正确的，函数名后不可添加括号，如“demo.onclick = msg()”这种用法就是错误的。因为在 JavaScript 中，函数名表示调用函数，而带括号则表示执行函数，这两种用法有本质的区别。

② var 是 JavaScript 的变量申明方式，它是一种弱变量，可以是任意类型，如整型、浮点型、对象等都可以用 var 申明；另外，在 JavaScript 中，变量可以不经声明直接使用。

③“window.onload = function() {...}”是一种函数调用加声明的方式，它相当于声明了一个匿名的函数，用法和“demo.onclick = msg”类似。

④“demo.onclick = msg”对象是可以在“window.onload = function() {...}”语句外，也可以在该语句内，因为 onclick 事件发生时，页面已经全部加载，所以放在任何位置都可以让程序正常运行。

3.3.5 JavaScript 元素的控制

由于 JavaScript 的主要作用是与前端页面进行事件交互，作用范围是在浏览器中，不占用服务器的任何资源，因此得到了广泛的应用。很多页面的动态效果都是通过 JavaScript 来完成，从本质上来说，这些效果都是 JavaScript 对元素进行的操作。下面以一个具体的案例来讲解 JavaScript 的页面操作：

```
<html>
    <head>
        <title>JavaScript 元素的控制</title>
        <script type="text/JavaScript">
            window.onload=function() {
                var image=document.getElementById("image");
                var title=document.getElementById("title");
                title.onmouseover=change;
            };
            function change () {
                image.src="./images/2.jpg";
                title.innerHTML="移动后的效果";
            }
        </script>
    </head>
    <body>
        <h1 id="title">试试把鼠标移动到这里</h1>
        <img src="./images/1.jpg" id="image" />
    </body>
</html>
```

上述代码的主要作用是让鼠标移动到文字上时，页面中的图片和文字都会发生变化，其效果如图 3.19 所示。

图 3.19　鼠标移动的效果

上述操作其实是采用 JavaScript 对元素的控制，通过 id 获取到指定元素，然后修改元素的属性，从而得到一个页面变化的效果。

1. 获取页面的指定元素

要想让页面中的元素发生变化，就要修改标签中的内容，根据元素的修改方式，document 对象提供了 3 获取标签（元素）的方法，如表 3.11 所示。

表 3.11　常用的键盘事件

事　件　名	说　　明
getElementById()	根据页面中的 id 获取，并返回一个对象
getElementByName()	根据页面中的 name 属性获取，并返回一个对象数组
getElementByTagName()	根据元素的标记名获取，并返回一个对象数组

这里需要说明的是，由于页面中 name 属性可能相同，标记名也有可能多个，所以使用 getElementByName()和 getElementByTagName()返回的是对象数组，如果要取出数组中的单个元素，则需要添加数组下标，下标从 0 开始，表示第一个元素。

因此，为了避免元素的二义性，以及使用的复杂性，在使用时，一般都是采用 id 来获取元素，本书的代码基本上都是通过 getElementById()的方法对元素进行获取操作的。

2. 监听事件

根据上一小节的内容，我们需要对元素进行监听，并调用 onload 方法，使得事件可以正常响应，代码如下：

```
window.onload=function() {
    var image=document.getElementById("image");
    var title=document.getElementById("title");
    title.onmouseover=change;
}
```

3. 事件的响应

在对事件进行监听后，一般采用函数对元素进行响应。从监听事件的代码中，可以看出，响应的函数是 change()函数，具体的代码如下：

```
    function change() {
        image.src="./images/2.jpg";
        title.innerHTML="移动后的效果";
    }
```

上述代码的修改分两部分组成，其中 image.src="./images/1.jpg"是通过访问 image 元素的 src 属性进行修改的，目的是将图片从 1.jpg 的显示变成 2.jpg 的显示，从而完成图片的动态变化。

在 title.innerHTML = "移动后的效果"的修改中，是直接通过访问元素的内容来修改的。在 JavaScript 中，元素的内容修改可以使用 innerHTML 来完成，它可以将元素或标签的内容改成文本或 HTML 元素。不过，如果要修改为 HTML 内容，则需要将整个标签写入其中，如添加一个文本框的效果可以写成：

```
    title.innerHTML="添加了一个文本框: <input type='text' name='username' />";
```

这样，将鼠标指针移动到文字处，就会出现一个文本框的效果。同时这里的 title.innerHTML 可以写成 this.innerHTML，因为在 JavaScript 中，如果 this 在函数内，则 this 的调用特指调用该函数事件前的对象，即 title.onmouseover = change 的调用。更多的情况，本书不会刻意使用 this 进行调用，因为这种调用方式的可读性较低，不推荐使用。

4. 其他修改方式

经过上述的例子，基本上可以满足本书大部分的知识点的需求，但是还是有一些其他属性如 CSS 的交互也是很多的，因此本书再介绍一种使用 JavaScript 修改 CSS 的方法。该属性具体的用法为“DOM 对象.style.css 属性名”。这里以一个例子为例，代码如下：

```
<html>
    <head>
        <title>JavaScript 元素的控制</title>
        <script type="text/JavaScript">
            window.onload=function() {
                var image=document.getElementById("image");
                var title=document.getElementById("title");
                title.onmouseover=change;
            }
            function change () {
                image.style.width= "200px";
                title.innerHTML="移动后的效果";
            }
        </script>
    </head>
    <body>
        <h1 id="title">试试把鼠标移动到这里</h1>
        <img src="./images/1.jpg" id="image" width="100px" />
    </body>
</html>
```

由于 width 是 css 的一个属性名，因此在设置时，可以通过这种方法修改其 CSS 的显示效果。当鼠标指针移动到文字上面时，图片的大小会随之变化。关于 CSS 的修改，还有其他很多方式，本书在后文中如有需要，会详细介绍。

3.3.6　Ajax 技术和 jQuery 技术

基于前面关于前端基本技术的介绍，将对本文中两个重要的应用 Ajax 和 jQuery 技术做一个简单的介绍。

1. Ajax 技术

Ajax（Asynchronous JavaScript and XML）是一种异步 JavaScript 和 XML，它是一种基于网页的交互式应用开发技术，能够有效改善客户端浏览器与服务器端之间的数据交互。

传统的数据交互采用的方法是用户点击了浏览器中页面中的某一部分，提交一个 HTTP 请求，服务器根据用户提交的请求，发回一个完整的页面。其具体流程如图 3.20 所示。

从图 3.20 中可以看出，用户每次点击一次 HTTP 请求，浏览器都会发回一个完整的页面。在多数情况下，一个页面可能变化的内容可能仅仅只是一行信息或者一个图片，如果全部提交，有可能会浪费部分带宽，同时也会增加服务器端的压力。基于这种传统的 Web 交互模式中的不足，Ajax 交互方式便体现出来了。

Ajax 采用异步传输手段，能够允许用户在不更新整个页面的情况下，只针对用户需要更新的部分进行更新。这种更新方式可以让 Web 服务器以最快的速度响应客户端浏览器的请求，从而达到更好的用户体验效果。使用 Ajax 仅仅只需要浏览器对 JavaScript 的支持，而不需要安装特定的插件，因此在 B/S（Browser/Service）开发模式中，得到了广泛的应用。Ajax 的交互过程如图 3.21 所示。

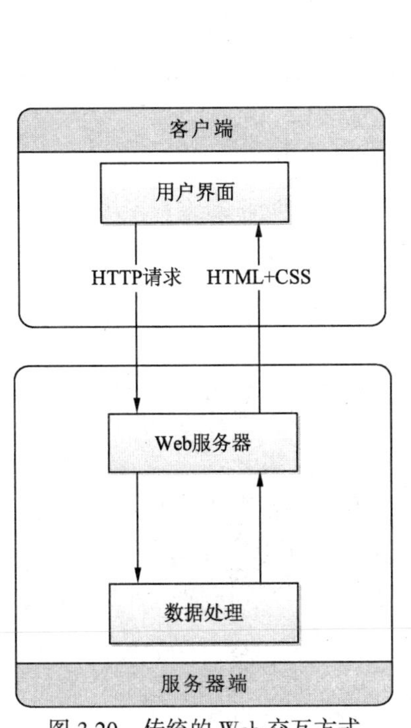

图 3.20　传统的 Web 交互方式

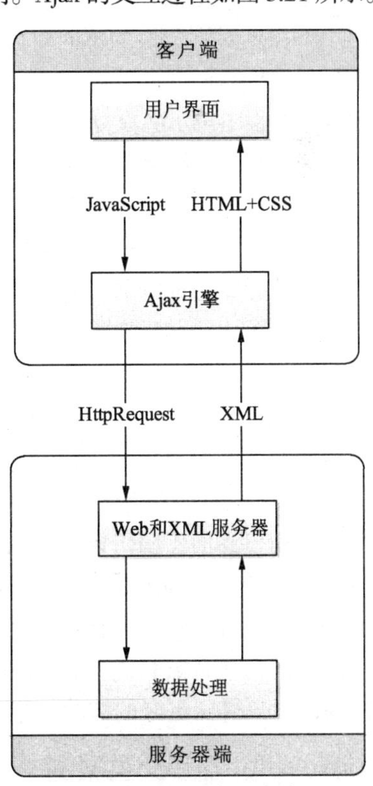

图 3.21　Ajax 交互方式

从图 3.21 中可以看出，用户在提交页面请求时浏览器会利用 Ajax 引擎创建一个特殊的请求对象，由客户端浏览器向服务器发送请求数据，同时服务器端收到请求数据后，仅仅只需要对用户请求的那一部分数据进行有效的更改，避免了对整个页面的提交，节省了用户的带宽的同时，提高了服务器的工作效率。

与图 3.20 中传统的交互方式对比，用户在利用 Ajax 对数据进行处理的同时，也能对当前网页进行浏览，避免了用户刷新页面时的长时间等待。另一方面，在使用 Ajax 时，有时只需要调用浏览器中的一个函数，而没必要与浏览器进行通信。

因此，基于以上 Ajax 的一些优势，在目前的 Web 开发中，特别是表单提交时，它得到了广泛的应用。

2. jQuery 技术

jQuery 是通过简化 JavaScript 与 HTML 之间的操作开发的一个优秀的跨浏览器 JavaScript 库。自从 2006 年 John Resig 发布了 jQuery 1.0 版本之后，jQuery 在网页设计中得到了广泛的应用。据不完全统计，在全球最受欢迎的 1 000 个网站中，有超过 65%的网站使用了 jQuery 框架，它是目前最受欢迎的 JavaScript 库。

使用 jQuery 有如下一些优势：

① 解决了浏览器兼容的问题。JavaScript 在浏览器兼容的问题上表现的并不好，在不同浏览器中，如 IE 浏览器和 Firefox 浏览器，设计者需要为这两个不同的浏览器设计不同的事件操作，这在一定程度上增加了程序的复杂性。而 jQuery 自身的 Event 事件对象对所有的浏览器都支持，用户不需要对浏览器的不同而设计不同的事件操作，只需要对其进行相应的调用即可。

② 提供了功能强大的函数。在 jQuery 中，很多功能采用函数封装的方式提供给用户使用的。用户在使用的过程中，不必重复编写某些功能函数，从而节省了开发时间，提高了开发效率。

③ 方便与 Ajax 进行交互。jQuery 通过内置的 JavaScript()函数，可以很方便的与 Ajax 进行有力的交互，从而提高页面的加载速率，改善用户的体验效果。

④ 调用方便。jQuery 采用 HTML 页面的内容和代码分离，用户在使用 jQuery 时，只需定义相应的 id，没必要在重新书写大量的 JavaScript 代码。同时，jQuery 为了帮助用户更好地使用其框架，它书写了大量的帮助文档，也对其应用进行了很详细的叙述，这帮助了用户对 jQuery 的了解，也方便了用户对其进行调用。

⑤ 实现功能强大的 UI（User Interface）设计。通常利用 JavaScript 实现一个功能强大、内容丰富且界面漂亮的用户界面（UI）是非常难得，而且即使实现了，在下一次使用时，可能需要对代码进行重新书写，没有很高的复用性。引入 jQuery，可以很容易的利用内置相关函数实现界面美观的用户界面（UI）设计，从而达到更好的用户体验效果。

⑥ 模块化开发。jQuery 采用的是模块化开发模式，并且支持很多 API 的调用，采用这种方式进行开发，用户可以很快的开发功能强大的动态网页或静态网页。

基于以上的一些特点和优势，jQuery 得到了广泛的应用，可以说在 Web 开发环境中，使用 jQuery 可以让用户得到更好的体验效果。

3.3.7 JavaScript 前端交互案例

本章重点讲解了 HTML、CSS 和 JavaScript 的基本知识，其实从本质上来说 JavaScript 也可以控制 CSS 的内容，这里可以总结以下几点：

① 可以直接获取 html 中的属性，如 src、value 等，这种用法前面案例非常多。

② 可以直接通过 id 设置类名，如$("id").className = "myCSS";，其中$("id")表示通过 id 获取对象，它是一个函数，在项目工程中经常用到，函数的定义如下：

```
//JavaScript 中的$(id)函数的定义，JavaScript 可以使用$做变量名
$(id) {
   return document.getElementById(id);
}
```

③ 可以直接通过 id 设置属性的样式，如$("id").style.backgroundColor = "#aaa";，由于在 JavaScript 不允许使用“-”作为变量连接符，所以在 JavaScript 中调用 CSS 的样式时，统一采用大写的格式，如 background-color 转化为 backgroundColor、margin-top 转化为 mariginTop 等。

④ 设置一个标签内部的文字内容可以使用$("id").innerHTML = "输入的文字";的方式进行设置。

下面以一个隔行变色的案例为例，来结束本章节的内容，案例内容如下：

```
/*CSS 的代码部分*/
.box {
   width:600px;
   margin:10px auto;
}
li {
   line-height:30px;
   list-style-type:none;
}
li span {
   margin:15px;
}
.current{
   background-color:#aaa!important;
}
/*JavaScript 的代码部分*/
window.onload = function(){
var lis=document.getElementsByTagName("li");
for(var i=0;i<lis.length;i++) {
   if(i % 2==0) {
      lis[i].style.backgroundColor="#eee";
   } else {
      lis[i].style.backgroundColor="#ddd";
   }
   lis[i].onmouseover=function(){
      this.className="current";
   }
   lis[i].onmouseout=function(){
      this.className="";
   }
}
<!-- html 部分 -->
<div class="box">
   <ul>
      <li>
```

```
            <span>湖南科技学院</span>
            <span>电子与信息工程学院</span>
            <span>软件工程</span>
            <span>张三</span>
        </li>
        <li>
            <span>湖南科技学院</span>
            <span>电子与信息工程学院</span>
            <span>通信工程</span>
            <span>李四</span>
        </li>
        <li>
            <span>湖南科技学院</span>
            <span>电子与信息工程学院</span>
            <span>信息工程</span>
            <span>王五</span>
        </li>
        <li>
            <span>湖南科技学院</span>
            <span>电子与信息工程学院</span>
            <span>软件工程</span>
            <span>赵六</span>
        </li>
        <li>
            <span>湖南科技学院</span>
            <span>电子与信息工程学院</span>
            <span>通信工程</span>
            <span>钱七</span>
        </li>
    </ul>
</div>
```

上述代码显示的效果图如图 3.22 所示，每一行的颜色不同，同时鼠标放置的行数颜色变深：

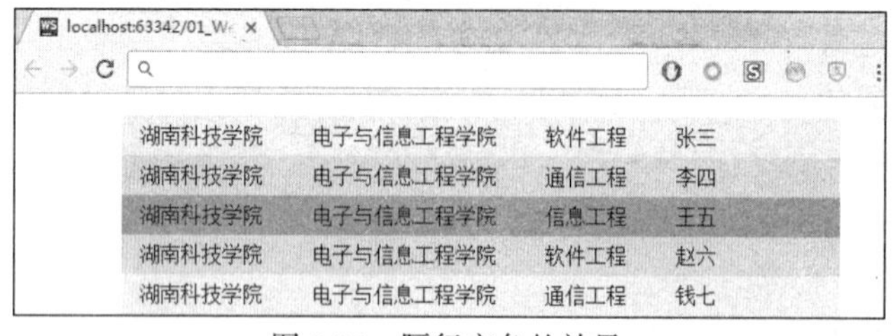

图 3.22　隔行变色的效果

本 章 小 结

本章主要介绍了 HTML+CSS+JavaScript 的前端技术，这些前端技术是目前网页基本技术的核心，也是后台服务器的基础。学习这些技术，你可以很容易的做出一个简单的页面来，并且能够通过 HTML+CSS+JavaScript 对前端页面的效果和内容进行修改。同时本章也给了几个工程案例，让读者也对 Web 知识有了更深入的了解。

第4章 Java基础

由于本书的后台处理程序主要集中在 JSP 这一块，而 JSP 是与 Java 兼容的，很多 Java 代码可直接在 JSP 页面中运行，因此本书也将花一定的篇幅讲解相关的 Java 知识，为后续章节的学习做铺垫。

4.1 Java 简 介

4.1.1 Java 的诞生

让我们把时空切换到 1982 年，那一年一个伟大的公司诞生于美国斯坦福大学校园，它的名字叫 Sun Microsystems，也可译为太阳微系统公司。Sun 在 IT 行业中被认为是最具创造性的企业。是极少数几个同时拥有自己微处理器、电脑系统、操作系统的公司。

1990 年的一天，Sun 的总裁麦克尼利（McNealy）听说他最好的一个工程师詹姆斯·高斯林（James Gosling）打算离职，他感觉事态很严重。直觉告诉他优秀的员工的离去意味着公司正在出大麻烦。麦克尼利必须找高斯林和其他员工好好谈谈，看看问题出在哪里。

这些员工的意见很一致。Sun 公司本来是硅谷极为特殊的一个公司，以充满活力、富于创新著称。太阳微系统公司一直很尊重员工，尽量发挥他们的创造力和热情。但是，近年来，太阳微系统公司却越来越像成熟的大公司了，连高斯林这样的人，公司也安排他去做一些为老系统写升级软件这种琐碎的工作，正在扼杀着太阳微系统公司员工的创新思想和工作热情。高斯林他们想做一些伟大的、革命性的事情，但在 Sun 公司现在的状况中是不可能实现的。

随后，麦克尼利采取了一个大胆的举动，他让高斯林自己组建一个完全独立于公司的小组，由小组成员自己决定工作目标和进度。麦克尼利对高斯林说："我不管你们要做什么，要多少钱、多少人，也不管你们花多长时间做出来，公司都无条件支持。"

这个后来取名为"绿色小组"所要研究的产品就是十年后风靡 IT 界的数字家电、后 PC 设备和家庭网。事实证明，绿色小组的研究并不十分成功，直到 2001 年，Sun 在数字家电方面的业绩并不很突出。但是，绿色小组的一个副产品，高斯林发明的 Java 程序设计语言，却深深改变了这个世界……

绿色小组成立之初只有 4 个人。他们有一个很模糊的想法，甚至连最终的目标产品是硬件还是软件也不知道。但是他们知道必须发明一些技术或者产品让 Sun 公司赶上信息领域的下一波大浪潮。

当时人类已经发明了很多种消费类电子产品，包括微机、手机、手持电脑、录像机、电视机、洗衣机、冰箱、微波炉等。他们认为要将这些设备数字化并用网络互联将是今后的方向。绿色小组将这个需求归结成两个产品原型目标，即发明一种手持遥控设备来实现所有家电设备的互联（硬件）；发明一种程序设计语言，用它来编写能在这些设备上运行的小巧程序（软件）。

高斯林给当时设计了一种运行在虚拟机中的面向对象的语言，起名叫 Oak（橡树，高斯林窗外的一棵树）。

但是申请注册商标时，发现 Oak 被其他公司注册了，不得不重新起名。当时他们正在咖啡馆里喝着印尼爪哇（Java）岛出产的咖啡，有一个人灵机一动说就叫 Java 怎么样，并得到了其他人的赞同，于是他们就将这种程序语言命名为 Java。

绿色小组的成员每周工作七天，平均每天工作 12～14 小时，后期工程师们几乎住在实验室，没日没夜地工作，只是每隔几天回家洗澡换衣服。三年以后他们制作出了第一台样机，尽管实现了基本功能，但造价在一万美元以上，尽管市场前景不明朗，技术上也还有很多问题，Sun 公司的管理层还是用奖金和股权大大奖励了绿色小组的成员，并加大投入，努力实现产品化。

但是公司内外对其产品都不看好，市场也并不认可。绿色小组的成员在沮丧和失望中度过了整个 1993 年和 1994 年。在士气最低落的时候，大部分成员都离开了绿色小组，有的甚至离开了 Sun 公司。留下来的人也失去了工作热情。不少人每天早上 11 点钟上班，下午 4 点钟就离开了。

在黑暗的日子里他们都期待着上天能眷顾他们这些苦命的人，期待着某种奇迹出现……

当时互联网已经出现了 20 年左右，但 Ftp 和 Telnet 的方式无法在科研人员之外的人群普及和应用。1994 年，一个名叫网景的公司推出了一种叫做 Netscape 浏览器的东西，加速了互联网的普及；高斯林他们意识到互联网是今后的发展一个方向。开始制作针对互联网的 Java 应用，希望会有所斩获。

1995 年初的一天，高斯林和以往一样不停地参加各种会议以期让人们认可他们的产品，这次他参加的是“硅谷-好莱坞”互联网及娱乐业的研讨会。演讲刚开始时，大家对高斯林的讲解意兴阑珊，直到他将鼠标移向一个分子模型，这个分子模型动起来了，而且会随着鼠标的移动上下翻滚，场面立刻发生了逆转，会场一下子沸腾起来，人们惊叹不已、啧啧称奇。刹那间，人们对互联网的潜力进行了一番新的审视，也就在刹那间，这一批有影响力的人成了高斯林最忠实也是最有力的说客。

Java 活下来了，并且成为互联网时代最强势、最具代表性的语言。

4.1.2 Java 的崛起

Java 的崛起过程中，经历了很多公司的阻扰，如微软、Google 等公司，都针对 Java 做出了一系列的反应，但这都无法阻止 Java 的崛起。

1. 微软和 Sun 针对 Java 的世纪之战

Java 的特点是，一次编写，到处运行，可以适应于任何平台。而互联网就是这样一个可以是任意平台的超大网络。所以 Java 借着互联网快速发展的东风，扶摇而上，迅速蹿红。

面对 Java 金矿，大家都跃跃欲试……其中要数微软和 Sun 之间的斗争最为典型：

1996 年 9 月的某一天，微软浏览器部门的主管艾达姆·波茨瓦斯几经考量之后，提笔给时任微软 CEO 的比尔·盖茨写了一邮件，他非常恳切地提醒比尔·盖茨注意一个正在形成的威胁。他写到："必须意识到 Java 不仅仅是一种语言，如果它只是一种语言，我们愿意并且能够容易地为它建立最佳的表现形式，事情可以圆满解决了。但事实上，Java 绝不仅仅是一种语言，它是 COM 的替代者，"而 COM 恰恰是 Windows 的编程模型。而 Java 编程很多时候比 C++编程要容易得多，更致命的是它是跨平台的。波茨瓦斯也提出了对抗 Java 的方法，就是悄悄地为 Java 提供某些扩展，使得用 Java 编写的程序能够在 Windows 中工作得更好，但是在其他平台上却不能运行。

盖茨显然被这封信吓坏了，他第二天就回信了："这可把我吓坏了。我不清楚微软的操作系统要为 Java 的客户应用程序代码提供什么样的东西，而这些东西将足够让它来取代我们的市场地位。了解这一点非常重要，是应该最优先考虑的事情。"（没想到，这封信成为几年后司法部针对微软的反托拉斯案的呈堂证供。）

自此微软和 Sun 针对 Java 的世纪之战拉开了……

第一回合：微软推出 J++语言，并推出了 Visual j++集成编程工具，对 Java 进行了大量的修改。1997 年，Sun 公司以歧视使用 Java 软件，旨在维持其视窗操作系统的垄断地位，违反反垄断法为由起诉微软，2001 年 1 月，Sun 胜诉，根据双方达成的和解协议，微软不得对 Windows 操作系统中包含的 Java 语言作任何改动，并获赔 2 000 万美元。

第二回合：2001 年年底，微软在推出新版操作系统 Windows XP 和新版 IE 时，故意不安装 Java 软件，并且推出自己仿造 Java 创造的语言 C#和.net 框架。2002 年的 3 月 8 日，Sun 公司向美国加州地区法庭提出起诉，称此举造成它直接经济损失高达 10 亿美元。2002 年 6 月，微软干脆称从 2004 年起，因为安全原因微软的 Windows 操作系统将不再支持 Java 语言。

就在双方口水战日益升级之际，迎来了有关 Sun 诉微软案的第一次听证会。Sun 起诉微软的听证会被安排在 2002 年 12 月的第一周。当时，在巴尔的摩市下了近三年来最大的一场雪。整个城市几乎都停止运转。但是弗雷德里克·摩兹法官坚持要求开庭，并且要求几十位与案件有关的律师到场出席；据审判时一位目击者说，为了保证早上能够到庭，法官在他自己的会议室睡了一晚。

几周后，也就是 2002 年 12 月 23 日，摩兹法官发布了那份长达 42 页的判决书，他裁定微软公司必须在其 Windows 操作系统和 IE 中发布与其竞争的 Java 编程语言。摩兹法官的意见是：在微软的垄断下，Java 拥有一个并不健全的市场，比如说，大部分 PC 上所安装的 Java 软件要么就是旧版本，要么就是仅适用于 Windows 的版本，这使得其他软件开发者对 Java 平台产生了厌恶的情绪，这些都是因为微软反竞争行为的结果，看来微软已经利用 Windows 的垄断地位来破坏 Sun 对 Java 的销售渠道。树立市场正义的唯一方法是纠正微软的所作所为，"阻止微软从它过去的错误中获得将来的利益"，针尖对麦芒的斗争一直在继续……

和解：2004 年 4 月 2 日，两者达成和解协议，微软将向 Sun 赔付 20 亿美元以消解旧怨，他们开始共同应对来自 IBM 和 Linux 的挑战。

从上面的故事中可能有读者认为 Sun 是正义的，微软是非正义的，是这样的吗？

我们可以再看看下面的故事……

2. Oracle 和 Google 针对 Java 的再次对决

事实上，不止微软一家意识到 Java 是座金矿。Oracle 是第二家从 Sun 手中购买 Java 许可证的公司，而 IBM 甚至比 Sun 更早地意识到 Java 在企业级应用方面的价值，在对 Java 支持上投入了巨大的精力，我们平时编写 Java 程序使用的 Eclipse IDE 集成编程环境，就是 IBM 主导开发、用以争夺 Java 领导权的重大举措。

“和谐”的阴影：

IBM 和 Intel 为了争夺 Java 的话语权，向 Sun 发出了新一轮的挑战，2005 年他们支持 Apache 开源社区发起了一个称为 Harmony 的项目，Harmony 有个有趣的中文意思——和谐。

Harmony 的目的有两个：

① 在 Apache Licence v2 的许可之下，独立地（不阅读 Sun JDK 的源代码，仅仅根据 Java SE 5 specification）开发一个与 Java SE 兼容的 JDK。

② 通过 Harmony 的开发社区，创建一个模块化的架构（包括虚拟机和类库）。该架构允许所有的独立开发项目可以共享运行时的组件。

简单的说，Harmony 就是让其他公司可以使用它来绕开 Sun JDK 的商业限制。Sun 为了保持自己对 Java 的主导权，坚决不给 Harmony 颁发 JDK 认证。

这让开源社区 Apache 和 Sun 发生了决裂……

“太阳”的终结：

Sun 创造了 Sparc、Solaris、Java 等伟大的产品，Sun 曾经风光无限，市值估价 2 000 亿美金。Sun 预测到网络就是计算机，可是真正的网络时代到来时，它却没有真正调整过来，不断的亏损和决策失误让它举步维艰。

2009 年 4 月 Oracle 宣布以 74 亿美金收购 Sun，2010 年 1 月欧盟决定无条件同意这项收购，一个伟大公司就这样走到生命的尽头。

虽然 Sun 已经离去，Java 还会继续前行……

1998 年 Sun 的共同创始人 Andy Bechtolsheim 给了斯坦福大学的两个学生一笔 10 万美金的天使投资，他们成立了一个小公司名字叫——Google。

2007 年 11 月 5 日，已经成长为互联网领域内巨人的 Google 发布了一个称为 Android 的手机操作系统平台。Android 采用 Harmony 来作为 JDK（Java 开发工具包）的替代品，使用 Dalivk 虚拟机来替代 JVM（Java 虚拟机），它这次从头至尾都没有说它用的是 Java，可是所有的 Java 程序员都懂这就是 Java……

Oracle 对 Google 的诉讼：2010 年 8 月 12 日，Java 专利权的新主人 Oracle 指控 Google 在 Android 开发中“故意，直接并反复侵犯 Oracle 的 Java 相关的知识产权”，新一轮的斗争正在继续。

3. 关于 Sun 公司的小故事

世界上有这么一个公司，有自己的操作系统，有自己的微处理器，有自己的语言，甚至有自己的数据库语言，而且这些在世界上应用非常广泛，你觉得这家公司是谁？公司的发展前景如何？

很多读者可能看到这句话，一定会觉得这不是每个程序员梦寐以求的追求么。那么现在揭晓答案吧，这家公司就是大名鼎鼎的 Sun 公司，最后被 Oracle 收购了。它有自己的操作系统（UNIX）、有自己微处理器（CMOS）、有自己的程序语言（Java）、有自己的数据（MySQL），且技术都很强大。UNIX 是 Linux 操作系统的前身，现在有些机器还在使用；CMOS 在很多芯片上都有应用;Java 更是应用在目前的 Android、大数据、云计算方面;对于 MySQL 数据库，Google、淘宝等大型 IT 企业都在 MySQL。

4.2　Java基本语法

Java 作为一门语言，必然有它的语法规则。学习编程语言的关键之一就是学好语法规则，写作合乎语法规则的语句，控制计算机完成各种任务。而按编程语言的语法规则写成的，完成某项功能的代码集合就可以称为程序。

1. 编程语言

编程语言可以按照机器语言、汇编语言、高级语言等这种方式进行划分，它们有以下特点：

① 机器语言。机器语言的代码都是 0 和 1，能够直接在硬件中直接执行。

② 汇编语言。在机器语言基础上增加了一些助记符，如 mov、push 等，不过编程程序不是很方便。

③ 高级语言。高级语言的作用是方便开发者进行软件开发，提供一些可以直接识别的字符，如 int、double 等，它们又分为如下两种语言：

a. 面向过程的高级语言。程序设计的基本单位为函数，如 C 语言。

b. 面向对象的高级语言。程序设计的基本单位为类，如 Java、OC 等。

2. 对象的基本特征

初识对象时，很多人可能还还不知道什么是对象。这里做一个简单的介绍：Java 的一个重要特点就是面向对象（Oriented Object），　面向对象是相对于面向过程（Oriented Process）来说的。

我们用一个从冰箱中取一杯牛奶的例子来说明面向过程和面向对象的区别。先用面向过程的思路描述这个过程：首先打开冰箱，然后查找牛奶，接着取出牛奶，最后关闭冰箱。而利用面向过程来描述为直接取牛奶。我们把冰箱作为一个对象时，问题变得异常简单，冰箱有一个方法就是取牛奶的方法，你调用这个方法，这个方法的返回值就是一杯牛奶。那么现实生活中有这样智能的冰箱吗？有的，找个人站冰箱旁边就行了，把那个人和冰箱合起来包装成一个对象它就是智能冰箱对象了。

面向对象的编程语言把所有事物都看成对象：万事万物皆对象。Java 的程序就是一些对象的集合，这些对象通过调用彼此的方法与其他对象交互。每个对象都属于某种类或者接口定义的类型。

3. Java 语言的基本特征

本书的后台代码都是使用 Java 撰写的，因此这里简单介绍一下 Java 语言的基本特征：平台无关性、简单性、面向对象、健壮性、多线程、自动内存管理。

平台无关性：指 Java 语言平台无关，而 Java 的虚拟机却不是，需要下载对应平台 JVM 虚拟机的，只要安装了 JVM，Java 代码可以做到一次编译，处处执行。

自动内存管理：对临时存储的数据自动进行回收，释放内存。如引用类型的变量没有指向时，被回收；程序执行完后，局部变量被回收，自动内存管理的机制是由 JVM 虚拟机进行管理的。

面向对象性：Java 是一门面向对象的语言。

健壮性：这里的健壮性从 Java 的使用率来说，Java 目前是世界上使用一直排名前三的语言，而且移动端 Android 的开发都是采用 Java 的。

多线程：Java 提供多线程支持。

4. 标识符

Java 语言中的类名、对象名、方法名、常量名等这些 Java 组件都需要起个名字，而这些组件的名称就被称为标识符（Indentifier）。合法的标识符具有一些命名规则：

① 必须以字母、下画线或 $ 符号开始，数字不能作为标识符的开头。

② 特殊字符只能是：下画线和美元符号，不允许有任何其他特殊字符。

③ 第一个字符之后可以是任意长度的包含数字、字母、美元符号、下画线的任意组合。

④ 不能使用 Java 关键字和保留字做标识符。

⑤ 标识符是大小写敏感的，Z 和 z 是两个不同的标识符。

⑥ 标识符不能包含空格。

⑦ Unicode 字符会被视为普通字母对待。

针对最后一条，这样是可以的：

```
public class 中文名{
    public static void main(String[] args){
        String 姓名="张三";
        System.out.println(姓名);
    }
}
```

上面的代码会成功的打印出“张三”字样。

5. 关键字

和所有的编程语言一样，Java 具有一组内置的关键字，这些关键字绝对不能用来作为标识符。Java SE6 里一共有 50 个关键字（keywords），如 int、for、final、case、……这些单词有共同的特点是：全是小写的，不能用作标识符。其中 instanceof 是 instance of 的连写，strictfp 是 strict float point 的连写。

有 3 个看起来像是关键字，其实它们是字面值（literal）：

① true：布尔字面值。

② false：布尔字面值。

③ null：空值字面值。

6. 字面值

字面值在 Java 中称为 literal，这个单词被翻译了好多种说法、字面值、字面量、直接量、常值、文本符等。在本书中，采用字面值作为其翻译，譬如：

```
10              //整数字面值
true            //布尔字面值
3.1415          //double 字面值
'a'             //char 字面值
```

7. 变量

所谓变量，就是值可以被改变的量。定义一个变量时不需要什么特殊的关键字修饰。变量的本质是在内存中开辟一块存储空间，可保存当前数据，在程序运行过程中，其值是可以改变的量。这个变量的概念很接近数学里变量的概念，它具有以下特点：

① 必须声明并且初始化以后使用（在同一个作用域中不能重复声明变量）。

② 变量必须有明确类型（Java 是强类型语言）。

③ 变量有作用域（变量在声明的地方开始，到块 { } 结束）。变量作用域越小越好。

④ 局部变量在使用前一定要初始化，成员变量在对象被创建后有默认值，可直接用。

⑤ 在方法中定义的局部变量在该方法被加载时创建。

下面的一段代码就是典型的变量的使用：

```
public class Test{
public static void main(String[] args){
    String myName="张三";
    myName="李四";
    System.out.println(myName);
}
```

上述程序的打印结果是“李四”。

8. 常量

所谓常量，就是它的值不允许改变的量。要声明一个常量，就要用关键字 final 修饰，常量按照 Java 命名规范需要用全部大写，单词之间用下画线隔开。在程序运行过程中，其值不可以改变的量。由于常量的值不可改变，一般定义时，将其定义为静态区间内，在 final 后面添加 static，这样可以优化内存空间，如 final static double PI = 3.14;的定义方法。关于常量和变量，有以下几点说明：

① 字面量、常量和变量的运算机制不同，字面量、常量由编译器计算，变量由运算器处理，目的是为了提高效率。

② 不管是常量还是变量，必须先定义，才能够使用。即先在内存中开辟存储空间，才能往里面放入数据。

③ 不管是常量还是变量，其存储空间是有数据类型的差别的，即有些变量的存储空间用于存储整数，有些变量的存储空间用于存储小数。

下面定义几个变量，读者可以看一下，其值不可更改。

```
//游戏方向设定 北 南 东 西
final int NORTH=1;
final int SOUTH=2;
final int EAST=3;
```

```
    final int WEST=4;
    //三种游戏元素，最好添加 static
    final static int RED_STAR=1;
    final static int YELLOW_STAR=2;
    final static int GREEN_STAR=3;
```

如果真的修改了，会发生什么结果呢？读者可自行尝试：

```
public class Test{
public static void main(String[] args){
     final int SOUTH=2;
     SOUTH=1;
}
}
```

上面的代码，编译时会出现提示：无法为最终变量 SOUTH 指定值。如果利用集成开发环境 Eclipse 或者 MyEclipse，会直接提示错误，并以红色标识错误。

9. 基本数据类型

Java 中的数据类型（Data Type）分为基本数据类型（Primitive Type）和引用数据类型（Reference Data Type）。Java 中的基本数据类型有如下几种：

（1）整数（integer data type）

Java 语言中使用 3 种进制表示整数的方法，分别是十进制、八进制和十六进制，平时使用较多的是十进制，有时也会用十六进制，很少使用八进制。举例如下：

```
public class Test{
public static void main(String[] args){
     int i=123;          //十进制直接写
     int j=0123;     //八进制前面加 0,八进制用 0-7 表示
     int k=0xaf12;       //十六进制前面加 0x 或者 0X，16 进制用 0-9 a-f 表示
     int l=0xcafe;   //你觉得这个 l 会等于几?
     System.out.println("i="+i);
     System.out.println("j="+j);
     System.out.println("k="+k);
     System.out.println("l="+l);
}
}
```

上述代码在 MyEclipse 中运行的结果为：i = 123，j = 83，k = 44818，l = 51966。其显示的效果基本上都是十进制的输出模式。

根据数据类型，整型分为 4 种整数类型（byte、short、int、long），在使用过程中，有以下特点：

① 整数字面量默认都为 int 类型，所以在定义的 long 型数据后面加 L 或 l。

② 小于 32 位数的变量，都按 int 结果计算。

③ 强制转换比数学运算符优先级高。

整型的具体类型和范围如表 4.1 所示。

表 4.1　整型的基本类型定义

类　型	字　节	范围	举例
byte	1	-128～127	125
short	2	-32 768～32 767	20 000
int	4	-2 147 483 648～2 147 483 647	123 456 789
long	8	-9 223 372 036 854 775 808～9 223 372 036 854 775 807	9 876 543 210L

整数的默认类型是 int，也就是说如果不明确指定一个整数字面值的类型，那么它一定是 int 类型。如果想明确声明一个整数字面值是长整型，需要使用 l 或 L 做后缀。

（2）浮点数（floating-point data type）

浮点型分为（float 和 double）两种浮点数类型，它们有以下特点：

① float：32 位，后缀 F 或 f，1 位符号位，8 位指数，23 位有效尾数。

② double：64 位，最常用，后缀 D 或 d，1 位符号位，11 位指数，52 位有效尾数。

关于浮点型，在使用过程中，具有以下特点：

① 浮点数字面量默认都为 double 类型，所以在定义的 float 型数据后面加 F 或 f；double 类型可不写后缀，但在小数计算中一定要写 D 或 X.X。

② float 的精度没有 long 高，有效位数（尾数）短。

③ float 的范围大于 long 指数可以很大。

④ 浮点数是不精确的，不能对浮点数进行精确比较。

关于浮点型，其数据类型的范围和字节数如表 4.2 所示。

表 4.2　浮点型数据类型的范围和字节数

类　型	字　节	范　围	举　例
float	4	1.4E-45～3.4028235E38	3.1415f
double	8	4.9E-324～1.7976931348623157E308	3.1415,3.1415d

关于浮点型，其具体用法如下所示：

```
public class Test{
public static void main(String[] args){
    float a=3.1415926f;
    double b=3.1415926;
    float c=1234567890;
    float d=9876543210L;
    double e=9876543210L;
    System.out.println("a="+a+" b="+b +" c="+c+" d="+d+" e="+e);
    System.out.println(Float.MIN_VALUE);
    System.out.println(Float.MAX_VALUE);
    System.out.println(Double.MIN_VALUE);
    System.out.println(Double.MAX_VALUE);
 }
}
```

（3）布尔型

布尔型表达一个真或假、是或否的意思。在 Java 中使用 boolean 关键字来声明一个变量为布尔类型，在 Java 中布尔字面值只有 true 和 false。注意全部是小写的。

（4）字符型（char）

Java 中用一个单引号内的单个字符来表示一个字符字面值。字符型在使用过程中有以下特点：

① 不能为 0 个字符。

② 转义字符：\n 换行 \r 回车 \t Tab 字符 \" 双引号 \\ 表示一个\。

③ 两字符 char 中间用“+”连接，内部先把字符转成 int 类型，再进行加法运算，char 本质就是二进制的，显示时，经过“处理”显示为字符，如'a' + 'b';。

④ 字符型可以直接转为整型，如 int x = 'a'，则 x 的值为 ASCII 码值 97；反之，整型也可以直接转为字符型，如 char c = 97，则 c 为字符'a'。

字符型的数据类型和范围如表 4.3 所示，表中的范围采用 unicode 字符表示，基本上覆盖了所有的英文字符和转义字符。

表 4.3　字符型的类型和取值范围

类　型	字　节	范　围	举　例
char	2	'\u0000' ～ '\uFFFF'	'中','\u004e','n',23002

应用举例：

```
public class Test{
 public static void main(String[] args){
     char a= 97;              //ascii 字符可以，输出为 a
     char b= '1';
     char c= '字';             //汉字也可以
     char d='\u004e';          //其实上所有的 Unicode 字符都可以
     char e='\n';              //转义符表示的字符也可以
     char f=65535;             //因为 char 存储的时候占两个字节，因为它不是整数，
                               //所以不需要符号位，因此它的最大值就是 65535 了
     char g=12345;
     char h=54321;
     System.out.println("a="+a+" b="+b +" c="+c+" d="+d+" e="+e+" f="+f+"
            g="+g+" h="+h);
 }
}
```

10. 注释（annotation）初识

注释是程序设计者与程序阅读者之间沟通的手段，是写给程序员看的代码，方便团队开发使用。通常情况下编译器会忽略注释部分，不做语法检查。另外，注释不会对程序的效率产生任何影响，因此推荐在代码中写下必要的注释，提高程序的可读性。注释具有以下特点：

① 好的注释可以改善软件的可读性，可以让开发人员快速理解新的代码。

② 好的注释可以最大限度地提高团队开发的合作效率。

③ 长期的注释习惯可以锻炼出更加严谨的思维能力。

在 Java 中的注释有 3 种写法：

① // 注释一行。

② /* 注释多行　*/。

③ /** 注释多行,并写入 javadoc 文档　*/,在其他地方调用该注释下的方法时,MyEclipse 通常会给出提示。

11. 基本数据类型之间的转换

所谓数据类型转换，就是将变量从当前的数据类型转换为其他数据类型，类型转换在 Java 中是个很严肃的事情。

先说布尔类型，布尔类型无法和其他基本数据类型之间发生任何方式的转换，所以在使用过程中，不能对布尔型进行数据转换。数字型的基本数据类型之间可以通过下面两种方式实现转换：

① 自动类型转换。当把一个低精度的数据类型赋值给一个高精度的数据类型时，Java 编译器会自动完成类型转换。

② 强制类型转换。强制类型转换时强制将数字转换成我们所需要的类型，如浮点型转换成整型。强制类型转换的副作用也是有的，可能会导致精度丢失（数字不准确）。

自动类型转换遵循从 byte→short→int→long→float→double 的转换顺序，反之则不行，需要进行强制转换。

12. 赋值运算符

Java 最常见的赋值运算符是“=”，它和数学中的用法一样，都是把右侧的值赋予左侧的变量。除了“=”这种运算符外，还有 4 个常用复合赋值运算符（+=、-=、*=、/=）。

```
public class Test {
public static void main(String[] args){
    //代码段 1
    int x=1;
    int y=2;
    y=y-3;
    x=x+4*5;
    System.out.println("x="+x);
    System.out.println("y="+y);
    //代码段 2
    x=1;
    y=2;
    y-=3;
    x+=4*5;
    System.out.println("x="+x);
    System.out.println("y="+y);
    //代码段 3
    x=1;
    x*=2+3;
    System.out.println("x="+x);
 }
}
```

代码段 1 和代码段 2 的效果是等同的，代码段 3 的效果等同的代码是 x=x*(1+2)，这个乘法优先运算涉及一个优先级的问题，后文会详细介绍。关于赋值运算符，这里需要说明的是“a += b”在程序执行过程中是一次运算，而“a = a + b”在执行过程中是两次运算（一次加法运算和一次赋值运算），效率上来说，赋值运算符更高，因此推荐使用。

13. 关系运算符

关系运算符（见表 4.3）用于比较操作数之间的关系，关系运算符总是产生一个布尔值（true 或 false）。

表 4.4　关系运算符

运算符	功能	举例	运算结果	可运算类型
>	大于	'a' > 'b'	false	整数、浮点数、字符
<	小于	2 < 3.0	true	整数、浮点数、字符
==	等于	'a' == 97	true	任意
!=	不等于	false != false	flase	任意
>=	大于或等于	6.6>=8.9	flase	整数、浮点数、字符
<=	小于或者等于	'A' <= 88	true	整数、浮点数、字符

当在两个字符类型数据之间比较或者把字符类型数据和整数浮点数类型比较时，Java 将字符的 Unicode 值当作数值与其他数值相比较。

14. 相等运算符

== 和 !=两个关系运算符比较的是两个相似事物的是否相等。它们无法比较两个不兼容的类型，编译器会直接报错。

对于整数和浮点数之间的相等性比较，如果它们的值相等，就返回 true。对于引用类型的变量之间的比较，是看它们是否引用了同一个对象，如果变量的位相等，那么它们就是相等的。

15. 算术运算符

算术运算符有如下几种：

① 基本算术运算符：+（加）、-（减）、*（乘）、/（除）。

② 求余运算符：%。

③ 递增和递减运算符：++、--，可作为前缀或后缀。

16. 条件运算符

条件运算符根据条件来返回一个值。计算问号左边表达式的值，值为真时提供冒号左边的操作数为返回值，值为假时提供冒号右边的操作数为返回值。这是 Java 中唯一的一个三元运算符，其表示方法如下：

```
x=(布尔表达式) ? 为 true 时的赋值 : 为 false 时的赋值
```

关于条件运算符，具体用法举例如下：

```
x=a>3 ? "a 大于 3" : "a 小于 3";
```

17. 逻辑运算符

逻辑运算符只对布尔型操作数进行运算并返回一个布尔型数据。一共有 6 个逻辑运算符：&&、||、&、|、! 和 ^。

18. 位运算符

位运算符是对整数操作数以二进制的每一位进行操作，返回结果也是一个整数。

a）逻辑位运算符分别是 按位取反 ~ 、按位与 & 、按位或 | 和 按位异或 ^

b）移位运算符有 左移<< 、 右移>>

19. 运算符优先级

运算符在运算时是有优先级的，其优先级如表 4.5 所示。

表 4.5　运算符的优先级

优 先 级	运 算 符
1	()、[]、.
2	!、+（正）、-（负）、~、+、+、-
3	*、/、%
4	+（加）、-（减）
5	<<、>>、>>>
6	<、<=、>、>=、instanceof
7	==、!=
8	&（按位与）
9	^
10	|
11	&&
12	||
13	?:
14	=、+=、-=、*=、/=、%=、&=、|=、^=、~=、<<=、>>=、>>>=

在实际的编程过程中，推荐使用括号进行优先级标注。

4.3　Java流程控制

流程控制语句是编程语言中的核心之一，可分为分支语句、循环语句和跳转语句。它们是程序中的核心，也是 Java 语句的重点。学习流程跳转语句，可以先看一首程序员之诗，可看出流程控制语句的作用很大：

```
世界上最遥远的距离不是生与死
而是你在 if 里
我在 else 里
```

```
即真情相依
却永远分离;

世界上最痴心的等待是
你当 switch
我当 case
虽然不是每一次都会选择我
但我会一直默默守候

世界上最真情相依的是
你当 try
我当 catch
无论你发什么脾气
我都默默处理
最后一起相拥我们的 finally
```

4.3.1 分支控制语句

1. if-else 分支控制语句

（1）最简单的 if 语句

假设我到办公室里问 Jack 在不在？如果他在的情况下，会说在；不在的话一般情况是没人说话的。为了把分支语句的前后界定弄清楚，可添加开始和结束标识，则用程序模拟如下：

```
public class JavaTest {
public static void main(String[] args) {
    boolean flag = true;
    System.out.println("-------程序开始-------");
    if (flag) {
        System.out.println("此时 if 语句执行了, Jack 回答在...");
    }
    System.out.println("-------程序结束-------");
}
}
```

（2）最简单的 if-else 语句

假设我到办公室里问 Jack 在不在？如果他在的话，会说“在”，不在的时候有热心同事回答了一句“他不在”。则用程序模拟如下：

```
public class JavaTest {
public static void main(String[] args) {
    boolean flag=false;      //假设 Jack 不在
    System.out.println("-------程序开始-------");
    if (flag) {
        System.out.println("在");
    } else {
        System.out.println("他不在");
    }
    System.out.println("-------程序结束-------");
}
}
```

（3）简单的 if-else if 语句

如果 Jack 不在的话，我想问问 Tom 在不在？恰好，Tom 在，那么用程序模拟是这样的：

```
public class JavaTest {
public static void main(String[] args) {
    boolean flag1=false;     //设置 Jack 不在
    boolean flag2=true;      //设置 Tom 在
    System.out.println("------程序运行开始------");
    if(flag1) {
        System.out.println("Jack 在");
    } else if(flag2) {
        System.out.println("Tom 在");
    }
    System.out.println("------程序运行结束------");
 }
}
```

（4）复合 if- else if-else 语句

如果 Tom 也不在，那么用程序模拟是这样的：

```
public class JavaTest {
public static void main(String[] args) {
    //设置 Jack 不在
    boolean flag1 = false;
    //设置 Tom 也不在
    boolean flag2 = false;
    System.out.println("------程序运行开始------");
    if(flag1) {
        System.out.println("Jack 在");
    } else if(flag2) {
        System.out.println("Tom 在");
    } else {
        System.out.println("他们都不在");
    }
    System.out.println("------程序运行结束------");
 }
}
```

（5）if-else 语句规则

① if 后的括号不能省略，括号里表达式的值最终必须返回的是布尔值。

② 如果条件体内只有一条语句需要执行，那么 if 后面的大括号可以省略，但这是一种极为不好的编程习惯。

③ 对于给定的 if，else 语句是可选的，else if 语句也是可选的。

④ else 和 else if 同时出现时，else 必须出现在 else if 之后。

⑤ 如果有多条 else if 语句同时出现，那么如果有一条 else if 语句的表达式测试成功，那么会忽略掉其他所有 else if 和 else 分支。

⑥ 如果出现多个 if，只有一个 else 的情形，else 子句归属于最内层的 if 语句。

（6）实例练习

```
public static void main(String[] args) {
```

```
    boolean examIsDone=true;        int score=75;
    if(examIsDone)
    if(score>=90)         System.out.println("优秀");
    else if(score>=80)   System.out.println("良好");
    else if(score>=70)   System.out.println("中等");
    else if(score>=60)   System.out.println("及格");
    else
    System.out.println("不及格");
    System.out.println("这行代码何时执行？");
}
```

你认为else属于哪个if语句？System.out.println("这行代码何时执行？");是在哪一行代码之后执行的？上面的代码写法并不被认可，在程序中，我们一直认为可读性是第一位，如果将上述代码重新排版成如下格式，代码的可读性也会有所提高：

```
    boolean examIsDone=true;
    int score=75;
    if(examIsDone) {
        if (score>=90) {
            System.out.println("优秀");
        } else if(score>=80) {
            System.out.println("良好");
        } else if(score>=70) {
            System.out.println("中等");
        } else if(score>=60) {
            System.out.println("及格");
        } else {
            System.out.println("不及格");
        }
    }
    System.out.println("----------代码这里执行，程序结束----------");
```

2. 分支控制语句

Java中有一个和if语句比较相似的分支控制语句是switch，它在有一系列固定值做分支时使用效率要比if-else方式效率高。先看一个例子：假设不考虑闰年，如何知道一个月有多少天？先用if-else的方式来实现：

```
  public static void main(String[] args) {
    int month=9;
    if(month==1)                System.out.println(month+"月有31天");
        else if(month==2)       System.out.println(month+"月有28天");
        else if(month==3)       System.out.println(month+"月有31天");
        else if(month==4)       System.out.println(month+"月有30天");
        else if(month==5)       System.out.println(month+"月有31天");
        else if(month==6)       System.out.println(month+"月有30天");
        else if(month==7)       System.out.println(month+"月有31天");
        else if(month==8)       System.out.println(month+"月有31天");
        else if(month==9)       System.out.println(month+"月有30天");
        else if(month==10)      System.out.println(month+"月有31天");
        else if(month==11)      System.out.println(month+"月有30天");
```

```
        else if(month==12)        System.out.println(month+"月有 31 天");
    else                          System.out.println("没有这个月份吧");
}
```

接下来使用 switch 语句重新实现一次：

```
public static void main(String[] args) {
    int month=9;
    switch(month) {
    case 1:  System.out.println(month + "月有 31 天");  break;
    case 2:  System.out.println(month + "月有 28 天");  break;
    case 3:  System.out.println(month + "月有 31 天");  break;
    case 4:  System.out.println(month + "月有 30 天");  break;
    case 5:  System.out.println(month + "月有 31 天");  break;
    case 6:  System.out.println(month + "月有 30 天");  break;
    case 7:  System.out.println(month + "月有 31 天");  break;
    case 8:  System.out.println(month + "月有 31 天");  break;
    case 9:  System.out.println(month + "月有 30 天");  break;
    case 10:  System.out.println(month + "月有 31 天");  break;
    case 11:  System.out.println(month + "月有 30 天");  break;
    case 12:  System.out.println(month + "月有 31 天");  break;
    default:
        System.out.println("没有这个月份吧");  break;
    }
}
```

运行两个程序，结果都是 9 月有 30 天。从简洁程度和效率上来讲，switch 要比 if-else 语句的性能高。因为 switch 是在编译时优化的。运行时进行的不是变量的比较运算，而是直接跳转。

下面学习 switch 有什么使用规则。

① 留意 switch 格式的写法。标准且合法的格式：

```
switch(表达式){
case 常量:
    代码块;
case 常量:
    代码块;
default:
    代码块;
}
```

② switch 表达式必须能被求值成 char、byte、shor、int 或 enum。可记忆成非 long 整形加枚举。请切记在 Java 6 及以前版本中 String 是不允许用在 switch 表达式中的，Java 7 及其以上版本有使用 String 类型。

③ case 常量必须是编译时常量，因为 case 的参数必须在编译时解析，也就是说必须是字面量或者是在声明时就赋值的 final 变量。这个不太好理解，举个例子：

```
public static void main(String[] args) {
    final int a=1;
    final int b;
    b=3;
    int x=2;
```

```
    switch(x){
        case 1:  //编译通过
        case a:  //编译通过
        case b:  //无法通过编译
    }
}
```

④ case 常量被会转换成 switch 表达式的类型，如果类型不匹配也会出错。举例如下：

```
public static void main(String[] args) {
    byte x =2;
    switch(x){
        case 1:          //编译 OK
        case 128:        //无法自动转换成 byte,编译器会报错
    }
}
```

⑤ 多个 case 常量重复也会出错。

⑥ 匹配的 case 的语句是入口而不是独立分支。举例如下：

```
public static void main(String[] args) {
    int x=1;
    switch(x) {
        case 1:System.out.println("周一");
        case 2:System.out.println("周二");
        case 3:System.out.println("周三");
        case 4:System.out.println("周四");
        case 5:System.out.println("周五");
        case 6:System.out.println("周六");
        case 7:System.out.println("周日");
        default:System.out.println("这个是星期几啊");
    }
}
```

思考一下，运行的结果是什么？为什么？

⑦ break：在 switch 语句块中，执行到 break 关键词时，立刻退出 switch 语句块，转到 switch 后面的下一条语句。

⑧ default ：当 switch 中所有的 case 常量都不匹配时，会执行 default 分支。

4.3.2 循环语句

Java 中循环有 3 种形式 while 循环、do-while 循环 和 for 循环。其中从 Java 6 开始 for 循环又分为普通 for 循环 和 for-each 循环两种，我们接下来分别讲解。

1. while 循环

当条件为真时执行 while 循环，一直到条件为假时再退出循环体，如果第一次条件表达式就是假，那么 while 循环将被忽略，如果条件表达式一直为真，那么 while 循环将一直执行。关于 while 括号后的表达式，要求和 if 语句一样需要返回一个布尔值，用作判断是否进入循环的条件。

```
public static void main(String[] args) {
```

```
        int x=8;
        while(x>0) {
            System.out.println(x);
            x--;
        }
    }
```

思考该程序运行后的输出结果。另外，如果把 x>0 改成大于 8，while 循环将一次都不执行。

2. do-while 循环

如果无论如何都想执行一次循环体内的代码，可以选择 do-while 循环，它的特点是执行了再说。

```
    public static void main(String[] args) {
        int x=8;
        do{
            System.out.println(x);
            x--;
        }while(x>8);
    }
```

x=8，条件是大于 8，查看运行结果，发现它总是会执行一次。

3. for 循环

当知道可以循环多少次时，是使用 for 循环的最佳时机。

（1）基本 for 循环

```
public class JavaTest {
public static void main(String[] args) {
    for(int i=2, j=1; j<10; j++) {
        if(j>=i) {
            System.out.println(i+"x"+j+"="+i*j);
        }
    }
}
}
```

for 循环的规则如下：

① for 循环的 3 个部分中任意部分都可以省略，最简单的 for 循环是 for(;;){ }。

② 中间的条件表达式必须返回一个布尔值，用来作为是否进行循环的判断依据。

③ 初始化语句可以由初始化多个变量，多个变量之间可以用逗号隔开，这些在 for 循环中声明的变量作用范围就只在 for 循环内部。

④ 最后的迭代语句可以是 i++, j++ 这样的表达式，也可以是毫无干系的 System.out.println ("Hello") 之类的语句，它同样在循环体执行完毕之后被执行。

（2）for-each 循环

for-each 循环又称增强型 for 循环，它用来遍历数组和集合中的元素，它是 Java 6 之后推出的语句。for-each 语句用法很简单，举例如下：

```
public class JavaTest {
public static void main(String[] args) {
     int[] a={6,2,3,8};
     for (int n:a) {
         System.out.println(n);
     }
}
}
```

4. 跳出 break 、continue 循环

break 关键字用来终止循环或 switch 语句，continue 关键字用来终止循环的当前迭代。当存在多层循环时，不带标签的 break 和 continue 只能终止离它所在的最内层循环，如果需要终止它所在的较外层的循环则必须用标签标注外层的循环，并使用 break 和 continue 带标签的形式予以明确标示。

先看一个不带标签的例子：

```
public class JavaTest {
public static void main(String[] args) {
     int i =0;
     while(true){
         System.out.println("i="+i);
         //continue 的用法，此时程序继续运行
         if(i==12){
             i++;
             continue;
         }
         i++;
         //break 的用法，此时程序终止
         if(i==20){
             break;
         }
     }
}
}
```

这个例子打印了从 1 到 20 中除去 13 的数字。看明白这个例子的输出结果就能明白 break 和 continue 的区别。

再看一个 break 带标签的例子：

```
public class JavaTest {
public static void main(String[] args) {
     boolean isTrue=true;
     //outer 是自定义的一个标签
     outer:
         for(int i=0;i<5;i++){
             while(isTrue){
                 System.out.println("Hello");
                 //break 完成后，跳转到 outer 标签外，继续执行
                 break outer;
```

```
            }
            System.out.println("Outer 标签内循环.");
        }
      System.out.println("程序结束");
   }
}
```

读者可自行运行查看，然后把上面的例子中 break 替换成 continue，再次编译和运行，比较两者的不同。这里需要特别说明的是，标签用法会破坏程序的结构，所以不推荐使用。

4.4 面向对象基础

1. 面向对象（Object Oriented）编程语言的历史

1950 年有个叫做荷兰德的学生作为程序员进入 IBM 的时候，这个世界上的程序员只有几个而已。当时计算机很少，计算机性能也差，程序员也少，加上程序员都是天才中的天才，智商超高，所以他们用十六进制的机器编码来操纵计算机似乎没有什么问题。

1960 年，计算机性能不断提升，应用领域也不断增多，程序员的人数也在增多，程序的复杂程度也不断提高，很多程序需要好多人一起才能完成。而此时在大型项目中，由于软件的原因导致的大量问题也不断暴露出来，由此催生了结构化程序设计方法。结构化程序设计思想采取了模块分解和功能抽象的方法，把一个个复杂的问题，分解成一个个易于控制的子程序，便于开发和维护，因此结构化程序设计迅速走红，并从 20 世纪 70 年代起逐渐占据统治地位。

20 世纪 70 年代末，随着计算机科学的发展，结构化程序设计方法也渐渐显得力不从心。于是面向对象设计思路和语言慢慢浮出水面。

1967 年挪威两个科学家发布了 simula 语言（simulation 模拟、仿真），它引入了后来所有面向对象程序设计语言都会遵循的几个基础概念：类、对象、继承。虽然因为 simula 比较难懂、难学，功能不完善而没有流行开来，但是它的思想却指导着计算机这数十年的编程实践。

1972 年诞生的 smalltalk，被公认为是历史上第二个面向对象的程序设计语言，和第一个真正的集成开发环境（IDE），smalltalk 对 Java、Objective-C、Ruby 的诞生都到了极大的推动作用。20 世纪 90 年代的许多软件开发思想，如设计模式、敏捷编程和重构等也都源自于 smalltalk。在 smalltalk 里所有的东西都是对象，15*19 会被理解成向 15 这个对象发送一个乘法的消息，参数是 19。

1985 年 C++商业版本的正式发布，标志着一个面向对象领域里的王者诞生。C++在 C 语言的基础上，借鉴了 simula 中类的概念、从 algol 语言中继承了运算符重载、引用以及在任何地方都可以声明变量的能力，从 BCPL 获得了//注释，从 Ada 语言中得到了模板，命名空间，从 Ada、Clu 和 ML 去取得了异常……C++是第一个广泛流行起来的面向对象的编程语言，至今魅力不减。

1995 年 Java 诞生的故事大家都耳熟能详，Java 是 C++的语法与 Smalltalk 语义的结合，由此面向对象领域里又一个王者诞生。

2. 类和对象的概念

（1）类和对象的概念

人类自古就喜欢听故事，也喜欢写故事，我们从小也被要求写作文，为了帮助你写作文。老师还总结了一些规律，譬如记叙文六要素：时间、地点、人物、起因、经过、结果。 有了这样指导性的东西，我们写作文时就简单许多。

面向对象程序语言的核心思想就是把一个事物的状态和行为封装起来作为一个整体看待。类描述的就是对象知道什么和执行什么。

譬如我们用面向对象的思想来看待一架飞机：

如果我们站在顾客角度看飞机，那么它的状态是名字波音 777，座位数 380 人，飞行速度 940 公里每小时，它的行为就是飞行，能把你从 A 地送到 B 地。

如果站在航空公司角度看飞机，那么它的状态是名字波音 777，资产编号 HNHK20100321，购买价格 18.7 亿人民币。它的行为就是能赚钱。

我们从不同角度去看待和抽象同一架飞机，它的状态和行为也不相同。

再从面向对象的角度看待一个家乐福超市的员工—小高：

她在上班的时候是个收银员，那么她的状态是编号 067，她的行为就是收银。她下班以后去家门口的小店买菜，那么他的身份就是顾客，她的状态是有个购物商品清单，她的行为就是付款。我们从不同的角度和时间去看待同一个人，她的状态和行为也是不相同的，甚至看起来是相反的。

我们自行尝试分析一下，计算机的状态和行为，手机的状态和行为，桌子的状态和行为，QQ 的状态和行为，小狗、小猫、老虎、大象、蚊子、苍蝇…… 有一个简单的方法区别什么是状态什么是行为：状态是个名词，行为是个动词。

（2）类和对象的关系

类是对象的蓝图，它告诉虚拟机如何创建某个类型的对象。对象是根据蓝图建造出来的实例。

譬如我们设计一个模拟 WOW 的格斗游戏，需要人或者怪兽来战斗，战斗又需要武器。那么圣骑士就是个类，人类圣骑士“锦马超”就是一个对象。如果双手剑件是个类，那么拿在“锦马超”手里的“霜之哀伤”就是一个对象。

譬如要建立一个全班同学的通讯录，设计一个通讯录的格式，包括姓名、性别、手机号、QQ 号、宿舍号。然后按照一定的格式印出来，交由每个同学填写，那么每个同学填写的那一份就叫对象，我们填写的通讯录格式本身就是类。

譬如有一个寂寞的老人需要找个伴，要求：随时都可以陪着他，还不唠叨。有人带了一条狗。那么老人提的需求就是蓝图，就是类。狗就是对类的实现，就是对象。

（3）类的基本特点

在 Java 中，类（Class）具有以下特点：

① 是同类型东西的概念，是对现实生活中事物的描述，映射到 Java 中描述就是 class 定义的类。类是对象的模板、图纸，是对象的数据结构定义。简单说就是“名词”。

② 其实定义类，就是在描述事物，就是在定义属性（变量）和方法（函数）。

③ 类中可以声明：属性，方法，构造器；属性（变量）分为：实例变量，局部变量；实

例变量：用于声明对象的结构的，在创建对象时分配内存，每个对象有一份，实例变量（对象属性）在堆中分配，并作用于整个类中，实例变量有默认值，不初始化也能参与运算；局部变量在栈中分配，作用于方法或语句中，必须初始化，有值才能运算。

类和类之间的具有如下几种关系：

① 关联：一个类作为另一个类的成员变量，需要另一个类来共同完成。class A { pulic B b }，class B {}

② 继承：class B extends A {}，class A {}

③ 依赖：个别方法和另一个类相关，这种可以说是一种内部类的形式，后文会详细说明。

（4）类和对象的编写

下面学习如何用 Java 的程序代码来定义类、创建对象。定义一个类的步骤是：定义类名，编写类的属性（状态），编写类的方法（行为）。

```
public class Dog {
 private int size;                                //定义了狗的大小的属性
 public void setSize(int size) {                  //定义设置大小属性的方法
     if(size>0 && size<10){
         this.size=size;
     else{
         size=1;
     }
 }
 public int getSize() {                           //定义获取大小的方法
     return size;
 }
 public void bark(){                              //定义狗叫的方法
     if(size<5)          System.out.println("汪汪汪!");
     else            System.out.println("嗷!嗷!");
 }

 public static void main(String[] args) {         //定义 main 方法
     Dog xiaoGou=new Dog();                       //创建了名字叫小狗的狗对象
     xiaoGou.setSize(3);                          //设置它的大小属性
     xiaoGou.bark();                              //调用它的叫方法

     Dog daGou=new Dog();                         //创建了名字叫大狗的狗对象
     daGou.setSize(7);                            //设置它的大小属性
     daGou.bark();                                //调用它的叫方法
 }
}
```

3. 面向对象的三大特性

封装、继承、多态是面向对象的三大特性。这里先对概念进行理解，通过今后漫长的学习过程不断加深对它们的理解。

（1）封装

封装（encapsulation）：就是把属性私有化，提供公共方法访问私有对象。这里面有两层意思，第一隐藏数据，第二把数据和对数据操作的方法进行绑定。

实现封装的步骤如下：

① 修改属性的可见性来限制对属性的访问。

② 为每个属性创建一对赋值方法和取值方法，用于对这些属性的访问。

③ 在赋值和取值方法中，加入对属性的存取限制。

封装的优点：

① 隐藏类的实现细节。

② 可加入控制逻辑，限制对属性的不合理操作。

③ 便于修改，增强代码的可维护性。

在程序中，封装在使用上有以下说明：

① 封装原则：将不需要对外提供的内容都隐藏起来，把属性都隐藏，提供公共方法对其访问，通常有两种访问方式：set（设置）和 get（获取）。

② 封装结果：存在但是不可见。

③ public：任何位置可见，可以修饰类、成员属性、成员方法、内部类、跨包访问类（需要使用 import 语句导入），成员属性即为成员变量。

④ protected：当前包中可见，子类中可见。可以修饰成员属性、成员方法、内部类（只能在类体中使用，不能修饰类）。

⑤ 默认的：当前包内部可见，就是没有任何修饰词，可以修饰类、成员属性、成员方法、内部类，但在实际项目中很少使用。默认类（包内类）的访问范围：当前包内部可见，不能在其他包中访问类，访问受限，main 方法若定在默认类中 JVM（Java 虚拟机）将找不到，无法执行，因此必定在 public 类中。

⑥ private：仅仅在类内部可见。可以修饰：成员属性、成员方法、内部类（只能在类体中使用，不能修饰类）。私有的方法不能继承，也不能重写。

这里举一个封装的例子，代码如下：

```
public class JavaTest {
private String milk="一瓶牛奶";
//设置了 set 方法
public String getMilk() {
    System.out.println("给出了" + milk);
    return milk;
}
//设置了 get 方法
public void setMilk(String milk) {
    this.milk=milk;
}
//主函数
public static void main(String[] args) {
    JavaTest test=new JavaTest();
    test.getMilk();
    test.setMilk("一箱牛奶");
    test.getMilk();
}
}
```

（2）继承

继承（inheritance）：同类事物之间有它的共同性也有各自的独特性，我们把共同的部分抽离出来，就可以得到使用这些事物的一般性的类，我们在把那些具有特殊性的共同点再次抽象就可得到一些具有特殊性的类。而特殊类拥有一般类所具有的一般性属性和方法，也拥有自己特有的某些属性和方法。我们把特殊类和一般类之间的关系称为继承。

举个例子：马儿都有四条腿，马儿都有会跑，我们把这些共同性抽象出来就成了马类；而其中有一些马是白色的马，还有一些是黑色的马，我们把这些特殊性也分别抽象出来，就成了白马类和黑马类。那么白马类和马类之间的关系就是继承关系。它们是父子关系，马类是父类、白马类是子类。

继承简化了人们对事物的认识和描述，清晰地体现了相关类间的层次关系。继承达到了功能抽象、继承促进了代码复用、继承也带来了多态性。这里先对继承有个概念，下面还会有详细的讲解。

在 Java 中，继承可以看作是子类继承自父类的内容。如父子概念的继承：圆继承于图形，圆是子概念（子类型 Sub class），图形是父类型（Super Class 也叫超类）。继承在语法方面的好处：子类共享了父类的属性和方法的定义，子类复用了父类的属性和方法，节省了代码。具体体现在：

① 继承是 is a ：“是”我中的一种，一种所属关系。

② 子类型对象可以赋值给父类型变量（多态的一种形式），变量是代词，父类型代词可以引用子类型东西。

③ 继承只能是单继承，即直接继承，而非间接继承。因为多继承容易带来安全隐患，当多个父类中定义了相同功能，当功能内容不同时，子类无法确定要运行哪一个。

④ 父类不能强转成子类，会造型异常，子类向父类转化是隐式的。

⑤ 只有变量的类型定义的属性和方法才能被访问，见下例。

⑥ 重写遵循所谓“运行期绑定”，即在运行时根据引用变量指向的实际对象类型调用方法。

⑦ 继承时对象的创建过程：Java 首先递归加载所有类搭配方法区；其次，分配父子类型的内存（实例变量）；最后，递归调用构造方法。

（3）多态

多态（polymorphism）：多态就是“一种定义、多种实现”。Java 中可以把一个子类的对象赋给一个父类的引用，这就出现了多态。多态性具体体现在：

① 继承的多态：父类型变量可以引用各种各样的子类型实例，也可接收子类对象。

② 个体的多态：父类型的子类型实例是多种多样的。

③ 行为的多态：父类型定义方法被子类重写为多种多样的，重载也是多态的方法。

在程序中，应用多态需要注意以下几个问题：

① 千万不能出现将父类对象转成子类类型，会造型异常。

② 多态前提：必须是类与类之间有关系。要么继承，要么实现。通常还有一个前提：存在覆盖。

a. 多态的好处：多态的出现大大的提高程序的扩展性。

b. 多态的弊端：虽然提高了扩展性，但是只能使用父类的引用访问父类中的成员。

在多态中成员函数的特点如下：

在编译时期：参阅引用型变量所属的类中是否有调用的方法。如果有，编译通过，如果没有编译失败。

在运行时期：参阅对象所属的类中是否有调用的方法。

简单总结就是：成员方法在多态调用时，编译看左边（父类），运行看右边（子类）。

在多态中，成员变量的特点：无论编译和运行，都参考左边（引用型变量所属的类）。

在多态中，静态成员方法和属性的特点：无论编译和运行，都参考左边。

父类引用指向子类对象，当父类想使用子类中特有的属性、方法时，要向下转型。

4. 面向对象的程序举例

小白是一条狗，它心情好的时候会恭喜人发财，它心情差的时候会对路人撒野，吓得路人落荒而逃。下面我们用面向对象的方式用程序讲述一下小白的故事。

```
public class Dog {
public Dog() {                                          //构造函数
    size=3;
}
final String BARK_NORMAL="汪，汪汪，";                  //定义叫声常量
final String BARK_HAPPY="旺，旺旺，";
final String BARK_SAD="呜……嗷，";
static final int NORMAL=0;                              //定义心情常量
static final int HAPPY=1;
static final int SAD=2;
private int size;                                       //定义了狗的个头大小的属性
public int getSize() {                                  //定义获取个头的方法
    return size;
}

public void bark() {                                    //定义狗叫的方法
    if(size<5)
        System.out.println("汪汪汪!");
    else
        System.out.println("嗷!嗷!");
}

public void bark(int mood) {                            //定义狗叫的方法，带心情参数
    switch(mood) {
    case NORMAL:
        System.out.println(BARK_NORMAL);
        break;
    case HAPPY:
        System.out.println(BARK_HAPPY);
        break;
    case SAD:
        System.out.println(BARK_SAD);
        break;
    }
}
```

```
    public static void main(String[] args) {      //定义main方法
        Dog xiaoBai=new Dog();                    //创建了名字叫小白的狗对象
        xiaoBai.bark();                           //调用它叫的方法
        xiaoBai.bark(HAPPY);                      //调用带参数的方法
    }
}
```

阅读程序，思考运行的结果。

5. 成员变量

（1）变量的分类

变量分为成员变量（类或对象的状态）、类变量、实例变量、局部变量、方法参数，它们之间有如下区别：

① 成员变量（field）是没有定义在代码块（包括初始化块、成员方法）中的变量。成员变量是类变量还是实例变量取决于在其声明中是否使用了 static 关键字。

② 类变量在声明时用了 static 关键字，它的另一个名字叫静态变量、静态成员变量（static field）。

③ 实例变量是在声明时没有使用 static 关键字的成员变量，它的另一个名字叫非静态成员变量（non-static field）。

④ 定义在代码块中的变量被称为局部变量（local variable）。

⑤ 定义在方法声明中的变量称为方法参数。

```
public class JavaTest {
    //类变量
    static String s1="类变量";
    //实例变量
    String s2="实例变量";
    //初始化代码块中的局部变量
    {
        String s3 = "初始化代码块中的局部变量";
        System.out.println(s3);
    }
    // 静态初始化代码块中的局部变量
    static {
        String s4="静态初始化代码块中的局部变量";
        System.out.println(s4);
    }
    //方法的参数和方法中的局部变量
    public void printString(String s5) {
        String s6="方法里的局部变量";
        System.out.println("方法的参数:"+s5);
        System.out.println(s6);
    }
    public static void printString() {        //类方法
        String s7="类方法里的局部变量";
        System.out.println(s7);
    }
    public static void main(String[] args) {
```

```
        //调用类方法
        JavaTest.printString();
        //打印类变量
        System.out.println(s1);
        //创建对象
        JavaTest lesson=new JavaTest();
        //打印实例变量
        System.out.println(lesson.s2);
        //调用实例方法
        lesson.printString("参数的值");
    }
}
```

（2）变量的初始化

实例变量经过定义就会有初始值，局部变量定义时不赋初值而直接使用，编译器会报错。

```
public class JavaTest {
 int i;
 static int j;
 {
     int k=2;
     System.out.println(k);
 }
 static {
     int l=2;
     System.out.println(l);
 }

 public void print(String m) {

     System.out.println(m);
 }

 public static void main(String[] args) {
     System.out.println(j);
     int n=2;
     System.out.println(n);
     JavaTest lesson=new JavaTest();
     lesson.print("m");
     System.out.println(lesson.i);
 }
}
```

在上述程序中,运行代码可以看到类变量和实例变量未赋值但仍有值打印出来,因为在 Java 中，如果 int 型没有赋值，那么它的初始值是 0。还有其他类型，其初始值如表 4.6 所示。

表 4.6　基本数据类型的初始值

实例变量和类变量的类型	初　始　值
整数	0
浮点类型	0.0

续表

实例变量和类变量的类型	初　始　值
字符类型	'/u0000'
布尔类型 boolean	false
引用数据类型(譬如数组、接口、类)	null

6. 方法（类或对象的行为）

（1）方法

Java 中类的行为由类的成员方法来实现。类的成员方法由方法的声明和方法体两部分组成。

① 修饰符：可选，用于指定谁有权限访问此方法。

② 返回值类型：必选，用于指定该方法的返回值数据类型；如果该方法没有返回值，则要用关键字 void 进行标示。方法的返回值只能有一个。

③ 参数列表：可以有 0 到多个，多个参数之间要用逗号隔开，参数的写法形如 String[] args, int age。

④ 方法名：一律使用“驼峰命名法”，即为以小写字母开头，中间出现第二个单词以大写字母开头，如：isFlag、listStudent 等；

⑤ 方法体：可选，如 void test(){};。

⑥ 大括号：在接口和抽象类中不会写大括号，这种方法一般叫抽象方法。

（2）属性和方法之间的关系

属性和方法是一对共同体，可以使用属性来修改方法中的参数显示，也可以通过方法来修改属性的值，即行为影响状态，状态反过来也会影响行为。在使用过程中，读者只需记住使用方法修改属性，而不是直接修改属性即可。

（3）方法的用法

在 Java 中，正确使用方法需要注意以下用法：

① 方法的主要三要素：方法名、参数列表、返回值。

② 什么是方法：一个算法逻辑功能的封装，是一般完成一个业务功能，如登录系统，创建联系人，简单说：方法是动作，是动词。

③ 方法名：一般按照方法实现的功能定名，一般使用动词定义，一般使用小写字母开头，第二个单词开始，单词首字母大写，如 createContact() 。

④ 参数列表：是方法的前提条件，是方法执行依据，是数据。如 login(String id, String pwd) ，参数的传递看定义的类型及顺序，不看参数名。

⑤ 方法返回值：功能执行的结果，方法必须定义返回值，并且方法中必须使用 return 语句返回数据；如果无返回值则定义为 void，此时 return 语句可写可不写；返回结果只能有一个，若返回多个结果，要用数组返回（返回多个值）。

⑥ 慎用递归：递归调用是指方法中调用了方法本身，用递归解决问题比较简练，只须考虑一层逻辑即可。但是递归一定要有结束条件，如 f(1)=1;。另外递归层次不能太深。总之，递归在实际的应用中，很容易出现意想不到的错误。

7. 方法重载

Java 中可以提供同一个方法的多个不同参数的版本供我们调用，譬如上面的小白，它吼叫 bark() 的方法有两种，一种是很随意的吼叫，无拘无束的吼叫；还有一种是根据它心情的不同来吼叫；当然还可以再定义一个方法可以让他根据主人的脸色来吼叫；也可以再定义一个方法，参数是食物，那么它的吼叫声可能就是边吃边幸福的吼叫了……这样一个 bark 方法就带来了丰富多彩的变化。

在 Java 中允许类定义中多个方法的方法名相同，只要它们的参数声明不同即可。这种情况下，该方法就被称为重载（overloaded ），这种方式就叫做方法重载（method overloading ）。方法重载是实现程序多样性的一个重要手段，也可以称作多态的一种表现方式。

重载规则：

① 重载方法必须改变方法参数列表。

② 重载方法可以改变返回类型。

③ 重载方法可以改变访问修饰符。

④ 重载方法可以声明新的或更广的检验异常。

⑤ 方法能够在同一个类或者一个子类中被重载。

下面的一个例子就是一个方法的重载，代码如下：

```
public class JavaTest {
 static long max(long a,long b) {
     System.out.println("max(long a,long b)");
     return a>b?a:b;
 }

 static long max(long a,int b) {
     System.out.println("max(long a,int b)");
     return a>b?a:b;
 }

 static int max(int a,int b) {
     System.out.println("max(int a,int b)");
     return a>b?a:b;
 }

 static byte max(byte a,byte b) {
     System.out.println("max(byte a,byte b)");
     return a>b?a:b;
 }

 public static void main(String[] args) {
     byte byte1=125;
     byte byte2=126;
     int int1=1;
     int int2=2;
     long long1=1000;
```

```
        long long2=2000;

        System.out.println(max(byte1,byte2));
        System.out.println(max(int1,int2));
        System.out.println(max(byte1,int2));
        System.out.println(max(int1,long2));
        System.out.println(max(long1,int2));
        System.out.println(max(long1,long2));
    }
}
```

上面的例子说明了参数声明不同的含义，那就是只要参数的个数、类型和顺序任意一项不同就算不同的参数声明，即使它们看起来很相似，甚至看起来可能会让虚拟机搞混。不过没关系，虚拟机很聪明，只要按照规则走它就能分清。

8. 构造函数

在 Java 中，对象是构造出来的，特意用了一个 new 关键字来标识这个创建的过程。

我们把上一讲的例子修改一下，看看创建对象的过程发生了什么。

```
public class Dog {
//定义了狗的个头大小的属性
private int size=3;
public Dog(int size) {
    System.out.println("带参数的构造函数");
    this.size=size;
}
public Dog() {
    System.out.println("不带参数的构造函数");
    this.size=2;
}
//定义狗叫的方法
public void bark() {
    if(size<5) {
        System.out.println("汪汪汪!");
    } else {
        System.out.println("嗷!嗷!");
    }
}
//定义 main 方法
public static void main(String[] args) {
    //创建了名字叫小狗的狗对象
    Dog xiaoDog=new Dog(4);
    //调用它的叫方法
    xiaoDog.bark();
    //创建了名字叫大狗的狗对象
    Dog daDog=new Dog(6);
    //调用它的叫方法
    daDog.bark();
    //创建了名字叫小黑的狗对象
```

```
        Dog xiaoHei=new Dog();
        //调用它的叫方法
        xiaoHei.bark();
    }
}
```

我们看到创建对象的过程就是执行构造函数的过程，而且也看到构造方法也可以重载。我们在这里明确说明的是构造函数或者说构造方法，但它不是方法。它们之间有三大区别：

① 构造函数永远没有返回值。

② 构造函数名称与类名相同。

③ 构造函数不能用 final、static、abstract 修饰。

9. 继承

在前文中，简单介绍了继承的基本内容，这里详细介绍继承的概念、用法和语法。

（1）继承的概念

继承是面向对象的三大特性之一。在语义上继承的意思是按照法律或遵照遗嘱接受死者的财产、头衔、地位等，Java 程序中的继承也有这个意思，不过子类继承的是父类的属性和方法。

（2）继承的语法结构（子类的定义方式）

```
修饰符 class 子类名 extends 父类名 { }
```

（3）继承的例子

关于继承，我们之前举了一个白马和马的例子，它可以很形象地说明继承的含义。当我们写好了一个动物类，再写鸟类时就可以继承动物类，自动获得动物类所拥有的属性和方法，提高了代码重用性。

（4）Object 类

Java 中的所有对象（类）都是 Object 类的子类。

（5）继承的原则

子类能够继承父类中被声明为 public 和 protected 的成员变量和成员方法。

子类能够继承在同一个包中的默认修饰符修饰的成员变量和成员方法。

① 如果子类声明了一个与父类变量同名的成员变量，则子类不能继承父类的成员变量，这种做法叫做变量的隐藏。

② 如果子类声明了一个与父类方法同名的成员方法，则子类不能继承父类的成员方法，这种做法就是方法的重写。

10. 包 package

（1）编译单元（compilation unit）

在 Java 中，一个编译单元就是一个用来书写 Java 源代码的文本文件。我们前面讲类的定义时只关注了类内部的东西，类外面是不是也有东西？答案是肯定的。编译单元有 3 个组成部分：包声明、导入声明和类声明。

这 3 个部分都是可选的，包声明如果要有必须写在最前面，并且只能写一份。导入声明可以写多个，类声明也可以写多个。

（2）包的概念(package)

类名是类之间彼此区分的标识，一个程序中类数量增多是，必然会遇到类名冲突的情形。包提供了类的组织和管理方式。包的用途有以下 3 种：

① 将功能相近的类放在同一个包里，方便使用和查找。

② 类名相同的文件可以放在不同的包里而不会产生冲突。

③ 可以依据包设定访问权限。

（3）包的声明

包声明的方式为“package 包声名”，包声明要写在文件的最前面。

（4）包的应用

① 包名必须是小写，多个单词用“.”隔开。

② 在同一个包中，不能有同名的类。

③ 只要在同一个包中，则可直接用 extends（编译器知道在哪），若不在同一个包中，则用 import 导入。

（5）包的例子

```
//包的声明
package android.java.basic;
//导入声明
import java.util.Date;
//第一个类声明
class Animal{
 long birthTime=new Date().getTime();
 void eat(){
     System.out.println("eating");
 }
}

//第二个类声明
class Fish extends Animal {
 void swim(){
     System.out.println("swimming");
 }
}
//第三个类声明
public class JavaTest {
 public static void main(String[] args){

     //动物类
     Animal a=new Animal();
     a.eat();
     System.out.println(a.birthTime);

     //鱼类
     Fish f=new Fish();
     f.eat();
     f.swim();
     System.out.println(f.birthTime);
```

```
    }
  }
```

11. 访问修饰符

在 Java 中可以用访问修饰符来控制类或者类成员对程序的其他部分的可见性，从而在语言级别实现访问控制。当一个类无权访问另一个类或者类的成员时，编译器会提示你试图访问一些可能不存在的内容。访问修饰符具有以下特点：

① 对于类的修饰符，只能有两个选择，用 public 修饰或者不用（不用就是默认修饰符）。

② 如果一个类本身对另一个类不可见，则即使将其成员声明为 public，也没有一个成员是可见的，只有当你确定类本身对你是可见的时，查看其各个成员的访问级别才有意义。

③ 对于类的成员（member，包括属性和方法），可以用 public protected 默认的和 private 4 种修饰符。

④ 永远不要用访问修饰符修饰局部变量，编译器会毫不留情的报错（局部变量只有一个修饰符可以用，那就是 final）。

⑤ 除了访问修饰符外，还有非访问修饰符 static、final、abstract、transient、synchronization、native、strictfy，在今后的学习中会逐步掌握。

基本的访问修饰符用法和说明如表 4.7 所示。

表 4.7 访问修饰符

可 见 性	public	protected	默 认	private
从同一个类	是	是	是	是
从同一个包中的任何类	是	是	是	否
从同一个包中的子类	是	是	是	否
从包外的子类	是	是，通过继承	否	否
从包外的任何非子类的类	是	否	否	否

12. 方法重写

当子类继承父类时，子类中一不小心就会定义出父类名字相同的成员变量，对于这种现象，规则里是怎么说的，又是怎么应用的？用一句话说，就是子类成员会覆盖父类成员；对于变量就是变量隐藏，对于方法就是方法重写（方法覆盖）。

（1）变量隐藏

shadow 在做名词时意思是阴影，在做动词时意思是遮蔽，那么这里的意思 shadowing 更多的是遮蔽的意思，不过翻译时习惯说这个为变量的隐藏。

先看一个局部变量遮蔽成员变量的例子：

```
public class JavaTest{
 int i=1;
 int j=1;
 int k=1;
     void test(int i){
     int j=2;
```

```
        System.out.println("i="+i);
        System.out.println("j="+j);
        System.out.println("k="+k);
    }
    public static void main(String[] args){
        JavaTest test=new JavaTest();
        test.test(2);
    }
}
```

我们可以看到，当方法内的局部和成员变量名字相同时，在方法内，局部变量遮蔽住了成员变量，因此打印出来的是 2，而不是 1。

再看一个子类成员变量遮蔽父类成员变量的例子。

```
public class WhiteHorse extends Horse {
    private static String color="白色";
    public static int leg=4;
    public static void main(String[] args){
    WhiteHorse xiaobai=new WhiteHorse();
    System.out.println(xiaobai.color);
    System.out.println(xiaobai.leg);
    //类变量是遮蔽不住的
    System.out.println(Horse.color);
    //强制转换后我们看到父类的实体 leg 变量还在，只是被隐藏了
    Horse xiaobai1=(Horse)xiaobai;
    System.out.println(xiaobai1.leg);
    }
}
```

（2）方法重写 Override

当子类继承父类时，如果子类方法的签名和父类方法的签名相同时，子类就无法继承父类的方法，此时子类的方法就覆盖了父类的方法，我们称之为重写。重写可以定义子类某个行为的特殊性。

譬如动物会喝水，但是猫喝水和人喝水的具体行为就不同。

重写方法的规则如下：

① 参数列表必须与重写的方法的参数列表完全匹配（方法签名相同）。如果不匹配，得到的将是方法重载。

② 返回类型必须与父类中被重写方法中原先声明的返回类型或其子类型相同。

③ 访问级别的限制性可以比被重写方法弱，但是访问级别的限制性一定不能比被重写方法的更严格。

④ 仅当实例方法被子类继承时，它们才能被重写。子类和父类在同一个包内时，子类可以重写未标识为 private 和 final 的任何超类方法。不同包的子类只能重写标识为 public 或 protected 的非 final 方法。

⑤ 无论父类的方法是否抛出某种运行时异常，子类的重写方法都可以抛出任意类型的运行时异常。

⑥ 重写方法一定不能抛出比被重写方法声明的检验异常更新或更广的检验异常，可以抛

出更少或更有限的异常。

⑦ 不能重写标识为 final 的方法。

⑧ 不能重写标识为 static 的方法。

⑨ 如果方法不能被继承，那么方法不能被重写。

关于方法的重写和重载，有以下几点说明：

① 重写的特点是：通过类的继承关系，由于父类中的方法不能满足新的要求，因此需要在子类中修改从父类中继承的方法叫重写。在使用上，它有以下的几点说明：

a. 方法名、参数列表、返回值类型与父类的一模一样，但方法的实现不同。若方法名、参数列表相同，但返回值类型不同会有变异错误，若方法名、返回值类型相同，参数列表不同，则不叫重写。

b. 子类若继承了抽象类或实现了接口，则必须重写全部的抽象方法。若没有全部实现抽象方法，则子类仍是一个抽象类。

c. 子类重写抽象类中的抽象方法或接口的方法时，访问权限修饰符一定要大于或等于被重写的抽象方法的访问权限修饰符。

d. 静态方法只能重写静态方法。

② 重载的特点是：方法名一样，参数列表不同的方法构成重载的方法。重载在使用时，它有以下几点说明：

a. 调用方法：根据参数列表和方法名调用不同方法。

b. 与返回值类型无关。

c. 重载遵循所谓“编译期绑定”，即在编译时根据参数变量的类型判断应调用哪个方法。

举一个重写的例子：

```
public class Horse {
 //给马写个摆 Pose 的方法
 public void pose(){
     System.out.println("马儿很酷。");
 }
}
public class WhiteHorse extends Horse {
 public void pose(){           //白马重写了摆 pose 的方法
     System.out.println("白马更酷。");
 }
 public static void main(String[] args){
     WhiteHorse xiaobai = new WhiteHorse();
     xiaobai.pose();
 }
}
```

13. this 和 super

（1）this.成员变量

当成员变量被局部变量隐藏时想使用成员变量，可以用 this 关键字来访问成员变量。

```
public class Lesson09_1 {
 int i=1;
```

```
int j=1;
int k=1;
static int l=1;
void test(int i){
    int j=2;
    int l=2;
    System.out.println("i="+i);
    System.out.println("j="+j);
    System.out.println("k="+k);
    System.out.println("l="+l);

    System.out.println("this.i="+this.i);
    System.out.println("this.j="+this.j);
    System.out.println("this.k="+this.k);
    System.out.println("this.l="+this.l);
}
public static void main(String[] args){
    Lesson09_1 lesson = new Lesson09_1();
    lesson.test(2);

}
}
```

运行程序，可看到使用 this 关键字时可以看到被隐藏的成员变量能够正常访问。

（2）this()构造函数

在构造方法中可以使用 this() 来引用另一个构造方法。

```
public class Lesson {
    private int minute=0;
    Lesson(){
    this(45);
}
Lesson(int minute){
    this.minute=minute;
}
public static void main(String[] args){
    Lesson lesson=new Lesson();
    System.out.println(lesson.minute);
    Lesson lesson2=new Lesson(30);
    System.out.println(lesson2.minute);
}
}
```

this(45)调用了另外一个带参数的构造方法。需要注意的是 this()必须写在构造方法的第一行。

（3）super.成员

当父类的成员变量被隐藏、成员方法被重写（覆盖），此时想使用父类的这些成员时就要用 super 关键字。修改一下马和白马的例子：

```
public class Horse {
    public int height=120;
```

```
        //给马写个摆 Pose 的方法
        public void pose(){
            //样子很酷
            System.out.println("Cool!");
        }
    }
    public class WhiteHorse extends Horse {
    public int height=150;
    //白马重写了摆pose 的方法
    public void pose(){
        //先摆一个马的 pose
        super.pose();
        //白马更酷一点
        System.out.println("Cool!!!!");
    }
    public void printHeight(){
        //打印父类被隐藏的变量
        System.out.println(super.height);
                //打印实例变量
        System.out.println(height);
    }
    public static void main(String[] args){
        WhiteHorse xiaobai=new WhiteHorse();
        xiaobai.pose();
        xiaobai.printHeight();
        }
    }
```

看到在子类的方法里可以使用 super 来引用被隐藏的父类变量，被覆盖（重写）的父类方法。

（4）super()父类构造函数

讲 super()之前，先看下面的例子：

```
public class Horse {
public Horse(){
    System.out.println("马类的构造函数");
}
}
public class WhiteHorse extends Horse {
public WhiteHorse(){
    System.out.println("白马类的构造函数");
}
public static void main(String[] args){
    new WhiteHorse();
}
}
```

我们看到，构造白马类之前，虚拟机先构造了它的父类马类，由此我们看到了白马类能继承马类的属性和方法的根本原因，原来每一个白马类同时也是一个马类，还是一个 Object 类。在创建对象时，一个对象的逐级父类自顶向下依次创建。

在调用上，首先调用的是 main 方法，main 方法调用 new WhiteHorse()，WhiteHorse()构造函

数调用了一个默认的 super()，super()方法就是父类的构造方法，以此类推最后调用了 Object()构造方法。

（5）带参数的 super()方法

在上面的例子里，我们看到编译器在你没有调用 super()方法时，插入了一个默认的 super()方法。可惜的是编译器并不会自动插入带参数的 super()，因此遇到这种情况就只能手动插入对 super()的调用。

下面把上面的例子更改一下：

```
public class Horse {
    protected int leg=0;
    public Horse(int leg){
        this.leg=4;
        System.out.println("马类的构造函数");
    }
}
```

再次编译 WhiteHorse.java，提示“找不到构造函数”。这里，必须显式调用构造函数，才能解决相应的问题。

我们按照它的提示更改 WhiteHorse 类：

```
public class WhiteHorse extends Horse {
public WhiteHorse(){
    super(4);
    System.out.println("白马类的构造函数");
}
public static void main(String[] args){
    new WhiteHorse();
}
}
```

再次编译和运行程序，发现这次安然通过。到这里，我们是不是可以小小总结一下，构造函数只能用 new、this() 和 super() 的方式来访问，是不能像方法一样写方法名访问的。

关于 this 和 super，在应用上的总结如下：

① this：在运行期间，哪个对象在调用 this 所在的方法，this 就代表哪个对象，隐含绑定到当前“这个对象”。

② super()：调用父类无参构造器，一定在子类构造器第一行使用，如果没有，则是默认存在 super()的，因为 Java 默认会添加 super()。

③ “super.”是访问父类对象，父类对象的引用，与“this.”用法一致。

④ this()：调用本类的其他构造器，按照参数调用构造器，必须在构造器中使用，必须在第一行使用，this() 与 super() 互斥，不能同时存在。

⑤ “this.”是访问当前对象，本类对象的引用，在能区别实例变量和局部变量时，this 可省略，否则不能省略。

⑥ 如果子父类中出现非私有的同名成员变量时，子类要访问本类中的变量用“this.”；子类要访问父类中的同名变量用“super.”。

14. 抽象类

用 abstract 修饰的方法，我们称之为抽象方法，抽象类不能被实例化，没有具体的方法体，只有一个方法名。

面向对象中，所有的对象都是某一个类的实例，但是并不是每个类都可以实例化成一个对象。如果一个类中没有足够的信息来描绘一个具体的对象，那么这个类就不能被实例化，我们称之为抽象类。抽象类用来描述一系列看起来不同，但究其本质是相同的对象。譬如把苹果、橘子、梨等抽象出来一个概念叫水果，我们把狗、老鼠、猫、狮子、大象、猪等抽象出来个概念叫动物。这时候我们把动物抽象成一个 Animal 类时，最好不要让它直接初始化，创建出一个 Animal()实例对象的结果似乎难以想象。

抽象类被继承之外，没有其他用途。下面用一个 Test.java 的例子看一下什么叫抽象类代码如下：

```
//定义的抽象类
abstract class Animal {
abstract void makenoise();
}
//Lion 继承自抽象类
class Lion extends Animal {
@Override
void makenoise() {  //覆写的方法
    System.out.println("狮子吼，");
}
}
//Dog 继承自抽象类
class Dog extends Animal {
@Override
void makenoise() {
    System.out.println("狗叫，");
}
}
//主函数
public class Test {
public static void main(String[] args){
    Animal a1=new Dog();
    Animal a2=new Lion();
    a1.makenoise();
    a2.makenoise();
}
}
```

这个例子中，有几点需要留意：

① 一个编译单元中可以写多个顶级类，但 public 修饰的顶级类只有一个。

② 用 abstract 修饰的类是抽象类。

③ 用 abstract 修饰的方法是抽象方法，抽象方法没有方法体，也就是说不能写大括号。

④ 抽象类实际上是定义了一个标准和规范，等着它的子类们去实现，譬如动物这个抽象类中定义了一个发出声音的抽象方法，它就定义了一个规则，那就是谁要是动物类的子类，谁

就要去实现这个抽象方法。

⑤ 狗和狮子的类继承了动物这个抽象类，实现了发出声音的方法。

⑥ 一个对象除了被看成自身的类的实例，也可以被看成它的超类的实例。我们把一个对象看作超类对象的做法叫做向上转型。譬如 Animal a1 = new Dog();。

⑦ 虽然都是动物类型，但是方法在运行时是按照它本身的实际类型来执行操作的。因此 a1.makenoise()执行的是狗叫，a2.makenoise()执行的是狮子吼，我们称之为运行时多态。

综上所述，抽象就是将拥有共同方法和属性的对象提取出来，提取后，重新设计一个更加通用、更加大众化的类，就叫抽象类。其具体的用法如下：

① abstract 关键字可以修饰类、方法，即抽象类和抽象方法。

② 抽象类可以有具体的方法，或者全部都是具体方法，但一个类中只要有一个抽象方法，那么这个类就是抽象类，并且必须用 abstract 修饰类。

③ 抽象类可以被继承，则子类必须实现抽象类中的全部抽象方法，否则子类也将是抽象类。抽象类也可主动继承实体类。

④ 抽象类不能实例化，即不能用 new 生成实例。

⑤ 可以声明一个抽象类型的变量并指向具体子类的对象。

⑥ 抽象类可以实现接口中的方法。

⑦ 抽象类中可以不定义抽象方法，这样做仅仅是不让该类建立对象。

15. 初始化块

我们已经知道在类中有两个位置可以放置执行操作的代码，这两个位置是方法和构造函数。初始化块是第三个可以放置执行操作的位置。当首次加载类（静态初始化块）或者创建一个实例（实例初始化块）时，就会运行初始化块。

```
//父类
class SuperClass{
SuperClass(){
    System.out.println("父类 SuperClass 的构造函数");
}
}
//子类
public class Initialize extends SuperClass {
 Initialize(int x){
    System.out.println("带参数的构造函数");
 }
 Initialize(){
    System.out.println("不带参数的构造函数");
 }
 static {
    System.out.println("第一个静态初始化块");
 }
 {
 System.out.println("第一个实例初始化块");
 }
 {
```

```
System.out.println("第二个实例初始化块");
}
static {
    System.out.println("第二个静态初始化块");
}
public static void main(String[] args){
    new Initialize(1);
    new Initialize();
}
}
```

从上面的例子中需要留意如下几点：

① 初始化块的语法相当简单，它没有名称，没有参数，也没有返回值，只有一个大括号。用 static 修饰的初始化块就要静态初始化块，相对应的，没有 static 修饰的初始化块就叫实例初始化块。

② 静态初始化块在首次加载类时会运行一次。

③ 实例初始化块在每次创建对象时会运行一次。

④ 实例初始化块在构造函数的 super()调用之后运行。

⑤ 初始化块之间的运行顺序取决于他们在类文件中出现的顺序，出现在前面的先执行。

⑥ 初始化块从书写惯例上应该写在靠近类文件的顶部，构造函数附近的某个位置。

16. 接口

（1）为什么要有接口

我们已经知道 Java 中只支持单继承，或者说不允许多重继承的出现，又可以说一个类只能有一个父类。为了提供类似多重继承的功能，Java 提供了接口的功能。

首先定义一个动物的类，它有吃和叫的方法，接下来想增加一个玩要的方法和亲近主人的方法，如果把这两个方法定义在动物类中，看起来确实不合理，因为老虎对象也会继承到亲近主人的方法，如果该方法默认实现是用舌头舔主人的脖子的话，就会产生老虎舔你脖子讨好你的场景，似乎有点太销魂了，这种设计方式副作用太大。

如果把这两个方法定义在猫狗等需要的类里，这时又会产生同样的内容重复写多次的情形，更不可接受。

Java 提供了接口的功能，可以把宠物和动物都定义成接口，让猫狗去实现这两个接口，也可以把动物定义成一个普通类或者抽象类，让猫狗去继承动物，再让猫狗去实现宠物接口。

下面用代码表达出来：

```
//定义一个类
class Animal {
public void eat() {
    System.out.println("动物在吃东西…");
}
public void bark() {
    System.out.println("动物在叫…");
}
}
//定义一个接口
```

```
interface Pet {
public void paly();
public void loveWithPerson();
}
//定义一个 Lion 类，继承自 Animal 类
class Lion extends Animal {
}
//定义一个 Tiger 类，继承自 Animal 类
class Tiger extends Animal {
}

//定义一个 Cat 类，继承自 Animal 类，实现 Pet 接口
class Cat extends Animal implements Pet {
@Override
public void play() {
    System.out.println("猫猫在玩耍");
}
@Override
public void loveWithPerson() {
    System.out.println("猫猫讨人喜欢，亲昵主人…");
}
}

//定义一个 Dog 类，继承自 Animal 类，实现 Pet 接口
class Dog extends Animal implements Pet {
@Override
public void play() {
    System.out.println("狗狗在跳舞...");
}
public void loveWithPerson () {
    System.out.println("狗狗讨人喜欢，亲昵主人…");
}
}
//测试类
public class JavaTest{
public static void main(String[] args){
    Dog xiaobai=new Dog();
    xiaobai.eat();
    xiaobai.bark();
    xiaobai.play();
    xiaobai.loveWithPerson();
}
}
```

（2）接口的几个规则

接口不仅仅是为了解决多重继承问题才出现的，它在使用过程中，需注意以下问题：

① 接口名用 interface 修饰，相对应的类名用 class 修饰。

② 接口里定义的方法都是抽象方法，可以用 abstract 修饰，当然也可以不用它修饰。

③ 接口只能被实现（implements）。

④ 可以用抽象类实现接口，也就是说虽然实现了，但是没有真正写接口的任何方法，它把责任推给了抽象类的子类。

⑤ 普通类实现接口，则必须按照接口的契约，实现接口所定义的所有方法。

⑥ 接口可以继承接口，或者说一个接口可以是另一个接口的父类。

⑦ 一个接口可以继承多个父类，也就是说一个接口之间可以多重继承。

总之，当你实现接口时就表明你同意遵守定义在接口中的契约，也意味着你肯定实现了接口定义的所有方法。那么任何了解该接口方法形式的人，都确信他们能够调用你所实现的类去执行接口中的方法。此时我们说接口是一个契约，是一个 like a 的关系（继承是 is a 关系）。很多时候我们说不要滥用继承，要用接口，就是基于这样的思考。

（3）接口的使用总结

接口在使用过程中，须做以下几点说明：

① 接口是 like a ："像"我中的一种，是继承体系之外的，用于功能扩展，想扩展就实现，不想扩展就不用实现（写一个空方法）。

② 接口中只能声明抽象方法和常量且声明格式都是固定的，只不过可以省略。

③ 接口中的成员不写修饰符时，默认都是 public。

④ 接口不能有构造器，因为不能实例化和初始化，接口只能被"实现"。

⑤ 具体类实现了一个接口，则必须实现全部的抽象方法，若没有全部实现，则该类为抽象类。所以说，接口约定了具体类的方法，约定了类的外部行为。

⑥ 具体类可以同时实现多个接口，就是多继承现象。

⑦ 多重接口：class Cat implements Hunter, Runner Cat，即是 Hunter 也是 Runner。

⑧ 接口用 implements 表示实现，实际是继承关系，可有多个接口（实现）；继承用 extends，只能有一个继承关系。

⑨ 一个类既可以继承的同时，又"实现"接口：class A extends B implements C , D。

⑩ 类与类之间是继承关系，类与接口之间是实现关系，接口与接口之间是继承关系，且只有接口之间可以多继承，即 interface A{}，interface B{}，interface C extends A , B 但接口多继承时要注意，要避免 A、B 接口中有方法名相同、参数列表相同，但返回值类型不相同的情况，因为被具体类实现时，不确定调用哪个方法。

（4）抽象类和接口的区别

抽象类（abstract class）和接口（interface）在使用上有很多类似的地方，但是在本质上，还是有很多区别的，具体的内容如下：

① 从语法角度：abstract class 方法中可以有自己的数据成员，也可以有非 abstract 的成员方法，并赋予方法的默认行为，而在 interface 方式中一般不定义成员数据变量，所有的方法都是 abstract，方法不能拥有默认的行为。

② 从编程的角度：abstract class 在 Java 语言中表示的是一种继承关系，一个类只能使用一次继承关系。而一个类可以实现多个 interface。

③ 从问题域角度：abstract class 在 Java 语言中体现了一种继承关系，要想使得继承关系合理，父类和派生类之间必须存在"is a"关系，即父类和派生类在概念本质上应该是相同的。对于 interface 来说则不然，并不要求 interface 的实现者和 interface 定义在概念本质上是一致的，仅仅是实现了 interface 定义的契约而已。

17. 内部类

当描述事物时，事物的内部还有事物，该事物用内部类来描述。因为内部事物在使用外部事物的内容。在类内部定义的类为成员内部类，在方法中定义的类为局部内部类，被 static 修饰的为静态内部类。一个类中可有多个内部类。

Java 语言允许在类中再定义类，这种在其他类内部定义的类就叫内部类。内部类又分为常规内部类、局部内部类、匿名内部类和静态嵌套类 4 种。

（1）常规内部类

所谓常规内部类，或者说内部类，指的就是除去后面 3 种之外的内部类。先写一个最简单的内部类的例子：

```
public class A {
 public class B{
 }
}
```

编译一下，看到目录中出现了两个 class 文件，其中有一个文件名叫做 A$B.class，带了一个$符号，这个特点让我们很容易地认出来这是内部类编译后的 class 文件。

再写一个稍微复杂一点的内部类：

```
public class A {
 private int x=1;
 public A(){
     System.out.println("外部类 A 的初始化方法");
 }
 public class B{
     public B(){
         System.out.println("内部类 B 的初始化方法");
     }
     private int x=2;
     public void add(){
         int x=3;
         System.out.println(x);
         System.out.println(this.x);
         System.out.println(A.this.x);
     }
 }
 public static void main(String[] args){
     B inner=new A().new B();
     inner.add();
 }
}
```

在上面的例子中可以清晰地看到：

① 内部类就像一个实例成员一样存在于外部类中。

② 内部类可以访问外部类的所有成员就想访问自己的成员一样没有限制。

③ 内部类中的 this 指的是内部类的实例对象本身，如果要用外部类的实例对象就可以用类名.this 的方式获得。

④ 内部类对象中不能有静态成员，原因很简单，内部类的实例对象是外部类实例对象的一个成员。

下面再小结一下内部类的创建方法：

① 在外部类的内部，可以用 B inner = new B(); 方法直接创建。

② 在外部类外部，必须先创建外部类实例，然后再创建内部类实例，除了上面 B inner = new A().new B()的写法以外，还有 A outer = new A(); B inner = outer.new B();的写法。

（2）局部内部类

我们也可以把类定义在方法内部，这时候我们称这个类叫局部内部类。再看一个例子：

```
public class A {
 int x=1;
 public void doSomething(){
     final int y=2;
     class B{
         int x=3;
         void print(){
             int x=4;
             System.out.println(x);
             System.out.println(this.x);
             System.out.println(A.this.x);
             System.out.println(y);
         }
     }
     B inner=new B();
     inner.print();
 }
 public static void main(String[] args){
     A outer=new A();
     outer.doSomething();
 }
}
```

通过上面这里例子也可以看到下面几点：

① 局部内部类的地位和方法内的局部变量的位置类似，因此不能修饰局部变量的修饰符也不能修饰局部内部类，譬如 public、private、protected、static、transient 等。

② 局部内部类只能在声明的方法内是可见的，因此定义局部内部类之后，想用的话就要在方法内直接实例化，顺序不能反，一定是要先声明后使用，否则编译器会提示找不到。

③ 局部内部类不能访问定义它的方法内的局部变量，除非这个变量被定义为 final。

（3）匿名内部类

当我们把内部类的定义和声明写到一起时，就不用给这个类起个类名而是直接使用，这种形式的内部类根本就没有类名，因此我们叫它匿名内部类。再看一个有趣的例子：

```
public class Dog {
 public interface Pet {

     public void beFriendly();
     public void play();
 }
```

```
public static void main(String[] args){
    Pet dog=new Pet(){
        @Override
        public void beFriendly() {
            System.out.println("成为你的朋友你^_^");
        }
        @Override
        public void play() {
            System.out.println("和你一起玩耍....");
        }
    };
    dog.beFriendly();
    dog.play();
}
}
```

编译和运行都很正常，我们知道抽象类和接口是无法实例化的，因此这个例子：

① 第一匿名内部类可以是个接口。

② 第 8 行到第 17 行是一个语句，就是定义了一个对象，因此 17 行大括号后面有个分号。

③ 匿名内部类用 new Pet(){ … } 的方式把声明类的过程和创建类的实例的过程合二为一。

④ 匿名内部类可以是某个类的继承子类也可以是某个接口的实现类。

再看一个例子，方法参数内的匿名内部类：

```
public class Dog {
static abstract class Ball {
    abstract String getName();
}
void play(Ball b){
    System.out.println(b.getName());
}
public static void main(String[] args){
    Dog dog=new Dog();
    dog.play(new Ball(){
        String getName() {
            return "足球 ";
        }});
}
}
```

编译和运行以后返回值就是“足球”。从第 10 行到第 13 行是一句话，就是执行一个 play 方法，而这个方法的参数就由一个匿名内部类的实例来提供。

（4）静态嵌套类

当一个内部类前面用 static 修饰时，我们称之为静态嵌套类或者说静态内部类。上面的例子里其实已经看到过静态嵌套类，这里再举一个例子：

```
public class A {
static int x=1;
static class B {
    void print(){
```

```
            System.out.println("B方法的x=" + x);
        }
    }
    public static void main(String[] args){
        A.B test=new A.B();
        test.print();
    }
}
```

因为静态嵌套类和其他静态方法一样只能访问其他静态成员，而不能访问实例成员。因此静态嵌套类和外部类（封装类）之间的联系就很少，它们之间可能也就是命名空间上的一些关联。上面例子中你需要注意的是静态嵌套类的声明方法 new A.B()。

（5）内部类的使用

内部类在使用时，有以下几点说明：

① 内部类主要用于封装一个类的声明在类的内部，减少类的暴露。

② 内部类的实例化：实例化时不需要出写对象，必须写的话为“new 外部类名. 内部类名()”；而不是“外部类名. new 内部类名()”。

③ 内部类的访问规则：内部类可以直接访问外部类中的成员，包括私有。之所以可以直接访问外部类中的成员，是因为内部类中持有了一个外部类的引用。外部类要访问内部类，必须建立内部类对象。

④ 当内部类定义在外部类的成员位置上，而且非私有，则在外部其他类中可以直接建立内部类对象。格式：“外部类名. 内部类名　变量名 = 外部类对象. 内部类对象”，如 Outer.Inner in = new Outer().new Inner();

⑤ 当内部类在成员位置上，就可以被成员修饰符所修饰。如 private：将内部类在外部类中进行封装。

⑥ 静态内部类：被 static 修饰后就具备了静态的特性。当内部类被 static 修饰后，只能直接访问外部类中的 static 成员，出现了访问局限。

a. 在外部其他类中，直接访问 static 内部类的非静态成员的方法为 new Outer.Inner().function();。

b. 在外部其他类中，直接访问 static 内部类的静态成员的方法为 Outer.Inner.function();。

c. 当内部类中定义了静态成员，该内部类必须是 static 的；当外部类中的静态方法访问内部类时，内部类也必须是 static 的。

⑦ 内部类想调用外部类的成员，需要使用“外部类名. this. 成员”，即 OutterClassName. this 表示外部类的对象。如果写成“this. 成员”，调用的还是内部类的成员（属性或方法）。

（6）匿名内部类的说明

内部类在使用过程中，用的较多的还是匿名内部类，在使用时，它有如下一些说明：

① 匿名内部类的格式：new 父类或者接口(){定义子类的内容}；如 new Pet(){}就叫匿名内部类，是继承于 Pet 类的子类或实现 Pet 接口的子类，并且同时创建了子类型实例，其中{}是子类的类体，可以写类体中的成员。

② 定义匿名内部类的前提：内部类必须是继承一个类或者实现接口。

③ 匿名内部类没有类名，其实匿名内部类就是一个匿名子类对象。而且这个对象有点胖，

可以理解为带内容的对象。

④ 在匿名内部类中只能访问 final 局部变量。

⑤ 匿名内部类中定义的方法最好不要超过 3 个。

4.5　Java 基本操作

4.5.1　数组

数组是 Java 中的对象，它用来存储多个相同类型的基本数据类型或者对象引用。

1. 声明数组

数组是通过说明它将要保存的元素类型来声明的，元素类型可以是对象或者基本类型。类型后面的方括号可以写在标识符的前面，也可以写在后面。推荐写在前面。

int[] number1 ；把方括号紧贴着类型写，会明确告诉读者声明的是一个对象，它的名字是 number1，它的类型是数组类型，而且是只能存储 int 类型的数组。 而 int number2[]写法是 C 程序员更喜欢的写法。

Java 中的二维数组就是一维数组中的每一个元素都还是一个数组，那么合起来就是二维数组了，以此类推。在声明数组时不能在方括号中写数组的长度，因为声明数组的过程并没有创建数组本身，只是定义了一个变量，但是变量并没被赋值。

2. 构建数组

构建数组意味着在堆上创建数组对象（所有的对象都存储在堆上，堆是一种内存存储结构，既然要存储就设计空间分配问题，因此此时需要指定数组的大小）。而此时虽然有了数组对象，但数组对象里还没有值。

构建数组意味着在堆上创建数组对象（所有的对象都存储在堆上，堆是一种内存存储结构，既然要存储就设计空间分配问题，此时需要指定数组的大小）。

```
int[] scores; //声明数组
scores=new int[34]; //创建数组
int[] i=new int[22]; //声明并创建数组

int[][] xy=new int[2][3]; //声明并创建二维数组
int[][] mn=new int[2][];  //声明并创建二维数组，只创建第一级数组也是可以的
mn[0]=int[4]; //分别定义第二级数组
mn[1]=int[5]; //他们的长度可以不同
```

3. 初始化数组 I 给数组赋值

初始化数组就是把内容放在数组中。数组中的内容就是数组的元素。他们可以是基本数据类型也可以是引用数据类型。如同引用类型的变量中保存的是指向对象的引用而不是对象本身一样。数组中保存的也是对象的引用而不是对象本身。

```
Pig[] pigs=new Pig[3];  //声明并创建猪数组
pigs[0]=new Pig();      //给每一个元素赋值，创建了三个猪对象，此时数组里才真正有了对象
pigs[1]=new Pig();      //数组用下标来赋值和访问，下标写在[]中，数组下标最大是声明数量减1
pigs[2]=new Pig();

int[] numbers={0,1,2,3,4,5,6,7,8,9};
Pig[] pigs={new Pig(),new Pig(),new Pig};
int[][] xy={{2,3},{4,5},{6,7}};

int[] numbers;
numbers={0,1,2,3,4,5,6,7,8,9};   //这样的写法在Java中是不允许的
int[] numbers;
numbers=new int[]{0,1,2,3,4,5,6,7,8,9};  //创建匿名数组并赋值
int[][] xy=new int[][]{{2,3},{4,5},{5,6}}; //创建二维匿名数组并赋值
int[] x=new int[3]{1,2,3};  //这样的写法是错误的
```

这样的写法多了个创建匿名数组的过程，创建匿名数组时不要在中括号中填写数组的大小，否则会报错。

4. 数组使用总结

数组在使用上，具有以下说明：

① 数组变量：是引用类型变量（不是基本变量）引用变量通过数组的内存地址位置引用了一个数组（数组对象），即栓到数组对象的绳子。

② 数组（数组对象）有 3 种创建（初始化）方式：

a. new int[10000]：给出元素数量，适合不知道具体元素或元素数量较多时。

b. new int[]{3,4,5}：不需要给出数量，直接初始化具体元素适合知道数组的元素。

c. {2,3,4}：静态初始化，是简化版，只能用在声明数组变量时直接初始化，不能用于赋值等情况。

③ 数组元素的访问：

a. 数组长度：长度使用属性访问，ary.length 获取数组下标。

b. 数组下标：范围是 0 ～ length-1，即[0,length)，超范围访问会出现下标越界异常。

c. 使用[index] 访问数组元素：ary[2]。

d. 迭代（遍历）：就是将数组元素逐一处理一遍的方法。

④ 数组默认初始化值：根据数组类型的不同，默认初始化值为：0（整数）、0.0（浮点数）、false（布尔类型）、\u0000（char 字符类型，显示无效果，相当于空格，编码为 0 的字符，是控制字符，强转为 int 时显示 0）、null（string 类型，什么都没有，空值的意思）。

⑤ 数组的复制：数组变量的赋值，并不会复制数组对象，是两个变量引用了同一个数组对象。数组复制的本质是创建了新数组，将原数组的内容复制过来。

⑥ 数组的扩容：创建新数组，新数组容量大于原数组，将原数组内容复制到新数组，并且丢弃原数组，简单说，就是更换更大的数组对象。System.arraycopy() 用于复制数组内容，简化版的数组复制方法是 Arrays.copyOf()方法。

4.5.2　字符串

程序开发的工作中 80%的操作都和字符串有关，字符串成了串，就形成了一个类，这个类就叫 String。

留意 String 的源代码，第一，String 永远不可能有子类，它的实例也是无法改变的。第二，String 实现了 CharSequence 接口，而这个接口在 Web 开发中还是经常可以看到的。

1. 字符串简介

String 是字符串类型，是引用类型，是“不可变”字符串，无线程安全问题。在使用过程中，它有以下几点说明：

① String 在设计之初，虚拟机就对它做了特殊的优化，将字符串保存在虚拟机内部的字符串常量池中。一旦我们要创建一个字符串，虚拟机先去常量池中检查是否创建过这个字符串，如有则直接引用。String 对象因为有了上述的优化，就要保证该对象的内容自创建开始就不能改变，所以对字符串的任何变化都会创建新的对象，而不是影响以前的对象，

② String 的 equals 方法：两个字符串进行比较时，我们通常使用 equals 方法进行比较，字符串重写了 Object 的 equals 方法，用于比较字符串内容是否一致。虽然 Java 虚拟机对字符串进行了优化，但是我们不能保证任何时候“==”都成立。

③ 字符串比较：当一个字符串变量和一个字面量进行比较时，用字面量.equals 方法和变量进行比较，即 if("Hello".equals(str))，因为这样不会产生空指针异常。而反过来用，即 if(str.equals("Hello"))时，则不能保证变量不是 null，若变量是 null，在调用其 equals 方法时会引发空指针异常，导致程序退出。若都为变量，也可使用 if(str!=null&&str.equals(str1))。

④ String 另一个特有的 equals 方法：euqalsIgnoreCase，该方法的作用是忽略大小写比较字符串内容，常用环境：验证码。if("hello".equalsIgnoreCase(str))。

String str ="abc";和 String str=new String("abc");是有区别的，前者是直接创建一个字符串，后者是通过对象创建字符串，指向一个新地址。

2. 创建字符串对象

```
String s1=new String("第一个字符串");
String s2="String";
```

以上是创建字符串的两种方法，第一种是常规写法，创建一个对象可以用 new 跟上个构造函数完成。第二种是字符串对象的特殊写法，主要是字符串太常用，所以 Java 在语言级别对其做了特殊照顾。第二种写法最常用，且效率高。

3. 字符串操作中的加号

我们经常要把两个或者更多的字符串拼接成一个字符串，除了普通的连接字符串的方法以外，Java 语言专门为 String 提供了一个字符串连接符号“+”，下面看一个例子：

```
public class StringTest {
public static void main(String[] args) {
    String s1="abc";
```

```
        String s2="xyz";
        String s3=s1.concat(s2);     //第一种，用方法连接两个字符串
        String s4=s1+s2;             //第二种，用+号连接
        System.out.println(s1);
        System.out.println(s3);
        System.out.println(s4);
        int i=1;
        int j=2;
        String s5="3";
        System.out.println(i+j+s5); //第一个加号是数字和数字相加，是算术运算；第二个加号
                                    //是数字和字符串相加，是连接操作
        System.out.println(""+i+j+s5); //为了保证都是字符串连接，在前面加一个空串
    }
}
```

4. 字符串中的常用方法

字符串中的常用方法如表 4.8 所示。

表 4.8　字符串的常用方法

方 法 名	说　明
charAt()	返回位于指定索引处的字符串
concat()	将一个字符串追加到另一个字符串的末尾
equalseIgnoseCase()	判断两个字符串的相等性，忽略大小写
length()	返回字符串中的字符个数
replace()	用新字符代替指定的字符
substring()	返回字符串的一部分
toLowerCase()	将字符串中的大写字符转换成小写字符返回
toString()	返回字符串的值
toUpperCase()	将字符串中的小写字符转换成大写字符返回。
trim()	删除字符串前后的空格
splite()	将字符串按照指定的规则拆分成字符串数组

4.5.3　集合

讲集合 collection 之前，先认识 3 个概念。

① colection 集合：用来表示任何一种数据结构。

② Collection 集合接口：指的是 java.util.Collection 接口，是 Set、List 和 Queue 接口的超类接口；

③ Collections 集合工具类：指的是 java.util.Collections 类。

本文中的集合指的是小写的 collection，集合有 4 种基本形式，其中前 3 种的父接口是 Collection。

① List：关注事物的索引列表。

② Set：关注事物的唯一性。

③ Queue：关注事物被处理时的顺序。

④ Map：关注事物的映射和键值的唯一性。

1. Collection 接口

Collection 接口是 Set、List 和 Queue 接口的父接口，提供了多数集合常用的方法声明，包括 add()、remove()、contains()、size()、iterator() 等。集合中的常用方法如表 4.9 所示。

表 4.9　字符串的常用方法

方　法　名	说　　明
add(E e)	将指定对象添加到集合中
remove(Object o)	将指定的对象从集合中移除，移除成功返回 true，不成功返回 false
contains(Object o)	查看该集合中是否包含指定的对象，包含返回 true，不包含返回 flase
size()	返回集合中存放的对象的个数。返回值为 int
clear()	移除该集合中的所有对象，清空该集合。
iterator()	返回一个包含所有对象的 iterator 对象，用来循环遍历
toArray()	返回一个包含所有对象的数组，类型是 Object
toArray(T[] t)	返回一个包含所有对象的指定类型的数组

在这里只列举一个把集合转成数组的例子，因为 Collection 本身是个接口，所以用它的实现类 ArrayList 来实现这个例子：

```
import java.util.ArrayList;
import java.util.Collection;
public class CollectionTest {
public static void main(String[] args) {
    String a="a",b="b",c="c";
    Collection list=new ArrayList();
    list.add(a);
    list.add(b);
    list.add(c);
    String[] array=list.toArray(new String[1]);
    for(String s : array){
        System.out.println(s);
    }
 }
}
```

2. 重要的集合接口简介

（1）List 接口

List 与其他集合相比，特有的是和索引相关的一些方法：get(int index)、add(int index,Object o)、indexOf(Object o) 。

ArrayList 可以将它理解成一个可增长的数组，它提供快速迭代和快速随机访问的能力。

LinkedList 中的元素之间是双链接的，当需要快速插入和删除时，LinkedList 成为 List 中的不二选择。

Vector 是 ArrayList 的线程安全版本，性能比 ArrayList 要低，现在已经很少使用。

（2）Set 接口

Set 集合中的元素是无序的，用于存储不重复的对象集合。在 Set 集合中存储的对象中，不存在两个对象 equals 比较为 true 的情况。

① HashSet 和 TreeSet 是 Set 集合的两个常见的实现类，分别用 hash 表和排序二叉树的方式实现了 Set 集合。HashSet 是使用散列算法实现 Set 的。

② Set 集合没有 get(int index)方法，我们不能像使用 List 那样，根据下标获取元素。想获取元素需要使用 Iterator。

③ 向集合添加元素也使用 add 方法，但是 add 方法不是向集合末尾追加元素，因为无序。

④ 宏观上讲：元素的顺序和存放顺序是不同的，但是在内容不变的前提下，存放顺序是相同的，但在使用时，要当作是无序的使用。

⑤ hashCode 对 HashSet 的影响：若我们不重写 hashCode，那么使用的就是 Object 提供的，而该方法是返回地址（句柄），换句话说，就是不同的对象，hashCode 不同。

⑥ 对于重写了 equals 方法的对象，强烈要求重写继承自 Object 类的 hashCode 方法的，因为重写 hashCode 方法与否会对集合操作有影响。

⑦ 重写 hashCode 方法需要注意两点：

a. 与 equals 方法的一致性，即 equals 比较返回为 true 的对象其 hashCode 方法返回值应该相同。

b. hashCode 返回的数值应该符合 hash 算法要求，如果有很多对象的 hashCode 方法返回值都相同，则会大大降低 hash 表的效率。一般情况下，可以使用 IDE（如 Eclipse）提供的工具自动生成 hashCode 方法。

⑧ boolean contains(Object o)方法：查看对象是否在 set 中被包含。虽然有新创建的对象，但是通过散列算法找到位置后，和里面存放的元素进行 equals 比较为 true，所以依然认为是被包含的。

⑨ HashCode 方法和 equals 方法都重写时对 hashSet 的影响：将两个对象同时放入 HashSet 集合，发现存在，不再放入（不重复集）。当我们重写了 Point 的 equals 方法和 hashCode 方法后，我们发现虽然 p1 和 p2 是两个对象，但是当我们将它们同时放入集合时，p2 对象并没有被添加进集合。因为 p1 在放入后，p2 放入时根据 p2 的 hashCode 计算的位置相同，且 p2 与该位置的 p1 的 equals 比较为 true，hashSet 认为该对象已经存在，所以拒绝将 p2 存入集合。

⑩ 不重写 hashCode 方法，但是重写了 equals 方法对 hashSet 的影响：两个对象都可以放入 HashStet 集合中，因为两个对象具有不用的 hashCode 值，那么当他们在放入集合时，通过 hashCode 值进行的散列算法结果就不同。那么他们会被放入集合的不同位置，位置不相同，HashSet 则认为它们不同，所以他们可以全部被放入集合。

⑪ 重写了 hashCode 方法，但是不重写 equals 方法对 hashSet 的影响：在 hashCode 相同的情况下，在存放元素时，它们会在相同的位置，hashSet 会在相同位置上将后放入的对象与该位置其他对象一次进行 equals 比较，若不相同，则将其存入在同一个位置存入若干元素，这些元素会被放入一个链表中。由此可以看出，我们应该尽量使得多种类的不同对象的 hashcode 值不同，这样才可以提高 HashSet 在检索元素时的效率，否则可能检索效率还不如 List。

⑫ 结论：不同对象存放时，不会保存 hashCode 相同并且 equals 相同的对象，缺一不可。

否则 HashSet 不认为他们是重复对象。

⑬ Set 关心唯一性，它不允许重复。

a. HashSet：当不希望集合中有重复值，并且不关心元素之间的顺序时可以使用此类。

b. LinkedHashset：当不希望集合中有重复值，并且希望按照元素的插入顺序进行迭代遍历时可采用此类。

c. TreeSet：当不希望集合中有重复值，并且希望按照元素的自然顺序进行排序时可以采用此类（自然顺序意思是某种和插入顺序无关，而是和元素本身的内容和特质有关的排序方式，譬如“abc”排在“abd”前面。）。

（3）Queue 接口

队列（Queue）是常用的数据结构，可以将队列看成特殊的线性表，队列限制了对线性表的访问方式：只能从线性表的一端添加（offer）元素，从另一端取出（poll）元素。Queue 接口位于包 java.util.Queue 中。

① 队列遵循先进先出原则：FIFO（First Input First Output）队列不支持插队，插队是不道德的。

② JDK 中提供了 Queue 接口，同时使得 LinkedList 实现了该接口（选择 LinkedList 实现 Queue 的原因在于 Queue 经常要进行插入和删除的操作，而 LinkedList 在这方面效率较高）。

③ 常用方法：

a. boolean offer(E e)：将一个对象添加至队尾，如果添加成功则返回 true。

b. poll()：从队列中取出元素，取得的是最早的 offer 元素，从队列中取出元素后，该元素会从队列中删除。若方法返回 null，说明队列中没有元素。

c. peek()：获取队首的元素（不删除该元素）。

（4）Map 接口

Map 接口定义的集合又称为查找表，用于存储所谓“Key-Value”键值对。Key 可以看成是 Value 的索引。而往往 Key 是 Value 的一部分内容。

① Key 不可以重复，但所保存的 Value 可以重复。

② 根据内部结构的不同，Map 接口有多种实现类，其中常用的有内部为 hash 表实现的 HashMap 和内部为排序二叉树实现的 TreeMap。同样这样的数据结构在存放数据时，也不建议存放两种以上的数据类型，所以，通常我们在使用 Map 时也要使用泛型约束存储内容的类型。

③ 创建 Map 时使用泛型，这里要约束两个类型，一个是 key 的类型，一个是 value 的类型。

④ 若给定的 key 在 map 中不存在则返回 null，所以，原则上在从 map 中获取元素时要先判断是否有该元素，之后再使用，避免空指针异常的出现。Map 在获取元素时非常有针对性，集合想获取元素需要遍历集合内容，而 Map 不需要，你只要给他特定的 key 就可以获取该元素。

⑤ 遍历 HashMap 方式一：获取所有的 key 并根据 key 获取 value 从而达到遍历的效果（即迭代 Key）。keySet()方法是 HashMap 获取所有 key 的方法，该方法可以获取保存在 map 下所有的 key 并以 Set 集合的形式返回。

⑥ Map 关心的是唯一的标识符。他将唯一的键映射到某个元素。当然键和值都是对象。

a. HashMap：当需要键值对表示，又不关心顺序时可采用 HashMap。

b. Hashtable：注意 Hashtable 中的 t 是小写的，它是 HashMap 的线程安全版本，现在已经很少使用。

c. LinkedHashMap：当需要键值对，并且关心插入顺序时可采用它。

d. TreeMap：当需要键值对，并关心元素的自然排序时可采用它。

（5）List、Map、Set 的特点

① List：是有序的 Collection，使用此接口能够精确地控制每个元素插入的位置。用户能够使用索引（元素在 List 中的位置，类似于数组下标）来访问 List 中的元素，这类似于 Java 的数组。

② Set：是一种不包含重复的元素的 Collection，即任意的两个元素 e1 和 e2 都有 e1.equals(e2)=false，Set 最多有一个 null 元素。

③ Map：请注意，Map 没有继承 Collection 接口，Map 提供 key 到 value 的映射。

3. ArrayList 的使用

ArrayList 是一个可变长的数组实现，读取效率很高，是最常用的集合类型。

（1）ArrayList 的创建

在 Java5 版本之前我们使用：

```
List list=new ArrayList();
```

在 Java5 版本之后，我们使用带泛型的写法：

```
List<String> list=new ArrayList<String>();
```

上面的代码定义了一个只允许保存字符串的列表，尖括号括住的类型就是参数类型，也称泛型。带泛型的写法给了我们一个类型安全的集合。

（2）ArrayList 的使用

```
List<String> list=new ArrayList<String>();
list.add("第 1 个字符串");
list.add("第 2 个字符串");
list.add("第 3 个字符串");
list.add("第 4 个字符串");
list.add("第 5 个字符串");
System.out.println(list.size());
System.out.println(list.contains(1));
System.out.println(list.remove("第 3 个字符串"));
System.out.println(list.size());
```

关于 List 接口中的方法和 ArrayList 中的方法，大家可以看看 JDK 中的帮助。

（3）基本数据类型的的自动装箱

我们知道集合中存放的是对象，而不能是基本数据类型，在 Java5 之后可以使用自动装箱功能，更方便的导入基本数据类型。

```
List<Integer> list=new ArrayList<Integer>();
list.add(new Integer(42));
list.add(43);
```

（4）ArrayList 的排序

ArrayList 本身不具备排序能力，但是我们可以使用 Collections 类的 sort 方法使其排序。看一个例子：

```
import java.util.ArrayList;
```

```
import java.util.Collections;
import java.util.List;
public class Test {
public static void main(String[] args) {
    List<String> list = new ArrayList<String>();
    list.add("第 1 个字符串");
    list.add("第 2 个字符串");
    list.add("第 3 个字符串");
    list.add("第 4 个字符串");
    list.add("第 5 个字符串");
    System.out.println("排序前: "+ list);
    Collections.sort(list);
    System.out.println("排序后: "+ list);
}
}
```

（5）数组和 List 之间的转换

从数组转换成 list，可以使用 Arrays 类的 asList()方法：

```
import java.util.ArrayList;
import java.util.Collections;
import java.util.List;
public class Test {
public static void main(String[] args) {
        String[] sa={"one","two","three","four"};
        List list=Arrays.asList(sa);
        System.out.println("list:"+list);
        System.out.println("list.size()="+list.size());
}
}
```

（6）Iterator 和 for-each

在 for-each 出现之前，想遍历 ArrayList 中的每个元素时会使用 Iterator 接口：

```
import java.util.Arrays;
import java.util.Iterator;
import java.util.List;
public class Test {
public static void main(String[] args) {
    //Arrays 类为我们提供了一种 list 的便捷创建方式
    List<String> list=Arrays.asList("one", "two", "three", "four");
    //转换成 Iterator 实例
    Iterator<String> it=list.iterator();
    //遍历
    while (it.hasNext()) {
        System.out.println(it.next());
    }
}
}
```

在 for-each 出现之后，遍历变得简单一些：

```
import java.util.Arrays;
import java.util.Iterator;
```

```
import java.util.List;
public class Test {
public static void main(String[] args) {
    //Arrays 类为我们提供了一种 list 的便捷创建方式
    List<String> list=Arrays.asList("one", "two", "three", "four");
    for(String s : list) {
        System.out.println(s);
    }
}
}
```

4. Map 接口

Map 接口的常用方法如表 4.10 所示。

表 4.10 Map 接口的常用方法

方法名	说明
put(K key, V value)	向集合中添加指定的键值对
putAll(Map <? extends K,? extends V> t)	把一个 Map 中的所有键值对添加到该集合
containsKey(Object key)	如果包含该键，则返回 true
containsValue(Object value)	如果包含该值，则返回 true
get(Object key)	根据键，返回相应的值对象
keySet()	将该集合中的所有键以 Set 集合形式返回
values()	将该集合中所有的值以 Collection 形式返回
remove(Object key)	如果存在指定的键，则移除该键值对，返回键所对应的值，如果不存在则返回 null
clear()	移除 Map 中的所有键值对，或者说就是清空集合
isEmpty()	查看 Map 中是否存在键值对
size()	查看集合中包含键值对的个数，返回 int 类型

因为 Map 中的键必须是唯一的，所以虽然键可以是 null，只能有一个键是 null，而 Map 中的值可没有这种限制，值为 null 的情况经常出现，因此 get(Object key)方法返回 null,有两种情况一种是确实不存在该键值对，二是该键对应的值对象为 null。为了确保某 Map 中确实有某个键，应该使用的方法是 containsKey(Object key) 。

5. HashMap

HashMap 是最常用的 Map 集合，它的键值对在存储时要根据键的哈希码来确定值放在哪里。

① HashMap 的基本使用：

```
import java.util.Collection;
import java.util.HashMap;
import java.util.Map;
import java.util.Set;
public class Test {
public static void main(String[] args) {
    Map<Integer,String> map = new HashMap<Integer,String>();
```

```
        map.put(1, "白菜");
        map.put(2, "萝卜");
        map.put(3, "茄子");
        map.put(4, null);
        map.put(null, null);
        System.out.println("map.size()="+map.size());
        System.out.println("map.containsKey(1)="+map.containsKey(2));
        System.out.println("map.containsKey(null)="+map.containsKey(null));
        System.out.println("map.size()="+map.size());
        System.out.println("map.containsKey(1)="+map.containsKey(2));
        System.out.println("map.containsKey(null)="+map.containsKey(null));
        System.out.println("map.get(null)="+map.get(null));
        System.out.println("map.get(2)="+map.get(2));
        map.put(null, "黄瓜");
        System.out.println("map.get(null)="+map.get(null));
        Set set=map.keySet();
        System.out.println("set="+set);
        Collection<String> c=map.values();
        System.out.println("Collection="+c);
    }
}
```

编译并运行程序，查看结果：

```
map.size()=5
map.containsKey(1)=true
map.containsKey(null)=true
map.get(null)=null
map.get(2)=萝卜
map.get(null)=黄瓜
set=[null, 1, 2, 3, 4]
Collection=[黄瓜, 白菜, 萝卜, 茄子, null]
```

② HashMap 中作为键的对象必须重写 Object 的 hashCode()方法和 equals()方法。

4.5.4　异常处理

软件开发中有 80%的工作是用来检查和处理错误，而检查并处理错误很多时候是一件枯燥无趣的事情，如果在语言级别提供一些帮助的话，会减轻一些程序员的负担。而 Java 提供了一套比较优秀的异常处理机制：

① 使开发人员不必编写特殊代码来测试返回值就能发现问题。

② 在语法结构就把正常的代码和异常处理的代码清晰的分开来。

③ 允许我们使用相同的异常处理代码来处理一定范围内的所有异常。

这种处理以期产生一种高效的、有组织的异常处理方式。

1. 异常及异常的分类

异常是指在程序中出现的异常状况，在 Java 中异常被抽象成一个叫做 Throwable 的类。

其中如果程序出错并不是由程序本身引起的，而是硬件等其他原因引起的，我们称为 Error，一般情况下 Error 一旦产生，对程序来说都是致命的错误，程序本身无能为力，所以我们可以不对 Error 做出任何处理和响应。

如果是由程序引起的异常，我们称为 Exception，而把运行时才会出现的异常称为 RuntimeException。RuntimeException 不能在程序编写阶段加以事先处理，而其他异常则可以在程序编写和编译阶段加以事先检查和处理，我们把这种异常称为检验异常。

异常结构中的父类 Throwable 类，其下有子类 Exception 类和 Error 类。我们在程序中可以捕获的是 Exception 的子类异常。Error 系统级别的错误是 Java 运行时环境出现的错误，不可人为控制。Exception 是程序级别的错误，可人为控制。

① 异常处理语句：try-catch，如果 try 块捕获到异常，则到 catch 块中处理，否则跳过忽略 catch 块（开发中，一定有解决的办法才写，无法解决就向上抛 throws）。

```
try{ //关键字，只能有一个 try 语句
    //可能发生异常的代码片段
}catch(Exception e){
    //列举代码中可能出现的异常类型，可有多个 catch 语句
    //当出现了列举的异常类型后，在这里处理，并有针对性地处理
}
```

② 良好的编程习惯，在异常捕获机制的最后书写 catch(Exception e)（父类，顶极异常）捕获未知的错误（或不需要针对处理的错误）。

③ catch 的捕获是由上至下的，所以不要把父类异常写在子类异常的上面，否则子类异常永远没有机会处理，在 catch 块中可以使用方法获取异常信息：

a. getMessage()方法：用来得到有关异常事件的信息。

b. printStackTrace()方法：用来跟踪异常事件发生时执行堆栈的内容。

④ throw 关键字：用于主动抛出一个异常。

当方法出现错误时（不一定是真实异常），这个错误我们不应该去解决，而是通知调用方法去解决时，会将这个错误告知外界，而告知外界的方式就是 throw 异常（抛出异常），catch 语句中也可抛出异常。虽然不解决，但要捕获，然后抛出去。

我们常在方法中主动抛出异常，但不是什么情况下都应该抛出异常。原则上，自身决定不了的应该抛出。

方法通常有参数，调用者在调用我们的方法帮助解决问题时，通常会传入参数，若我们方法的逻辑是因为参数的错误而引发的异常，应该抛出，若是自身的原因应该自己处理。

```
    try{//关键字，只能有一个 try 语句
            可能发生异常的代码片段
    }catch(Exception e){//列举代码中可能出现的异常类型，可有多个 catch 语句
        当出现了列举的异常类型后，在这里处理，并有针对性地处理
    }
public static void main(String[] args) {
    try{/*通常我们调用方法时需要传入参数的话，那么这些方法，JVM 都不会自动处理异常，而是将
        错误抛给我们解决*/
        String result=getGirlFirend("女神");
        System.out.println("追到女神了么？ "+result);
    }catch(Exception e){
    System.out.println("没追到");//我们应该在这里捕获异常并处理。
    }
}
```

```
public static String getGirlFirend(String name){
    try{
    if("春哥".equals(name)){
        return "行";
        }else if("曾哥".equals(name)){
            return "行";
        }else if("我女朋友".equals(name)){
            return "不行";
        }else{
            /*当出现错误(不一定是真实异常)时，可以主动向外界抛出一个异常*/
            throw new RuntimeException("人家不干，");
        }
    }catch(NullPointerException e){
        throw e;//出了错不解决，抛给调用者解决
    }
}
```

⑤ throws 关键字：不希望直接在某个方法中处理异常，而是希望调用者统一处理该异常。声明方法时，我们可以同时声明可能抛出的异常种类，通知调用者强制捕获。就是所谓的“丑话说前面”。原则上 throws 声明的异常，一定要在该方法中抛出。否则没有意义。相反的，若方法中我们主动通过 throw 抛出一个异常，应该在 throws 中声明该种类异常，通知外界捕获。注意 throw 和 throws 关键字的区别：抛出异常和声明抛出异常。不能在 main 方法上 throws，因为调用者 JVM 直接关闭程序。

⑥ 捕获异常两种方式：上例 SimpleDataFormat 的 parse 方法在声明时就是用了 throws，强制我们调用 parse 方法时必须捕获 ParseException，我们的做法有两种：一是添加 try-catch 捕获该异常，二是在方法中声明出也追加这种异常的抛出（继续往外抛）。

⑦ Java 中抛出异常过程：Java 虚拟机在运行程序时，一旦在某行代码运行时出现了错误，JVM 会创建这个错误的实例，并抛出。这时 JVM 会检查出错代码所在的方法是否有 try 捕获，若有，则检查 catch 块是否有可以处理该异常的能力（看能否把异常实例作为参数传进去，看有没有匹配的异常类型）。若没有，则将该异常抛给该方法的调用者（向上抛）。以此类推，直到抛至 main 方法外仍没有解决（即抛给了 JVM 处理）。那么 JVM 会终止该程序。

⑧ java 中的异常 Exception 分为：

a. 非检测异常（RuntimeException 子类）：编译时不检查异常。若方法中抛出该类异常或其子类，那么声明方法时可以不在 throws 中列举该类抛出的异常。常见的运行时异常有 NullPointerException、IllegalArgumentException、ClassCastExceptio 等。

b. 可检测异常（非 RuntimeException 子类）：编译时检查，除了运行时异常之外的异常，都是可检查异常，则必须在声明方法时用 throws 声明出可能抛出的异常种类。

⑨ finally 块：finally 块定义在 catch 块的最后（所有 catch 最后），且只能出现一次，无论程序是否出错都会执行的块，通常在 finally 语句中进行资源的消除工作，如关闭打开的文件、删除临时文件等。

⑩ 重写方法时的异常处理。如果使用继承时，在父类别的某个地方上宣告了 throws 某些异常，而在子类别中重新定义该方法时，可以：不处理异常（重新定义时不设定 throws）、可仅 throws 父类别中被重新定义的方法上的某些异常（抛出一个或几个）、可 throws 被重新定义的方法上的异常之子类别（抛出异常的子类）。但不可以： throws 出额外的异常；throws 被重

新定义的方法上的异常之父类别（抛出了异常的父类）。

2. 异常的处理

异常的常见处理语句是 try ... catch ... finally。异常处理的规则如下：

① try 用于定义可能发生异常的代码段，这个代码块被称为监视区域，所有可能出现检验异常的代码写在这里。

② catch 代码段紧跟在 try 代码段后面，中间不能有任何其他代码。

③ try 后面可以没有 catch 代码段，这实际上是放弃了捕捉异常，把异常捕捉的任务交给调用栈的上一层代码。

④ try 后面可以有一个或者多个 catch 代码段，如果有多个 catch 代码段那么程序只会进入其中某一个 catch。

⑤ catch 捕捉的多个异常之间有继承关系的话，要先捕捉子类后捕捉父类。

⑥ finally 代码段可以要也可以不要。

⑦ 如果 try 代码段没有产生异常，那么 finally 代码段会被立即执行，如果产生了异常，那么 finally 代码段会在 catch 代码段执行完成后立即执行。

⑧ 可以只有 try 和 finally 没有 catch。

3. 常见异常

Java 中常见的异常如表 4.11 所示。

表 4.11　常见的异常

方　法　名	说　　明
ArrayIndexOfBoundsException	数组下标越界异常
ClassCastException	强制转换类失败异常
IllegalArgumentException	方法参数类型传入异常
IllegalStateException	非法的设备状态异常
NullPointException	传说中的空指针异常，如果一个对象不存在，对这个对象进行任何操作，都会出现该异常
NumberFormatException	把字符串转成数字失败时出现的数字格式异常
AssertionError	断言错误

4.5.5　Java 程序案例

由于篇幅的原因，本章仅仅介绍了在 Web 程序中所需要的 Java 基本知识点，关于 Java 中的其他知识点，如多线程、网络编程等都没有介绍，感兴趣的读者可以查阅相关资料。

在本章的最后，我们以一个具体的 Java 程序为案例，让读者理解 Java 中程序开发的相关基本知识。

1. 程序需求

① 设计一个 Person 类，该类拥有姓名、年龄、性别等基本信息，运用面向对象的封装的

基本概念，将成员变量私有化。

② 设计一个 Study 接口，该接口拥有一个 studyHard 的方法。

③ 设计一个 Student 类，要求改类继承自 Person 类，实现 Study 接口，同时该类有一个学号信息，要求学生学号自增，并且学号由系统提供，不可设置。

④ 设计一个自带 mai 方法的类，要求将学生的基本信息输出。

2. 父类的实现

父类即为程序的 Person 类，其实现的代码如下：

```
package com.pc.student;
public class Person {
    private String name;
    private int age;
    private String sex;

    public Person(String name,int age,String sex) {
        this.name=name;
        this.age=age;
        this.sex=sex;
    }
    public Person() {
    }

    public String getName() {
        return name;
    }
    public void setName(String name) {
        this.name=name;
    }
    public int getAge() {
        return age;
    }
    public void setAge(int age) {
        this.age=age;
    }
    public String getSex() {
        return sex;
    }
    public void setSex(String sex) {
        this.sex=sex;
    }

}
```

3. Study 接口的实现

Study 接口的实现比较简单，只需要写一个方法即可，代码如下：

```
package com.pc.student;
```

```
public interface Study {
    public void studyHard();
}
```

4. Student 的实现

Student 类需要继承自 Person 类，实现 Study 接，在实现的过程中，注意一下内容的优化，尽量减少重复代码的使用。设计的代码如下：

```
package com.pc.student;
public class Student extends Person implements Study{

    private int stuId;
    private static int ID=1001;
    public Student(String name,int age,String sex) {
        //提交到父类中
        super(name,age,sex);
        //id 自增
        this.stuId=ID;
        ID++;
    }
    public Student() {
        this.stuId=ID;
        ID++;
    }
    @Override
    public void studyHard() {
        System.out.println("----------------------分割线----------------------");
        System.out.println(getName() + "正在努力学习，他的基本信息为: \n"
                + "学号: " + getStuId() + "\t 姓名: " + getName()
                + ",\t 年龄: " + getAge() + "\t 性别: " + getSex() ) ;
    }
    public int getStuId() {
        return stuId;
    }
}
```

5. 测试类

学生信息输出就是一个测试类，这里将学生信息存储到 ArrayList 中，最后用 for-each 循环打印输出。其代码如下：

```
package com.pc.student;
import java.util.ArrayList;
import java.util.List;

public class JavaMain {
    public static void main(String[] args) {
        List<Student> list=new ArrayList<Student>();

        //学生 1
```

```
        Student stu1=new Student();
        stu1.setName("张三");
        stu1.setAge(20);
        stu1.setSex("男");
        list.add(stu1);

        //学生 2
        Student stu2=new Student("李四", 22, "男");
        list.add(stu2);

        //学生 3
        Student stu3=new Student("Kate", 20, "女");
        list.add(stu3);

        for (Student stu:list) {
            stu.studyHard();
        }
    }
}
```

最终，将学生的信息打印输出，如图 4.1 所示。

```
----------------------分割线----------------------
张三正在努力学习，他的基本信息为：
学号：1001        姓名：张三，      年龄：20          性别：男
----------------------分割线----------------------
李四正在努力学习，他的基本信息为：
学号：1002        姓名：李四，      年龄：22          性别：男
----------------------分割线----------------------
Kate正在努力学习，他的基本信息为：
学号：1003        姓名：Kate，      年龄：20          性别：女
```

图 4.1　Java 案例的效果图

本章小结

本章是为后面的 Web 后端技术的学习做铺垫的，也是方便读者对 Java 知识有一个基本的理解，如果读者对 Java 感兴趣，可以自行阅读相关资料。课本上的程序也希望读者能够花时间去练习，增加对 Java 的了解。

第5章 Servlet基础

用户在浏览器中输入一个网址并回车，浏览器会向服务器发送一个 HTTP 请求。服务器端程序接受这个请求，并对请求进行处理，然后发送一个回应。浏览器收到回应，再把回应的内容显示出来。这种请求-响应模式（Request-Response）就是典型的 Web 应用程序访问过程。

在本书的 Web 应用程序中，处理请求并发送响应的过程可以用 Servlet 和 JSP 来完成，本章将重点讲解 Servlet 的基本知识。Servlet 基本都是由 Java 语句组成的，可以处理表单及用户提交的任何数据。

5.1 Web 基本架构

Servlet 是一个没有 main 方法的类，它主要运行在另外一个 Java 容器内，这个容器也通常称为 Web 服务器，本书的容器为 Tomcat。当用户提交请求访问服务器时，Tomcat 可以调用相关的 Servlet 方法来完成处理的过程。

5.1.1 Servlet 的工作流程

浏览器通过 HTTP 协议传递信息到服务器，服务器中的 Tomcat 接收信息并解析，将 HTTP 所有的头数据封装成 HttpServletRequest 类型的 request 对象，并通过 request 对象查询相关内容。同时，Tomcat 根据用户的请求，将 Servlet 中的响应输出流封装为 HttpServletResponse 类型的 response 对象，并通过 response 对输出内容做处理，将请求的内容返回到用户浏览器中。Servlet 在这个过程中主要起到处理业务逻辑的作用，如数据库的存取、业务处理、访问控制等。

1. Servlet 简介

Servlet 是一种用来扩展 Web 服务器功能的组件规范。早期的 Web 服务器有：Apache 的 Web Server、微软的 IIS。这些服务器只能够处理静态资源（即需要事先将 HTML 文件写好），不能处理动态资源的请求（即需要依据请求参数然后进行计算，生成相应的页面）。

为了让这些 Web 服务器能够处理动态资源的请求，需要扩展它们的功能。早期使用的是 CGI（Common Gateway Interface，通用网关接口）技术，可以使用很多语言编写，如 perl、C/C++ 等来开发 CGI 程序。但是 CGI 程序有几个问题，如开发比较复杂（因为需要程序员自己去分析请求参数）、性能不佳（因为当 Web 服务器收到请求之后，会启动一个 CGI 进程来处理请求）、CGI 程序依赖平台（可移植性不好）。

现在，可以使用 Servlet 来扩展。当浏览器将请求发送给 Web 服务器（如 Apcahe 的 Web Server），

Web 服务器会向 Servlet 容器发送请求，Servlet 容器负责解析请求数据包。当然，也包括网络通信相关的一些处理，然后将解析之后的数据交给 Servlet 来处理（Servlet 只需要关注具体的业务处理，不用关心网络通信相关的问题）。

2. GET 请求和 POST 请求

Servlet 在处理这些请求时，支持 GET、POST、OPTIONS、HEAD、PUT、DELETE 以及 TRACE 等 Web 访问方式。最常用的两种访问方式是 GET 和 POST 方式，其他几种方式不常用，所以不做介绍。

（1）调用 get 方式请求的情况

① 直接在浏览器地址栏中输入某个地址。

② 点击链接地址。

③ 表单默认的提交方法：<form method="get(默认)/post">。

（2）调用 post 方法请求的情况

设置表单的 method 属性值为“post”。

（3）get 请求的特点

① get 请求会将请求参数添加到请求资源路径的后面，因为请求行存放的数据大小有限（也就是地址栏的最长字节数），所以 get 请求只能提交少量的数据。

② get 请求会将请求参数显示在浏览器地址栏，不安全（如路由器会记录整个地址）。

（4）post 请求的特点

① post 请求会将请求参数添加到实体内容里面，所以，可以提交大量的数据。

② post 请求不会将请求参数显示在浏览器地址栏，相对安全一些。但是，post 请求并不会对请求参数进行加密处理，用 HTTPS 协议进行加密处理。

（5）其他说明

① Web 服务器不关心是用浏览器还是 Java 程序发送的请求，只要符合协议格式，都会处理。

② GET 方式请求对 URL 的长度限制在 255 字符以内，并将参数显示在浏览器中，因此超链接属于 GET 请求。Servelt 处理 GET 请求时，需要 doGet 方法。

③ POST 方式的请求信息不会显示在浏览器中，同时也没有字符长度的限制，一般用于提交大数据或文件，保密性较好。Servlet 处理 POST 请求时，需要调用 doPost 方法。

3. 容器（Tomcat）

在 Servlet 处理过程中，能够让 Servlet 正常工作最重要的部分就是容器（Tomcat），使用 Tomcat 进行管理和运行 Servlet，可能会带来一些额外的内存消耗，但是这么做有如下优势：

① 提供通信支持服务。Tomcat 作为 Web 服务器，可以提供很好的通信支持服务，让 Servlet 直接操作 Web 服务器中的方法，无须对各种服务进行管理。

② 提供 Servlet 的生命周期管理。由于 Java 虚拟机对进行的管理还不是足够的优化，在此基础上让 Tomcat 对 Servlet 的生命周期进行管理，可以根据实际情况加载类、实例化、初始化、调用方法和结束进程。有利于服务器的优化，减少 Servlet 的负担。

③ 提供多线程支持。Tomcat 会根据用户的需求为每一个 Servlet 开辟一个新的 Java 进程，

创建和管理多个进程的处理请求，无须考虑多用户的情况。

④ 提供安全的运行方式。Tomcat 可以使用 XML 文件对工程进行部署和配置，同时 Servlet 是运行在 Tomcat 中，只需要做好 Tomcat 的安全工作，即可避免大部分的网络攻击。

⑤ 提供 JSP 支持。Tomcat 不仅可以支持 Servlet 的运行，同时，它也支持 JSP 的编译运行。

总之，Tomcat 的工作方式可以使得在开发 Web 软件的过程中，用户无须关注网络层的处理，只需要做好业务逻辑处理即可。

4. Servlet 生命周期

在 Servlet 的运行过程中，它的生命周期主要由以下 5 部分组成：

① Servlet 类加载。由 Web 容器负责对 Servlet 编译后的 class 文件进行加载。

② Servlet 实例化。由 Web 容器调用 Servlet 的无参构造函数的运行，负责对 Servlet 进行实例化的操作。

③ 调用 init 方法。Servlet 只调用一次 init 方法，并在用户数据处理前，对 Servlet 中的内容进行初始化操作。

④ 调用 service 方法。包括常见的 Servlet 中的所有的请求，如 doGet 和 doPost 请求。

⑤ 调用 destroy 方法。在 Servlet 的所有功能完成后由容器进行内存的回收，回收 Servlet 内存资源时，调用该方法。

读者这里仅需要知道 Servlet 声明周期的几个步骤即可，在本章后面会详细用代码展示 Servlet 生命周期的过程。

5. 常见的错误码

① 404：是一个状态码（是一个三位数字，由服务器发送给浏览器，告诉浏览器是否正确处理了请求），404 的意思是说：服务器依据请求资源路径，找不到对应的资源。

出现 404 错误，一般的解决方式如下：

a. 依据“http://127.0.0.1:8080/工程名/路径”检查请求地址是否正确。

b. 检查 web.xml、Servlet 配置是否正确。

② 500：服务器处理出错，一般是因为程序运行出错。

出现这种错误，一般的解决方式如下：

a. 检查程序的代码，如是否继承。

b. 检查 web.xml，类名要填写正确。

③ 405：服务器找不到对应的 service 方法。

解决方法：检查 Service 方法的签名（方法名、参数类型、返回类型、异常类型）。

当然，可能还会有其他的情况，具体根据 Tomcat 的错误提示对应解决，学会解决程序中出现的错误，做一个 bug 的终结者。

5.1.2 Web 工程的目录结构

由于 Web 程序部署默认路径在 Tomcat 的 webapps 下，在该文件夹下，可以部署多个不同的 Web 应用程序，如果在该文件夹下有 web1、web2 两个文件夹，那么访问时，对应的网址为

http://127.0.0.1:8080/web1、http://127.0.0.1:8080/web2。而如果要想以“http://127.0.0.1:8080/”的方式访问，则需要将工程部署到 ROOT 下。

在 MyEclipse 中，建立一个新的 Web 工程，然后部署到 Tomcat 中，其目录结构如表 5.1 所示。

表 5.1　Web 目录文件结构

目录结构	说　明	目录结构	说　明
/	根目录	/WEB-INF/classes/	class 的类文件存放位置
WEB-INF/	该文件夹下的目录和文件是隐藏的，无法直接访问	/WEB-INF/lib/	工程支持的 jar 包都在该目录下
/WEB-INF/web.xml	Web 工程的所有配置都在该文件中		

5.1.3　MVC 设计模式

MVC（Model View Controller）设计模式是目前软件开发中常见的设计模式，采用 MVC，目的是让业务逻辑和界面显示分离，它是一个模型-视图-控制的表现方式，主要是将业务逻辑从 Servlet 中抽象出来，将其放在一个模型中。MVC 设计模式的示意图如图 5.1 所示。

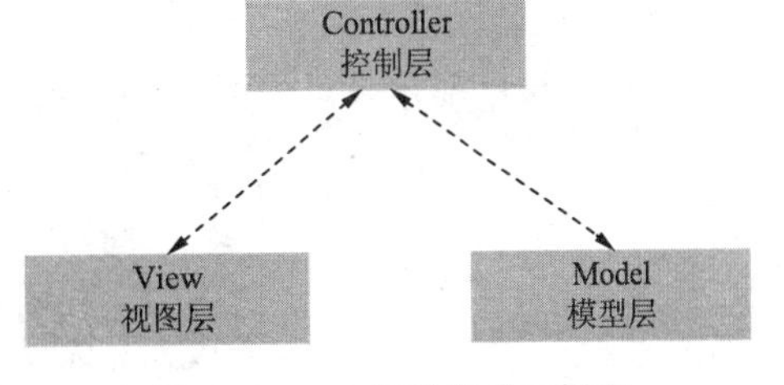

图 5.1　MVC 设计模式示例图

① 模型层（Model）：包含具体的业务逻辑和状态，控制数据连接之间的通信。

② 视图层（View）：不仅要给用户的输入提供接口，将数据传入控制层；同时，它也给用户提供显示的状态。

③ 控制器层（Controller）：从视图层获得用户的数据请求，并对用户的请求进行处理；同时，它还负责将模型层中的数据进行抽取出来，并返回给视图层显示。

④ MVC 设计模式是把业务逻辑从 Servlet 中抽象出来，把它放在一个模型中，并在模型中对业务数据和 Servlet 提供数据支持。

5.2　第一个 Servlet 程序

以软件设计的需求为例，这里提供一个简单项目需求，具体需求如下：

① 用户在页面中选择喜欢的天气，如晴天、阴天、雨天等。

② 根据用户选择的天气情况，提供一些穿衣、饮食等建议。

③ 尽量做到业务逻辑和视图层分离。

上面的案例可以简单的进行需求分析：在用户选择界面，可以使用前面学习的知识 Web 表单来实现；提供建议部分需要使用 Servlet 进行处理。

5.2.1　表单设计

在这里设计一个简单的页面，页面仅有一个标题、下拉菜单和一个按钮。在 MyEclipse 中，直接建立一个 form.html 的文件，文件中的代码如下：

```
<html>
    <head><title>天气喜好选择</title></head>
    <body>
        <h1>天气偏好选择</h2>
        <form action="servlet/ServletSelect" method="post">
            <p>天气喜好:
                <select name="weather">
                    <option value="sun"/>晴天</option>
                    <option value="cloud"/>阴天</option>
                    <option value="rain"/>雨天</option>
                </select>
            </p>
            <p> <input type="submit" value="提交" /> </p>
        </form>
    </body>
</html>
```

上述表单的显示效果如图 5.2 所示。

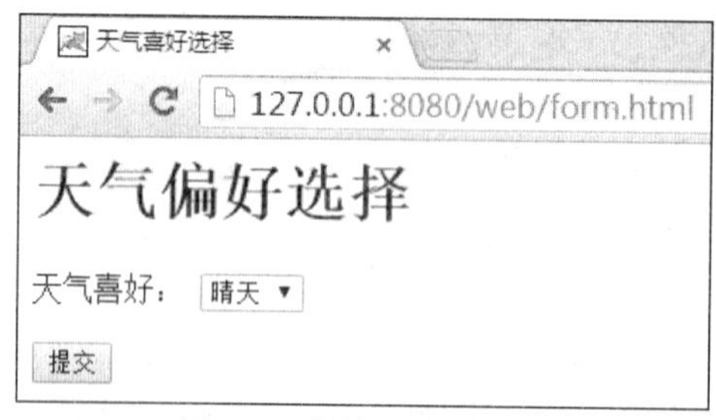

图 5.2　表单页面设计图

5.2.2　模型层的设计与实现

表单提交后，会有一个模型层，也就是对表单提交后的进行数据读取的数据处理层，这个数据可以是服务器存储在数据库中的数据，也可以是普通的数据。本节的内容是以简单的数据写入 Java 代码中，以后如有需要，可以直接读取数据库中的数据，代码如下：

```
package com.pc.model;
import java.util.*;
public class SelectWeather {
    public List<String> getWeather(String weather) {
        List<String> list=new ArrayList<String>();
        if (weather.equals("晴天")) {
            list.add("建议: 太阳镜, 太阳帽...");
        } else if (weather.equals("雨天")) {
            list.add("建议: 雨伞, 雨鞋...");
        } else {
            list.add("建议: 清爽着装...");
        }
        return list;
    }
}
```

5.2.3　Servlet 的设计与实现

由于表单和数据都已经分离了，那么 Serlvet 的主要作用是处理业务逻辑层，这里的 Servlet 建立也是很简单的，在 MyEclipse 中，通过“新建 Servlet”命令即可创建一个符合要求的 Servlet。此时，Servlet 充当控制器的作用，主要处理 form 表单提交的数据，并从模型层中取出对应的数据，并将数据返回到 View 层。实现代码如下：

```
package com.pc.servlet;
//引入相关的 Java 类，此处省略
import com.pc.model.SelectWeather;
public class ServletSelect extends HttpServlet {
    public void doPost(HttpServletRequest request,HttpServletResponse response)
            throws ServletException,IOException {
        //设置编码
        request.setCharacterEncoding("utf-8");
        response.setCharacterEncoding("utf-8");
        //获取模型层数据
        String weather=request.getParameter("weather");
        SelectWeather sw=new SelectWeather();
        List<String> result=sw.getWeather(weather);
        //设置数据，并转发到 View 层处理
        request.setAttribute("result",result);
        request.getRequestDispatcher("/result.jsp").forward(request,
                response);
    }
}
```

从代码中，可以很清晰地看到代码的传递过程，Servlet 在其中只是充当一个业务逻辑层的作用，它仅仅只是处理相关的数据，并把数据转发给 view 层的 result.jsp 处理相关的数据。

5.2.4　视图层的设计与实现

从 Servlet 转发数据到视图层中，只需要从转发的数据中取出数据即可，代码比较简洁：

```
<%@ page language="java" import="java.util.*" pageEncoding="utf-8"%>
<%
List<String> result=(List<String>) request.getAttribute("result");
%>
<!DOCTYPE html>
<html>
    <head><title>视图层-result.jsp 页面</title></head>
    <body>
        <%    for(String str : result) {   %>
                <p><%=str %></p>
        <%    }    %>
    </body>
</html>
```

代码是采用的 JSP 撰写，这里以先不必关注 JSP 的语法，语法在后文中会详细说明。

在上述代码中，可以很清晰地看到 Model – View – Controller 的一个传递过程：用户首先提交一个请求，由控制层对该请求进行处理，调用 Model 层的数据，然后传递到 View 层展示给用

户。这三层关系即紧密相连，又彼此分开，符合软件开发的基本需求。上述代码的显示效果如图 5.3 所示。

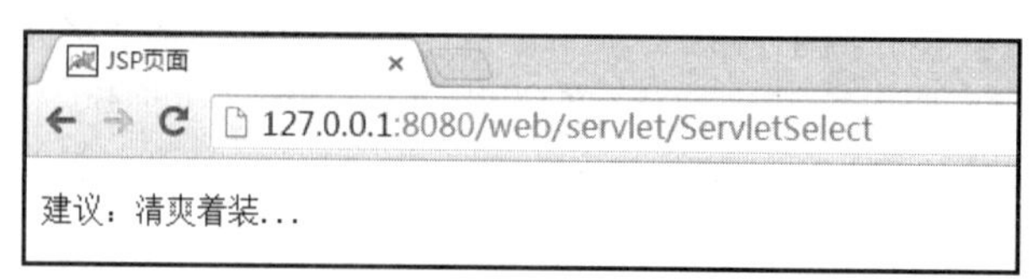

图 5.3　后台处理效果图

上述代码是一个非常简单的应用，完成了从设计到实现的步骤，在这个表单提交的过程中，业务流程自上而下的处理过程如下：

① 浏览器通过超链接访问服务器，发送 form.html 表单的请求。

② Tomcat 将处理浏览器请求，把页面返回给浏览器，让用户根据表单选项回答问题。

③ 当用户点击 form.html 表单中的提交按钮时，浏览器会将数据发送到服务器进行处理。

④ Tomcat 根据请求的 URL 调用对应的 servlet，如 ServletSelect。

⑤ Servlet 根据数据请求调用一个 POJO(Plain Old Java Object，普通的 Java 对象)，这个 POJO 是一个单纯的 Java 类，也就是 Model 层，如 SelectWeather。

⑥ Servlet 将处理好的数据转发到 JSP，让 JSP 作为 View 层，将数据处理成浏览器可以阅读的界面。

⑦ 用户获得 result.jsp 的内容以供浏览。

5.2.5　Servlet 的相关配置

在新建 Servlet 时，MyEclipse 自动在 web.xml 文件中添加一个 Servlet 的访问路径，具体代码如下：

```
<servlet>
    <servlet-name>ServletSelect</servlet-name>
    <servlet-class>com.pc.servlet.ServletSelect</servlet-class>
</servlet>
<servlet-mapping>
    <servlet-name>ServletSelect</servlet-name>
<url-pattern>/servlet/ServletSelect</url-pattern>
<url-pattern>/ ServletSelect.php</url-pattern>
</servlet-mapping>
```

在上述<servlet>的相关配置中，<servlet-name>和<servlet-class>属性是必须配置的，<servlet-name> 表示 Servlet 的名称，<servlet-class>表示 Servlet 的类名。其中<servlet-name>可以是任意字符串，但是必须保证在 web.xml 的唯一，同时该名称和<servlet-mapping>中的<servlet-name>对应起来。

另外，Servlet 中还有其他标签，如<init-param>、<load-on-startup>等相关的标签可供配置，这些用法在后文中涉及的地方会详细讲解。

在 Web 应用程序中，仅仅配置好<servlet>显然是不够的，还需要配置<servlet-mapping>，这个参数的主要作用是提供访问方式，如上述代码中的访问方式主要由<url-pattern>控制，<url-pattern>/servlet/ServletSelect</url-pattern>在浏览器中的访问方式是 http://localhost:8080/工程名/servlet/ ServletSelect。这样可以利用<url-pattern>参数来配置多个访问方式，如.asp、.php、.jsp，设置可以是自定义的无意义字符，这样可以防止用户通过页面的后缀来判断服务器的后台语言。

这里需要特别说明的是，由于本章的所有内容是倾向于业务逻辑层的处理，即学习的重点是如何处理业务与业务间的问题，因此本章并没有严格按照前端的布局方式进行页面渲染和加载。读者可根据自己的情况，运用前几章学习的知识自行布局页面的显示效果，综合运用所学知识。

5.3 请求与响应

Servlet 的一个重要目的是获取浏览器的请求，再返回一个服务器响应。请求的内容很简单，如超链接、表单提交等；响应的内容则相对较为复杂，服务器要根据用户提交的数据进行反馈，这部分工作则是由 Servlet 来完成的。当客户端浏览器发送一个请求，Web 服务器则根据请求做出一系列操作后做出一个响应，返回给客户端，这个过程称为完成一次 Web 过程操作。

5.3.1 获取 request 的变量

客户端浏览器发出的请求被封装成为一个 HttpServletRequest 对象。所有的信息包括请求的地址、请求的参数、提交的数据、上传的文件、客户端的 IP 地址，甚至客户端操作系统都包含在 HttpServletRequest 对象中。

通过 request 获取变量的方式有如下方式：

方法一：字符（String）类型的 request.getParameter(String paraName)，调用方法如 String name = request.getParameter("name");。

① 如果 paraName（即参数名称）与实际的参数名称不一致，会获得 null（不报错）。

② 在使用表单提交数据时，如果用户没有填写任何的值，会获得空字符串 "" 。

方法二：字符串数组(String[])类型的 request.getParameterValues(String paraName)，调用方法如 String names = request. getParameterValues ("names");。

① 当有多个参数且名称相同时，使用该方法。如?city=bj&city=cs&city=wh。

② getParameterValues 方法也可用于只有一个参数的情况。

看一个实例。本实例中从 HttpServletRequest 对象中采集客户端信息，然后把信息显示给客户端浏览器。在项目 servlet 中利用向导新建 Servlet,名称为 RequestServlet。代码如下：

```
package com.pc.servlet;
import javax.servlet.ServletException;
import javax.servlet.http.HttpServlet;
import javax.servlet.http.HttpServletRequest;
import javax.servlet.http.HttpServletResponse;
import java.io.IOException;
import java.io.PrintWriter;
import java.security.Principal;
import java.util.Locale;
public class RequestServlet extends HttpServlet {
    //返回语言信息
    private String getLocal(Locale local) {
```

```
        if (Locale.SIMPLIFIED_CHINESE.equals(local))
            return "简体中文";
        else if (Locale.TRADITIONAL_CHINESE.equals(local))
            return "繁体中文";
        else if (Locale.ENGLISH.equals(local))
            return "英文";
        return "其他语言";
    }

    private String getExplore(String agent) {
        if (agent.indexOf("TencentTraveler") > 0)
            return "腾讯浏览器";
        else if (agent.indexOf("Firefox") > 0)
            return "火狐浏览器";
        return "其他浏览器";
    }

    @Override
protected void doGet(HttpServletRequest request, HttpServletResponse response)
     throws ServletException, IOException {
        request.setCharacterEncoding("UTF-8");

        response.setContentType("text/html;charset=UTF-8");
        response.setCharacterEncoding("UTF-8");
        String autoType=request.getAuthType();
        String localAddr=request.getLocalAddr();      //获取服务器ip
        String localName=request.getLocalName();      //获取服务器名
        int localport=request.getLocalPort();         //获取服务器端口号

        Locale  local=request.getLocale();            //获取语言环境
        String contextPath=request.getContextPath();  //获取context的路径
        String method=request.getMethod();            //获取get还是post方法

        String getPathInfo=request.getPathInfo();
        String pathTranslated=request.getPathTranslated();
        String protocol=request.getProtocol();        //获取协议信息

        String ip=request.getRemoteAddr();            //获取客户端ip
        String remoteUser=request.getRemoteUser();    //客户端用户
        int port=request.getRemotePort();             //客户端端口;
        String requestURI=request.getRequestURI();    //获取URI
        StringBuffer requestURL=request.getRequestURL();//获取URL

        String scheme=request.getScheme();            //获取协议头部
        String serverName=request.getServerName();
        int  serverPort=request.getServerPort();
        String servlet=request.getServletPath();
        Principal userPrincipal=request.getUserPrincipal();

        String accept=request.getHeader("accept");
        String referer=request.getHeader("referer");
```

```
        String userAgent=request.getHeader("user-agent");
        String serverInfo=this.getServletContext().getServerInfo();

       //信息输出到浏览器中
        PrintWriter out=response.getWriter();
       //构建 HTML 页面
        out.println("<html lang=\"zh-cn\">");
        out.println("<body>");
        out.println("<h1>本次访问的信息为</h1><br>");

        out.println("<p>");
        out.println("服务器为:"+localName+"   ");
        out.println("服务器 ip 地址为:"+localAddr+"   ");
        out.println("服务器 ip 端口号为:"+localport+"<br>");
        out.println("所使用的语言为:"+getLocal(local)+"   ");
        out.println("context 路径:"+contextPath+"   ");
        out.println("所使用的方法为:"+method+"<br>");
        out.println("路径为:"+getPathInfo+"   ");
        out.println("路径转移为:"+pathTranslated+"   ");
        out.println("协议为:"+protocol+"<br>");
        out.println("客户端 ip:"+ip+"   ");
        out.println("客户端用户为:"+remoteUser+"   ");
        out.println("客户端端口为:"+port+"<br>");
        out.println("URI 为:"+requestURI+"   ");
        out.println("URL 为:"+requestURL+"   ");
        out.println("</p>");

        out.println("</body>");
        out.println("</html>");
    }
}
```

程序中变量 referer（也就是方法 request.getHeader(nreferern)的返回值）是指从哪个网页中单击链接到达本页。如果直接输入网址打开的本页面则为 null。在浏览器中，通过 web.xml 中的 servlet 路径，可以直接访问，如 http:127.0.0.1:8080/web/ Servlet/RequestServlet，程序显示的效果如图 5.4 所示。

图 5.4　浏览器信息的 Servlet 处理

5.3.2 验证码的设计

request 的请求和响应方法在上一节已经说明，本节的重点内容在 response 的响应。

response 是 Servlet.service 方法的一个参数，类型为 HttpServletResponse。在客户端发出每个请求时，服务器都会创建一个 response 对象，并传入给 Servlet.service()方法。response 对象是用来对客户端进行响应的，这说明在 service()方法中使用 response 对象可以完成对客户端的响应工作。response 对象的功能分为以下 4 种：

① 设置响应头信息。

② 发送状态码。

③ 设置响应正文。

④ 重定向。

通过 HttpServletResponse 获取的 PrintWriter 对象只能写字符型的数据。如果需要在客户端写二进制数据，可以使用 HttpServletResponse.getOutputStream()方法。getWriter()可以看作方法 getOutputStream()的一个封装。response 是响应对象，向客户端输出响应正文（响应体）可以使用 response 的响应流，repsonse 一共提供了两个响应流对象：

① PrintWriter out = response.getWriter()：获取字符流。

② ServletOutputStream out = response.getOutputStream()：获取字节流。

当然，如果响应正文内容为字符，那么使用 response.getWriter()；如果响应内容是字节，例如下载时，那么可以使用 response.getOutputStream()。

注意，在一个请求中，不能同时使用这两个流，也就是说，要么使用 repsonse.getWriter()，要么使用 response.getOutputStream()，但不能同时使用这两个流。不然会抛出 IllegalStateException 异常。

本例将使用 Servlet 输出图片验证码。图片验证码的原理是，服务器生成一个包含随机的字符串的图片发给客户端，客户端提交数据时需要填写字符串作为验证。由于字符串保存在图片中，因此机器很难识别，从而达到防止有些人使用计算机程序恶意发送信息的目的。Servlet 输出图片时，需要调用 getOutputStream 输出图片，代码如下：

```
package com.pc.servlet;
import java.awt.Color;
import java.awt.Font;
import java.awt.Graphics2D;
import java.awt.image.BufferedImage;
import java.io.IOException;
import java.util.Random;
import javax.servlet.ServletException;
import javax.servlet.ServletOutputStream;
import javax.servlet.http.HttpServlet;
import javax.servlet.http.HttpServletRequest;
import javax.servlet.http.HttpServletResponse;
import com.sun.image.codec.jpeg.JPEGCodec;
import com.sun.image.codec.jpeg.JPEGImageEncoder;
public class ImageServlet extends HttpServlet {
    // 1. 序列号 -----> 唯一性，防止 servlet 的冲突
```

```
    private static final long serialVersionUID = 1L;
    // 2. 验证码中的数字: 0 和 O, 1 和 I 很难分清, 所以就不加入验证码中
    public static final char[] CHARS = { '2', '3', '4', '5', '6', '7', '8',
            '9', 'A', 'B', 'C', 'D', 'E', 'F', 'G', 'H', 'J', 'K', 'L', 'M',
            'N', 'P', 'Q', 'R', 'S', 'T', 'U', 'V', 'W', 'X', 'Y', 'Z' };
    //3. 生成随机数
    public static Random random=new Random();
    //4. 生成 6 位验证码的函数
    public static String getRandomString() {
        //追加字符串 -----> 将验证码一个一个追加上去
        StringBuffer buffer=new StringBuffer();
        for (int i=0; i<6; i++) {
            //生成 CHARS[0] ~ CHARS[31]的 32 位随机数
            buffer.append(CHARS[random.nextInt(CHARS.length)]);
        }
        return buffer.toString();
    }

    //5. 随机生成颜色
    public static Color getRandomColor() {
        return new Color(random.nextInt(255), random.nextInt(255), random.nextInt
(255));
    }
  //6. 反转色: 让背景颜色和验证码更加突出  例如: 白底黑字, 黑底白字
    public static Color getReverseColor(Color c) {
        return new Color(255 - c.getRed(), 255 - c.getGreen(), 255 - c.getBlue());
        }
    //7. doGet 方法(在页面上生成验证码)
    public void doGet(HttpServletRequest request, HttpServletResponse response)
            throws ServletException, IOException {
        //1) 设置响应格式: 图片格式
        response.setContentType("image/jpeg");

        //2) 获取 6 位验证码
        String randomString=getRandomString();

        //3) 在 session 中设置 randomString 内容  -----> 跨域
        request.getSession(true).setAttribute("randomString", randomString);

        //4) 生成的图片的宽和高
        int width=110;
        int height=30;

        //5) 获取随机颜色和反转色
        Color color=getRandomColor();
        Color reverse=getReverseColor(color);

        //6) 图片设置 ---->                    //以 rgb 的方式生成高 100x 宽 30 的图片底纹
        BufferedImage bi = new BufferedImage(width, height, BufferedImage.TYPE_
            INT_RGB);
```

```
        //7) Graphics2D -----> 生成平面图片
        Graphics2D g=bi.createGraphics();
        g.setFont(new Font(Font.SANS_SERIF, Font.BOLD, 20));  //字体
        g.setColor(color);                                    //背景颜色
        g.fillRect(0,0,width, height);                        //全填充
        g.setColor(reverse);                                  //字体反转色
        g.drawString(randomString,10,20);                     //把随机数加载进来

        //8) 噪声点: 防止机器识别
        for (int i=0, n=random.nextInt(100); i<n; i++) {
            //在验证码的图片上，随机生成 1x1 的噪声点
            g.drawRect(random.nextInt(width), random.nextInt(height), 1, 1);
        }

        //9) 转成 JPEG 格式 ----> 要转成图片格式，Web 的页面才能读取
        //a) Servlet 的输出流

        ServletOutputStream out = response.getOutputStream();
        //b) 将图片以 Servlet 的输出流方式进行编码
        JPEGImageEncoder encoder = JPEGCodec.createJPEGEncoder(out);
        //c) 把 BufferedImage 管道流编码成 JPEG 的格式输出
        encoder.encode(bi);
        //d) 情况缓存
        out.flush();
    }
}
```

代码中利用一个随机数生成器 Random 与一个 char[]类型的字符字典生成随机字符串，字符字典里将比较容易混淆的 0 与 O、1 与 I 等都去掉了。然后生成一个长 100 宽 30 的图片，利用随机颜色填充背景，利用反色在前面绘制出随机字符，并画了最多 100 个随机的噪声点，增加图片识别的难度。

Servlet 不仅能输出文本与图片，还能输出其他格式数据，例如 Word、Excel、PDF、MP3 等，只要正确设定 request 输出类型及输出流。不同的输出类型需要声明不同的 Context-Type 属性，例如 JPG 图片是“image/jpeg”，而 Word 则是 “application/msword”。

该 Servlet 需要配置到 web.xml 中，代码如下：

```
<servlet>
   <servlet-name>IdentityServlet</servlet-name>
   <servlet-class>com.pc.servlet.ImageServlet</servlet-class>
</servlet>
<servlet-mapping>
      <servlet-name> IdentityServlet </servlet-name>
      <url-pattern>/servlet/ ImageServlet </url-pattern>
   </servlet-mapping>
```

然后直接访问该 Servlet 即可预览该图片，这里，本文在浏览器中输入以下网址：http://127.0.0.1:8080/web/servlet/ImageServlet，即可显示，效果如图 5.5 所示。

图 5.5　验证码显示效果图

为了能够在页面中直接验证，本节增加了代码的验证功能，点击图片，即可切换验证码，代码如下：

```
<!DOCTYPE html>
<html>
  <head>
    <title>验证码的生成</title>
    <meta charset="utf-8">
  </head>
  <script>
    function reloadImage() {
    document.getElementById('identity').src='servlet/ImageServlet?ts='+new
        Date().getTime();
    }
  </script>
  <body>
     <form action="imageAction.jsp" method="get">
         <table>
             <tr>
                 <td><input type="text" name="image" /></td>
                 <td>
                 <!-- 点击图片切换验证码  -->
                 <img src="servlet/ImageServlet" id="identity" onclick=
                      "reloadImage()" />

             </td>
             </tr>
             <tr>
                 <td colspan="2" align="left"> <input type="submit" value="提
                      交"/> </td>
             </tr>
         </table>
     </form>
   </body>
  </html>
```

使用<img>标签显示图片验证码，并使用 onclick="reloadImage()"调用 JavaScript，刷新验证码，显示效果如图 5.6 所示。

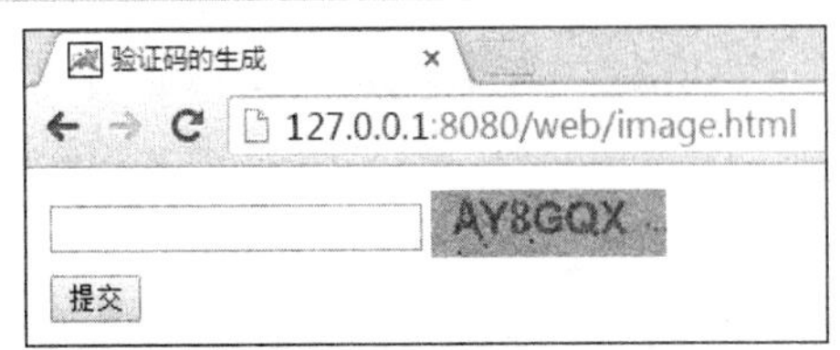

图 5.6　验证码的设计

当用户在文本框中输入验证码信息时，跳转到 imageAction.jsp 页面处理验证码的内容。由于 JSP 的内容需要到后续章节才能讲解，这里仅仅给大家一个简单的处理方法，代码如下：

```
<%@ page language="java" import="java.util.*" pageEncoding="utf-8"%>
<%
    String randomString=(String) session.getAttribute("randomString");
                                                          //验证码
    String image=request.getParameter("image");           //提交的数据
```

```
      if (image==null) {        //image=null 时，对象不存在，就无法调用相关的方法
         image="";              //image=""，是对象存在，但是内容为空，可以调用相关方法
      }
      String text="验证失败...";
      if (image.equals(randomString)) {
         text="恭喜你，验证成功...";
      }
  %>
<!DOCTYPE HTML PUBLIC "-//W3C//DTD HTML 4.01 Transitional//EN">
<html>
  <head>
    <title>验证码的验证</title>
    <meta http-equiv="content-type" content="text/html; charset=utf-8">
  </head>
  <body>
     <%=text %>
  </body>
</html>
```

如果验证码输入正确，则会显示如图 5.7 所示的内容。

如果验证码输入错误，则会显示如图 5.8 所示的内容。

图 5.7　验证码输入正确

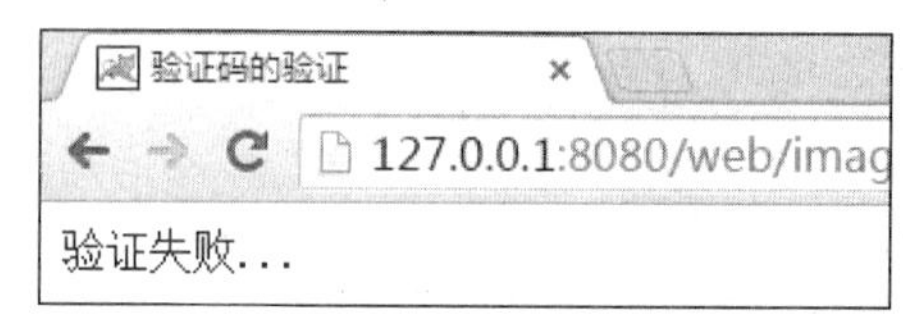

图 5.8　验证码输入错误

5.4　系统参数的配置

5.3 节中，在 ImageServlet 里只设置了 JPG、GIF 等简单类型文件的头文件，所以此时 Servlet 只会输出图片。如果这时需求变化了，需要增加 Excel 文件格式的头文件，就得修改 ImageServlet 源代码，重新编译 class 文件，然后重新部署。这样做，工程的效率会显得非常低下。

如果这些内容配置到 web.xml 中，方便用户的读取和修改。需求变化时只需要修改一下配置文件即可，而不会修改源程序，也不会重新编译，维护起来相当方便。web.xml 文件也可以称作 Web 工程的系统文件，本节将重点讲解 web.xml 中的文件内容的读取。

5.4.1　初始化参数

web.xml 中配置 Servlet 时，标签<servlet>可以包含标签<init-param>来配置初始化参数。一个 Servlet 可以配置 0 到多个初始化参数。这里，我们以存储用户的用户名和邮箱地址为例，配置如下的 Servlet：

```
<servlet>
    <servlet-name>EmailServlet</servlet-name>
    <servlet-class>com.pc.servlet.EmailServlet</servlet-class>
    <!-- 下面的内容即为配置文件 -->
    <init-param>
```

```
        <!-- name 和 value 以键值对的形式出现，通过键获取值 -->
        <param-name>email</param-name>
        <param-value>www0@email.com</param-value>
      </init-param>
    <init-param>
        <param-name>email</param-name>
        <param-value>www0@email.com</param-value>
      </init-param>
      <init-param>
        <param-name>张三</param-name>
        <param-value>www1@email.com</param-value>
      </init-param>
      <init-param>
        <param-name>李四</param-name>
        <param-value>www2@email.com</param-value>
      </init-param>
      <init-param>
        <param-name>王五</param-name>
        <param-value>www3@email.com</param-value>
      </init-param>
      <init-param>
        <param-name>赵六</param-name>
        <param-value>ddddd@email.com</param-value>
      </init-param>
  </servlet>
```

配置完毕后，Servlet 中提供方法 getInitParameter(String param)来获取初始化参数值，读取的方式如下：

```
package com.pc.servlet;
import java.io.IOException;
import java.io.PrintWriter;
import java.util.ArrayList;
import java.util.Enumeration;
import java.util.List;
import javax.servlet.RequestDispatcher;
import javax.servlet.ServletException;
import javax.servlet.http.HttpServlet;
import javax.servlet.http.HttpServletRequest;
import javax.servlet.http.HttpServletResponse;
import com.pc.model.Email;
public class EmailServlet extends HttpServlet {
    public void doPost(HttpServletRequest request, HttpServletResponse response)
            throws ServletException, IOException {
        //1. 编码
        response.setCharacterEncoding("utf-8");
        request.setCharacterEncoding("utf-8");
        //2.  servlet 中，单个元素获取方式
        //说明: getServletConfig() ------> 默认继承的一个方法，获取的是配置文件
        //getInitParameter() --------> 获取的是配置文件中的参数
        String email = getServletConfig().getInitParameter("email");
```

```
        //3. servlet 中多个元素的获取
        Enumeration<String> emails=getServletConfig().getInitParameterNames();

        //定义一个 ArrayList 去存储元素
        List<Email> listEmails = new ArrayList<Email>();
        while (emails.hasMoreElements()) {
            //a) 信息的获取
            String user=(String) emails.nextElement();     //用户的获取
            String address=getServletConfig().getInitParameter(user);
                                                           //Email 的地址信息

            //b) 创建 Email
            Email tempEmail=new Email(user, address);
            //c) 添加到 listEmails 中
            listEmails.add(tempEmail);
        }

        //4. 通过获取上下文的方式获取单个 email
        String username = getServletContext().getInitParameter("张三");
        //5. 多个元素的获取
        Enumeration<String> contextEmails = getServletContext().getInitParameterNames();
        List<Email> listContextEmails=new ArrayList<Email>();
        while (contextEmails.hasMoreElements()) {

            String user=(String) contextEmails.nextElement();
            listContextEmails.add(new Email(user,getServletContext().getInit
                 Parameter(user)));                        //参见前文中的分步写法
        }

        //6. 设置属性
        request.setAttribute("email", email);              //单个的方法
        request.setAttribute("listEmails",listEmails);     //获取一组值

        request.setAttribute("username",username);
        request.setAttribute("listContextEmails",listContextEmails);

        //说明: servlet 中处理的方法是 post 方法，那么 forward 中的方法也是 post;
        //同理，如果方法是 get 方法，那么 forward 也是 get 方法
        System.out.println(request.getMethod());

        //7. 指派器
        //跳转到 servlet 中，路径: /email.servlet
        RequestDispatcher view=request.getRequestDispatcher("/email.jsp");
                view.forward(request, response);
    }
}
```

初始化参数的好处是可以把某些变量放到 web.xml 中配置，修改即可。如修改 web.xml 文件并重启服务器即可，而不需要修改 Servlet 类。

上述代码的设计遵循 MVC 的设计架构，因此在设计过程中，本文还设计了一个 Email 类，方便对象的操作和输出，代码如下：

```
package com.pc.model;
//POJO ----> 无特殊方法，提供属性
public class Email {
    //user
    String user;
    //address
    String address;
    //构造函数
    public Email(String user, String address) {
        this.user=user;
        this.address=address;
    }
    public Email() {
    }
    public String getUser() {
        return user;
    }
    public void setUser(String user) {
        this.user=user;
    }
    public String getAddress() {
        return address;
    }
    public void setAddress(String address) {
        this.address=address;
    }
}
```

有了上述的 User 代码，就可以将信息提交到前端页面进行显示，下面是 Email.jsp 的 View 层代码：

```
<%@ page language="java" import="java.util.*" pageEncoding="utf-8"%>
<%@ page import="com.pc.model.Email" %>
<%
    //1. 单个的 Email 处理
    String email=(String)request.getAttribute("email");
    //2. 多个的 Email 处理
    List<Email> listEmails=(ArrayList<Email>)request.getAttribute("listEmails");
%>
<!DOCTYPE HTML PUBLIC "-//W3C//DTD HTML 4.01 Transitional//EN">
<html>
  <head>
    <title>Email 的信息处理页面</title>
    <meta http-equiv="content-type" content="text/html; charset=utf-8">
  </head>
  <body>
      <%-- servlet 中的键值对获取 --%>
    <p>email=<%=email %></p>
    <table width="450px" border="1px" cellpadding="20px">
```

```
        <tr>
            <th>用户名</th>
            <th>Email 地址</th>
        </tr>
    <%
        for (Email e:listEmails) {
     %>
        <tr>
            <td><%=e.getUser() %></td>
            <td><%=e.getAddress() %></td>
        </tr>
     <%
         }
      %>
     </table>
</body>
</html>
```

在浏览器中直接访问 http://127.0.0.1:8080/web/servlet/EmailServlet，即可显示图 5.9 所示的效果，从图中可以看出，参数已经读取出来。

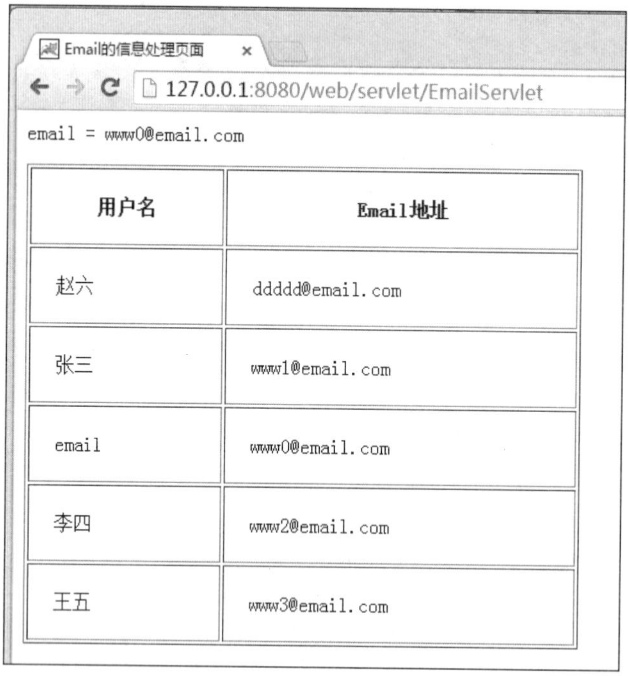

Email的信息处理页面

127.0.0.1:8080/web/servlet/EmailServlet

email = www0@email.com

用户名	Email地址
赵六	ddddd@email.com
张三	www1@email.com
email	www0@email.com
李四	www2@email.com
王五	www3@email.com

图 5.9　初始化参数的显示效果图

5.4.2　上下文参数

由于 init-param 是配置在<Servlet>标签中，只能由这个 Servlet 来读取，因此它不是全局参数，不能被其他 Servlet 读取。

如果要配置一个所有 Servlet 都能够读取的参数，就需要用到上下文参数（Context 或者叫文档参数）。上下文参数使用标签<context-Param>配置，代码如下：

```
<context-param>
  <param-name>emailUser</param-name>
  <param-value>ddddd@email.com</param-value>
</context-param>
<context-param>
  <param-name>张三</param-name>
  <param-value>ddddd@email.com</param-value>
</context-param>
<context-param>
  <param-name>李四</param-name>
  <param-value>ccc@email.com</param-value>
</context-param>
<context-param>
  <param-name>王五</param-name>
  <param-value>aaa@email.com</param-value>
</context-param>
```

借用上一节新建的 Email 类，同时新建 Servlet，输入名称 ContextServlet，Servlet 的处理代码如下：

```
package com.pc.servlet;
import java.io.IOException;
import java.io.PrintWriter;
import java.util.ArrayList;
import java.util.Enumeration;
import java.util.List;
import javax.servlet.RequestDispatcher;
import javax.servlet.ServletException;
import javax.servlet.http.HttpServlet;
import javax.servlet.http.HttpServletRequest;
import javax.servlet.http.HttpServletResponse;
import com.pc.model.Email;
public class ContextServlet extends HttpServlet {
    public void doGet(HttpServletRequest request, HttpServletResponse response)
            throws ServletException, IOException {
        //1. 编码
        response.setCharacterEncoding("utf-8");
        request.setCharacterEncoding("utf-8");
        //2. 通过获取上下文的方式获取单个 email
        String username=getServletContext().getInitParameter("张三");
        //3. 多个元素的获取
        Enumeration<String> contextEmails=getServletContext().getInitParame
            terNames();
        List<Email> listContextEmails=new ArrayList<Email>();
        while (contextEmails.hasMoreElements()) {
            String user=(String) contextEmails.nextElement();
            listContextEmails.add(new Email(user,getServletContext().getInit
                Parameter(user)));
```

```
        }
        //4. 设置属性
        request.setAttribute("username", username);
        request.setAttribute("listContextEmails", listContextEmails);
        //5. 指派器
        RequestDispatcher view = request.getRequestDispatcher("/contextEmail.jsp");
        view.forward(request, response);
    }
}
```

上述的 Servlet 控制器进行处理后，将页面提交到 contextEmail.jsp 进行处理，其代码如下：

```
<%@ page language="java" import="java.util.*" pageEncoding="utf-8"%>
<%@ page import="com.pc.model.Email" %>
<%
    //1. context 方法
    String username=(String) request.getAttribute("username");
    //2. 多个参数的获取
    List<Email> listContextEmails=(ArrayList<Email>)request.getAttribute
        ("listContextEmails");
%>
<!DOCTYPE HTML PUBLIC "-//W3C//DTD HTML 4.01 Transitional//EN">
<html>
  <head>
    <title>Email 的信息处理页面</title>
    <meta http-equiv="content-type" content="text/html; charset=utf-8">
  </head>
  <body>
     <%-- context 中的键值对获取 --%>
     <p>username=<%=username %></p>
     <table width="450px" border="1px" cellpadding="20px">
        <tr>
            <th>用户名</th>
            <th>Email 地址</th>
        </tr>
    <%
        for (Email e : listContextEmails) {
     %>
        <tr>
            <td><%=e.getUser() %></td>
            <td><%=e.getAddress() %></td>
        </tr>
     <%
        }
      %>
     </table>
  </body>
</html>
```

初始化参数与上下文参数只能配置简单的字符串类型的参数。如果需要配置更多更灵活的参数，更推荐把参数配置写到 XML 文件或者 properties 文件里，然后编写程序读取这些文件。在浏览器中访问 http://127.0.0.1:8080/web/servlet/ContextServlet，即可看到如图 5.10 所示的页面。

Email的信息处理页面

127.0.0.1:8080/web/servlet/ContextServlet

username = ddddd@email.com

用户名	Email地址
李四	ccc@email.com
张三	ddddd@email.com
王五	aaa@email.com
emailUser	ddddd@email.com

图 5.10　上下文参数的页面显示

5.4.3　资源注射

上面的例子都是在 Servlet 里编写程序代码读取 web.xml 初始参数。Java EE 提供了一种新的方案称为资源注射（Resource Injection），或者叫资源注入。

资源注射是从 Java EE 5.0 开始出现，实现了 Tomcat 在启动时自动将 web.xml 中的配置信息“注射”到 Servlet 中。资源注射是通过 Annotation 完成，Annotation 是一种特殊的接口，以"@"为标志，用法如下：

```
@Resource (name="messageName")
private String message;
```

加入@Resource 注释后，Tomcat 会在 Servlet 运行时将变量 message 的值注入，这个值设置在 web.xml 中名为 messageName 的参数中。

同时，在 web.xml 中，需要使用标签<env-entry>对参数进行配置，上述代码的参数可以配置如下：

```
<env-entry>
   <env-entry-name> messageName </env-entry-name>
   <env-entry-type>java.lang.String</env-entry-type>
   <env-entry-value>发送一条简短的消息</env-entry-value>
</env-entry>
```

在页面中直接输出 message，则会从 web.xml 文件中读取资源注射后的信息，即为“发送一条简短的消息”。

下面新建一个 ResourceServlet，做一个资源注射的例子，代码如下：

```
package com.pc.servlet;
```

```
import java.io.*;
import javax.annotation.Resource;
import javax.servlet.*;
import javax.servlet.http.*;
public class ResourceServlet extends HttpServlet {
    private @Resource(name="messageName")
    String hello;

    private @Resource(name="i")
    int i;

    @Resource(name="persons")
    private String persons;
    public void doGet(HttpServletRequest request, HttpServletResponse response)
            throws ServletException,IOException {
        response.setCharacterEncoding("UTF-8");
        request.setCharacterEncoding("UTF-8");
        response.setContentType("text/html");
        PrintWriter out=response.getWriter();
        out.println("<!DOCTYPE HTML PUBLIC \"-//W3C//DTD HTML 4.01 Transitional
            //EN\">");
        out.println("<HTML>");
        out.println("<HEAD><TITLE>资源注入</TITLE></HEAD>");
        out.println("<style>body{font-size:18px;}</style>");

        out.println("<b>注入的字符串</b>: <br/>   - " + hello + "<br />");
        out.println("<b>注入的整数</b>: <br/>   - " + i + "<br />");
        out.println("<b>注入的字符串数组</b>: <br/>");
        for (String person : persons.split(",")) {
            out.println("  - " + person + "<br />");
        }
        out.println("<BODY>");
        out.println("</BODY>");
        out.println("</HTML>");
        out.flush();
        out.close();
    }
}
```

web.xml 中使用标签<env-entry>来配置资源，具体的配置方法如下：

```
<env-entry>
   <env-entry-name>messageName</env-entry-name>
   <env-entry-type>java.lang.String</env-entry-type>
   <env-entry-value>这是一条简短的消息</env-entry-value>
</env-entry>

<env-entry>
   <env-entry-name>i</env-entry-name>
   <env-entry-type>java.lang.Integer</env-entry-type>
```

```
        <env-entry-value>20</env-entry-value>
    </env-entry>

    <env-entry>
        <env-entry-name>persons</env-entry-name>
        <env-entry-type>java.lang.String</env-entry-type>
        <env-entry-value>张三，李四，王五，赵六，</env-entry-value>
    </env-entry>
```

在浏览器中访问 http://127.0.0.1:8080/web/servlet/ResourceServlet，则上述代码显示的效果如图 5.11 所示。

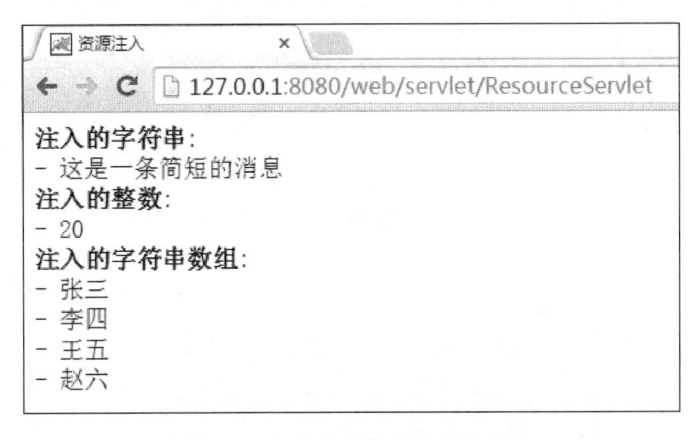

图 5.11　初始化参数的显示效果图

5.5　提交表单信息

Web 程序的任务是实现服务器与客户端浏览器之间的信息交互。客户端提交的信息可能来自表单里的文本框，密码框、选择框、单选按钮、复选框以及文件域。提交信息的方式包括 GET 与 POST，分别触发 Servlet 的 doGet 方法和 doPost 方法。

5.5.1　GET 实现

HTML 中使用 form 提交数据，当 FORM 的 method 属性设为 GET 时，浏览器就以 GET 方法提交表单数据。代码如下：

```
<html>
<head>
    <title>表单的提交测试</title>
    <meta charset="utf-8">
</head>
<body>
    <form action="servlet/GetServlet" method="get">
        <table  border="1px" cellpadding="10px " cellspacing="0px">
            <tr>
                <td>用户名：</td>
                <td><input type="text" name="username" /></td>
            </tr>
```

```
            <tr>
                <td>密 码: </td>
                    <td><input type="password" name="passwd" /></td>
            </tr>
            <tr>
                <td>年 龄: </td>
                <td><input type="number" name="age" min="1" max="100" value="18"
                      /></td>
            </tr>
            <tr>
                <td colspan="2"><input type="submit" value="提交" /></td>
            </tr>
        </table>
    </form>
</body>
</html>
```

这是一个静态的 HTML 文本文件，它的内容不会随 request 的不同而发生改变，该页面的显示效果如图 5.12 所示。

用户名：	admin
密 码：	••••••
年 龄：	18
提交	

图 5.12　Get 表单的效果图

然后写一个 Servlet，用 doGet 的方式处理刚刚提交的表单信息。

```
package com.pc.servlet;
import java.io.IOException;
import java.io.PrintWriter;
import javax.servlet.ServletException;
import javax.servlet.http.HttpServlet;
import javax.servlet.http.HttpServletRequest;
import javax.servlet.http.HttpServletResponse;
public class GetServlet extends HttpServlet {
    public void doGet(HttpServletRequest request, HttpServletResponse response)
            throws ServletException, IOException {
        request.setCharacterEncoding("utf-8");
        response.setCharacterEncoding("utf-8");
        String username = request.getParameter("username");
        String passwd = request.getParameter("passwd");
        String age = request.getParameter("age");
        response.setContentType("text/html");
        PrintWriter out = response.getWriter();
```

```
        out.println("<!DOCTYPE HTML PUBLIC \"-//W3C//DTD HTML 4.01 Transitional//
            EN\">");
        out.println("<HTML>");
        out.println("  <HEAD><TITLE>A Servlet</TITLE></HEAD>");
        out.println("  <BODY>");
        out.print("<p>提交的数据为: </p>");
        out.print("<p>username = " + username + "</p>");
        out.print("<p>passwd = " + passwd + "</p>");
        out.print("<p>age = " + age + "</p>");
        out.println("  </BODY>");
        out.println("</HTML>");
        out.flush();
        out.close();
    }
}
```

单击图 5.12 中的提交按钮后，会得到图 5.13 所示的显示效果。

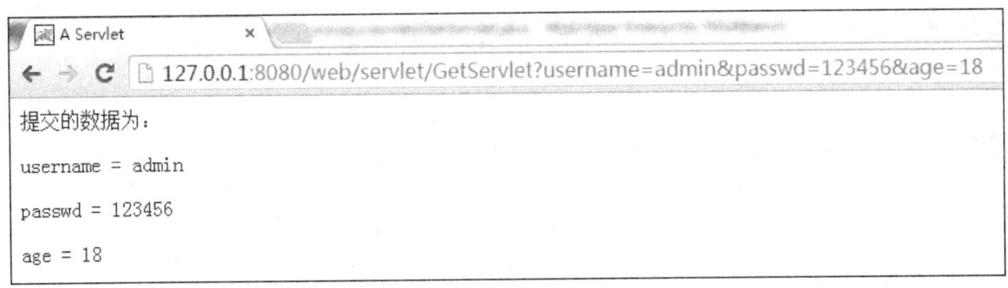

图 5.13　表单提交后的处理

如果仔细观察浏览器地址栏，可以看出 GET 方式提交表单时，所有被提交的内容都会被显示在浏览器地址栏中，并可能会被浏览器记录在缓存中，因此提交敏感信息（如密码、银行账号等）时不能使用 GET 方式。GET 提交时 URL 总长度不能超过 255 个字符，因此提交过长的内容时也不能使用 GET 方式。

5.5.2 POST 实现

由于 GET 方式提交表单具有上述的限制，因此需要使用 POST 提交表单。把 HTML 中 FORM 的 method 属性设置为 POST，浏览器即以 POST 方式提交表单内容。

POST 方式提交表单时，表单的内容不会显示在浏览器中，浏览器中只显示接受该表单数据的 Servlet 路径，因此 POST 可以提交一些敏感信息（如密码等)。POST 方式提交表单时也不受内容长度的限制，理论上可以接受非常大的数据量。

同 GET 方式一样，Servlet 可以通过 HttpServletRequest 对象的 getParameter(String param)方法获取 param 对应的参数值。不同的是，由于 POST 方式不会使用“？”以及“&”符号来组织一个 QueryString，因此 POST 时使用 getQueryString()将返回 null。

下面使用 POST 方式来提交一个用户信息表单。先建立一个 post.html 的表单，输入如下代码：

```
<!DOCTYPE html>
<html>
<head>
<title>post 方式提交用户信息</title>
```

```
<meta charset="uft-8">
<style>
body,div,td,input {
    font-size:18px;
    margin:0px;
}

select {
    height:25px;
    width:300px;
}

.title {
    font-size:16px;
    padding:10px;
    margin:10px;
    width:80%;
}

.text {
    height:20px;
    width:300px;
    border:1px solid #AAAAAA;
}

.line {
    margin:10px;
}

.leftDiv {
    width:100px;
    float:left;
    height:22px;
    line-height:25px;
    font-weight:bold;
}

.rightDiv{
    height:25px;
}

.button {
    color:#fff;
    font-weight:bold;
    font-size:15px;
    text-align:center;
    padding:.17em 0.2em .17em;
    border-style:solid;
    border-width:1px;
    border-color:#9cf #159 #159 #9cf;
    background:#69c;
```

```
}
</style>
</head>
<body>
    <form action="servlet/PostServlet" method="POST">
        <div align="center">
            <br />
            <fieldset style='width:90%'>
                <legend>填写用户信息</legend>
                <br />
                <div class='line'>
                    <div align="left" class='leftDiv'>姓  名：</div>
                    <div align="left" class='rightDiv'>
                        <input type="text" name="name" class="text" />
                    </div>
                </div>
                <div class='line'>
                    <div align="left" class='leftDiv'>密  码：</div>
                    <div align="left" class='rightDiv'>
                        <input type="password" name="password" class="text" />
                    </div>
                </div>
                <div class='line'>
                    <div align="left" class='leftDiv'>性  别：</div>
                    <div align="left" class='rightDiv'>
                        <input type="radio" name="sex" value="男" id="sexMale">
                        <label for="sexMale">男</label>
                        <input type="radio" name="sex" value="女" id="sexFemale">
                        <label for="sexFemale">女</label>              </div>
                </div>
                <div class='line'>
                    <div align="left" class='leftDiv'>年  龄：</div>
                    <div align="left" class='rightDiv'>
                        <input type="text" name="age" class="text">
                        </div>
                </div>
                <div class='line'>
                    <div align="left" class='leftDiv'>爱  好：</div>
                    <div align="left" class='rightDiv'>
                        <input type="checkbox" name="interesting" value="足球"
                                id="i1">
                        <label for="i1">足球</label>
                        <input type="checkbox" name="interesting" value="羽毛球"
                                id="i2">
                        <label for="i2">羽毛球</label>
                        <input type="checkbox" name="interesting" value="篮球"
                                id="i3">
                        <label for="i3">篮球</label>
                    </div>
                </div>
                <div class='line'>
```

```
                    <div align="left" class='leftDiv'></div>
                    <div align="left" class='rightDiv'>
                        <br />
                      <input type="submit" name="btn" value=" 提交信息 " class=
                            "button"><br />
                    </div>
                </div>
            </fieldset>
        </div>
    </form>
</body>
</html>
```

上述界面没有使用 Get 方式中的 table 标签，而是使用 DIV+CSS 的模式，这种实现方式的好处很多，读者如果有时间可以练习这种方式，显示的效果图如图 5.14 所示。

图 5.14　表单信息的设计

该页面内使用了文本框（text）、密码框（password）、单选按钮（radio）、复选框（checkbox）等。这些 HTML 组件的值都可以提交给 Servlet。如果同一个名称的参数有多个值（如页面内兴趣爱好最多可以有 3 个值），则以字符串数组的形式提交给 Servlet，Servlet 可以通过 HttpServletRequest 的 getParameters(String param)取得这个字符串数组。

下面编写一个 Servlet 来接收 HTML 页面提交的信息。使用向导新建 PostServlet，代码如下：

```
package com.pc.servlet;
import java.io.IOException;
import java.io.PrintWriter;
import java.util.Date;
import javax.servlet.ServletException;
import javax.servlet.http.HttpServlet;
import javax.servlet.http.HttpServletRequest;
import javax.servlet.http.HttpServletResponse;
public class PostServlet extends HttpServlet {
    public void doPost(HttpServletRequest request, HttpServletResponse response)
            throws ServletException, IOException {
        response.setCharacterEncoding("UTF-8");
        request.setCharacterEncoding("UTF-8");
```

```
// 从文本框text 中取姓名
String name=request.getParameter("name");
// 从密码域password 中取密码
String password=request.getParameter("password");
// 从单选按钮radio 中取性别
String sex=request.getParameter("sex");
int age=0;
try {
    //取年龄. 需要把字符串转换为 int.
    //如果格式不对会抛出 NumberFormattingException
    age=Integer.parseInt(request.getParameter("age"));
} catch(Exception e) {
}
// 从复选框checkbox 中取多个值
String[] interesting=request.getParameterValues("interesting");

response.setContentType("text/html");
PrintWriter out=response.getWriter();
out.println("<!DOCTYPE HTML PUBLIC \"-//W3C//DTD HTML 4.01 Transitional
    //EN\">");
out.println("<HTML>");
out.println("<HEAD><TITLE>post 提交处理</TITLE>");
out.println("<style>");
out.println("body,div,td,input {font-size:18px; margin:0px; }");
out.println(".line {margin:2px; }");
out.println(".leftDiv {width:110px; float:left; height:22px; line-height:
    22px; font-weight:bold; }");
out.println(".rightDiv {height:22px; line-height:22px; }");
out.println(".button {");
out.println(" color:#fff;");
out.println(" font-weight:bold;");
out.println(" font-size:18px; ");
out.println(" text-align:center;");
out.println(" padding:.17em 0.2em .17em;");
out.println(" border-style:solid;");
out.println(" border-width:1px;");
out.println(" border-color:#9cf #159 #159 #9cf;");
out.println(" background:#69c url(/servlet/images/bg-btn-blue.gif) repeat
    -x;");
out.println("</style>");
out.println("</HEAD>");
out.println("<div align=\"center\"><br/>");
out.println("<fieldset style='width:90%'><legend>post 处理的信息反馈
    </legend><br/>");
out.println("     <div class='line'>");
out.println("         <div align='left' class='leftDiv'>您的姓名: </div>");
out.println("         <div align='left' class='rightDiv'>"+name+
```

```
        "</div>");
    out.println("     </div>");
    out.println("     <div class='line'>");

    out.println("          <div align='left' class='leftDiv'>您的密码: </div>");
    out.println("          <div align='left' class='rightDiv'>" + password
            + "</div>");
    out.println("     </div>");
    out.println("     <div class='line'>");
    out.println("          <div align='left' class='leftDiv'>您的性别: </div>");
    out.println("          <div align='left' class='rightDiv'>" + sex + "</div>");
    out.println("     </div>");
    out.println("     <div class='line'>");
    out.println("          <div align='left' class='leftDiv'>您的年龄: </div>");
    out.println("          <div align='left' class='rightDiv'>" + age +
        "</div>");
    out.println("     </div>");
    out.println("     <div class='line'>");
    out.println("          <div align='left' class='leftDiv'>您的兴趣: </div>");
    out.println("          <div align='left' class='rightDiv'>");

    if (interesting != null)
        for (String str : interesting) {
            out.println(str + ", ");
        }
    out.println("          </div>");
    out.println("     </div>");
    out.println("     <div class='line'>");
    out.println("     </div>");
    out.println("     <div class='line'>");
    out.println("          <div align='left' class='leftDiv'></div>");
    out.println("          <div align='left' class='rightDiv'>");
    out.println("               <br/><input type='button' name='btn' value='
        返回' onclick='history.go(-1); ' class='button'><br/>");
    out.println("          </div>");
    out.println("     </div>");
    out.println("<BODY>");
    out.println("</BODY>");
    out.println("</HTML>");
    //关闭数据写入流，防止内存泄露
    out.flush();
```

```
        out.close();
    }
}
```

从表单中提交信息，上述 Servlet 处理信息后的页面效果如图 5.15 所示。

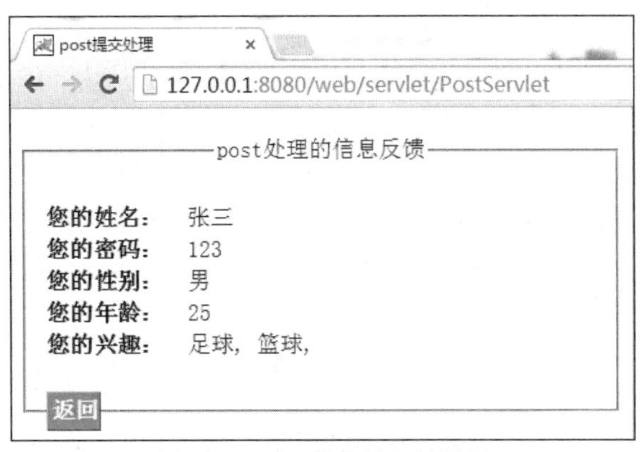

图 5.15　页面信息处理效果图

可以看到以 POST 方式提交数据时，浏览器地址栏中不显示被提交的内容，提交的数据量也要大于 GET。POST 就是设计为提交数据的，当提交的数据长度大于 256 个字符、或者要提交文件时，只能选择 POST 方式。

同时，如果提交的信息需要保密，也只能采用 POST 方式提交和处理。在实际应用中，一般也不会在 Servlet 中使用 out.println()的方式处理 html 代码，而是将 CSS 相关的页面渲染和页面显示放入 JSP 页面，Servlet 主要关心业务逻辑层的处理即可，如本章 5.2 节中的案例，使用 MVC 的架构设计。此案例主要目的是让读者理解使用 Servlet 也可以控制并修改前端的样式。

 5.6　Servlet 生命周期

在前文中，简单介绍了 Servlet 的生命周期，这里以一个具体的例子来说明 Servlet 的生命周期。

1. Servlet 生命周期简介

在 Web 程序中，每个 Servlet 都有自己的生命周期，Servlet 的生命周期由 Web 服务器来维护，Servlet 的生命周期遵循 Servlet 规范。在传统的 CGI 编程中，用户每请求一次 CGI 程序，服务器就会开辟一个单独的进程来处理请求，处理完毕再将这个进程销毁。这样反反复复地开辟与销毁进程不仅效率低下，而且占用很多的资源。如果并发请求数（同一时刻请求的数目）很多，CGI 程序往往显得力不从心。而 Servlet 解决了这个问题，服务器会在启动时（如果 load-on-startup 为 1）或第一次请求 Servlet 时（如果 load-on-startup 为 0）初始化一个 Servlet 对象，然后用这个 Servlet 对象去处理所有客户端请求。服务器关闭时才销毁这个 Servlet 对象。这样省去了开辟与销毁 Servlet 的开销。当然，这种机制也增加了服务器维护 Servlet 的复杂度（不过这是服务器的工作而不是你的工作）。

Servlet 会在服务器启动或第一次请求该 Servlet 时开始生命周期，在服务器结束的时结束生命周期。无论请求多少次 Servlet，最多只有一个 Servlet 实例。多个客户端并发求 Servlet 时，服务器会启动多个线程分别执行该 Servlet 的 service()方法。

在 Servlet 对象的生命周期中，init(ServletConfig conf)方法与 destroy()方法均只会被服务器执行一次，而 service()在每次客户端请求 Servlet 时都会被执行。Servlet 中有时会用到一些需要初始化与销毁的资源，因此可以把初始化资源的代码放入 init()方法内，把销毁该资源的代码放入到 destroy()方法内，而不需要每次处理请求都要初始化与销毁资源。

对于 Servlet 的 init(ServletConfig conf)方法，HttpServlet 提供了一个更简单的不带参数的替代方法 init()。HttpServlet 加载时会执行这个不带参数的 init()方法，因此只需把代码放置到 init()中即可。对于原来的 ServletConfig 参数，仍然可以通过 getServletConfig()方法获取到。

关于 Servlet 的生命周期，可以总结如下：

① Servlet 是一个供其他 Java 程序（Servlet 引擎）调用的 Java 类，它不能独立运行，它的运行完全由 Servlet 引擎来控制和调度。

② 针对客户端的多次 Servlet 请求，通常情况下，服务器只会创建一个 Servlet 实例对象，也就是说 Servlet 实例对象一旦创建，它就会驻留在内存中，为后续的其他请求服务，直至 web 容器退出，Servlet 实例对象才会销毁。

③ 在 Servlet 的整个生命周期内，Servlet 的 init 方法只被调用一次。而对一个 Servlet 的每次访问请求都导致 Servlet 引擎调用一次 Servlet 的 service()方法。对于每次访问请求，Servlet 引擎都会创建一个新的 HttpServletRequest 请求对象和一个新的 HttpServletResponse 响应对象，然后将这两个对象作为参数传递给它调用的 Servlet 的 service()方法，service()方法再根据请求方式分别调用 do×××方法。

④ 如果在<servlet>元素中配置了一个<load-on-startup>元素，那么 Web 应用程序在启动时，就会装载并创建 Servlet 的实例对象、以及调用 Servlet 实例对象的 init()方法。

```
<servlet>
    <servlet-name>invoker</servlet-name>
    <servlet-class>org.apache.catalina.servlets.InvokerServlet</servlet-class>
    <load-on-startup>2</load-on-startup>
</servlet>
```

上述代码的作用是：为 Web 应用写一个 InitServlet，这个 Servlet 配置为启动时装载，为整个 Web 应用创建必要的数据库表和数据。

下面举一个 Servlet 生命周期的例子：

```
package com.pc.servlet;
import java.io.IOException;
import java.io.PrintWriter;
import javax.servlet.ServletException;
import javax.servlet.http.HttpServlet;
import javax.servlet.http.HttpServletRequest;
import javax.servlet.http.HttpServletResponse;
public class ServletCircle extends HttpServlet {
    static int count=0;
    //首先调用构造函数
    public ServletCircle() {
```

```
        super();
        System.out.println("1. 调用构造函数....");
    }
    //接着调用 init()方法
    public void init() throws ServletException {
        System.out.println("2. 调用 init 方法...");
}
    //紧接着调用 doGet 或 doPost 方法
    public void doGet(HttpServletRequest request, HttpServletResponse response)
            throws ServletException,IOException {
        count ++;
        System.out.println("3. 调用 service 方法....  count = " + count + " 页面的
            访问人数: " + count);
    }
    //最后调用销毁方法
    public void destroy() {
        super.destroy();
        System.out.println("4. 销毁这个 Servlet...");
    }
}
```

在浏览器中访问 http://127.0.0.1:8080/web/servlet/ServletCircle，即可看到控制台的打印信息，如果刷新两次，则 service 的调用也会增加次数，效果图如图 5.16 所示。在图中，虽然没有调用 destroy 方法，但是当 JVM 内存不够时，发生内存回收，会关闭该 Servlet，并调用 destroy 方法。

```
1. 调用构造函数....
2. 调用init方法...
3. 调用service方法....  count = 1    页面的访问人数：1
3. 调用service方法....  count = 2    页面的访问人数：2
3. 调用service方法....  count = 3    页面的访问人数：3
```

图 5.16　Servlet 的生命周期

2. Servlet 生命周期常见接口和类

Servlet 生命周期相关的几个接口与类的用法如表 5.2 所示。

表 5.2　Servlet 生命周期常见接口和类

类 或 接 口	用　法
Servlet 接口	① init(ServletConfig config)//有参的 init 方法 ② service(ServletRequest req,ServletResponse res) ③ destroy()
GenericServlet 抽象类	实现了 Servlet 接口中的 init，destroy 方法
HttpServlet 抽象类	继承了 GenericServlet 抽象类，实现了 service 方法
ServletConfig 接口	String getInitParameter(String paraName)
ServletRequest 接口	HttpServletRequest 的父接口
ServletResponse 接口	HttpServletResponse 的父接口

3. Servlet 生命周期应用总结

从图 5.11 中可以看出 Servlet 生命周期的 4 个阶段：实例化、初始化、调用 service 方法和销毁。

其中实例化指的是容器调用 Servlet 的构造器，创建 Servlet 对象。实例化的出现一般在以下两种条件下产生：

① 容器收到请求之后才创建 Servlet 对象。在默认情况下，容器只会为 Servlet 创建唯一的一个实例（多线程，有安全问题。每次请求创建一个线程，由线程去调用方法）。

② 容器事先（容器启动时）将某些 Servlet（需要配置 load-on-startup 参数）对象创建好。load-on-startup 参数值必须是>=0 的整数，越小，优先级越高（即先被实例化）。参数加在 web.xml 配置文件里的某个<servlet>标签中，如<load-on-startup>1</load-on-startup>。

初始化指的是容器在创建好 Servlet 对象之后，会立即调用 Servlet 对象的 init 方法，在使用上，它有以下特点：

① init 方法只会执行一次。

② GenericServlet 已经实现了 init 方法，该方法会将容器创建好的 ServletConfig 对象作为参数传递给 init 方法。

③ ServletConfig 对象提供了一个 getInitParameter 方法来访问 Servlet 的初始化参数。

调用 service 方法是指的 Servlet 对象可以接受调用了，容器收到请求之后，会调用 Servlet 对象的 service 方法来处理，且可以被执行多次。HttpServlet 已经实现了 service 方法，该方法会依据请求类型（get/post）分别调用 doGet 或 doPost 方法。所以我们在写一个 Servlet 时，有两种选择：

① 覆盖 HttpServlet 的 doGet、doPost 方法。

② 覆盖 HttpServlet 的 service 方法。

销毁指的是 Servlet 容器在销毁 Servlet 对象之前，会调用 destroy 方法，且只会执行一次。

5.7 Servlet 的跳转

Servlet 之间可以相互跳转，从一个 Servlet 程序跳到另一个 Servlet。利用 Servlet 的跳转可以很容易地把一项任务按模块分开。比如使用一个 Servlet 接收用户提交的数据，然后跳到另一个 Servlet 中读取数据库进行业务操作，然后跳到另一个 Servlet 把处理结果显示出来。Servlet 的跳转可以实现程序模块化。

现在的 MVC（Model-View-Control）框架中都使用了 Servlet 跳转。MVC 框架把程序分成 3 个独立模块：业务处理模块（Model）、视图模块（View）、控制模块（Control）。其中 Model 负责处理业务、View 负责显示数据、Control 负责控制。在 Struts 框架中这 3 部分分别为 3 个 Servlet，程序在 3 个 Servlet 之间跳转。

就目前来说，Servlet 的跳转可以分为转发（Forward）、重定向（Redirect）和自动刷新，下面具体来讲解这几种跳转的用法。

1. 转发（Forward）

关于 Forward，也可以称为转向或转发，在 5.2.3 节的 Servlet 设计和实现中已应用过，不过没有具体讲解，本节将会详细讲解 Forward 的用法。

转发常应用于一个 Web 组件（Servlet/JSP）将未完成的处理通过容器转交给另外一个 Web 组件继续完成。常见的情况是：一个 Servlet 将数据处理完毕之后，转交给一个 JSP 去展现。转发的特点是：

① 转发的目的地只能是同一个应用内部的某个组件的地址。

② 转发之后，浏览器地址栏的地址不变。

③ 转发所涉及的各个 Web 组件可以共享同一个 request 对象和 response 对象。

转发的常应用于以下的场景（list.do 和 ListServlet 是两个 Servlet）：

① 用户调用 list.do。

② 有 ListServlet 到数据库查询数据。

③ ListServlet 将查询到的结果通过 Servlet 引擎（通信模块）转发给负责显示的 result.jsp。

④ result.jsp 将数据通过友好的界面显示给用户，比如用户作删除操作时，删除操作已做完，重定向访问 list.do。

转发（Forward）是通过 RequestDispatcher 对象的 forward(HttpServletRequest req,HttpServlet Response res)方法来实现的。RequestDispatcher 可通过 HttpServletRequest 的 getRequestDispatcher()方法获得。

getRequestDispatcher()方法的参数必须为以“/”开始，“/”表示本 Web 应用程序的根目录。如果要跳转到 Servlet 为 http://127.0.0.1:8080/web/servlet/PostServlet，则参数应为“/servlet/PostServlet”。

Forward 也是 MVC 框架中常用的一种技术，Forward 不仅可以跳转到本应用的另一个 Servlet、JSP 页面，也可以跳转到另外一个文件，甚至 WEB-INF 文件夹下的文件。其中跳转到 Servlet 与 JSP 页面是最常见的。框架中常使用一个 Servlet 来集中处理请求然后跳转响应的 Servlet，或者在 Servlet 中处理业务逻辑，然后跳转到 JSP 页面中显示处理结果。

下面使用一个案例，新建 ForwardServlet 来查看 Forwad 的用法，输入如下代码：

```
package com.pc.servlet;
import java.io.IOException;
import java.io.PrintWriter;
import java.util.Date;
import javax.servlet.RequestDispatcher;
import javax.servlet.ServletException;
import javax.servlet.http.HttpServlet;
import javax.servlet.http.HttpServletRequest;
import javax.servlet.http.HttpServletResponse;
public class ForwardServlet extends HttpServlet {
    public void doGet(HttpServletRequest request, HttpServletResponse response)
            throws ServletException,IOException {
        request.setCharacterEncoding("utf-8");
        response.setCharacterEncoding("utf-8");

        String param=request.getParameter("param");
        // 跳转到/WEB-INF/web.xml
        //通过地址栏输入网址是不能访问到该文件的，但是 forward 可以
        if ("file".equals(param)) {
```

```
            RequestDispatcher view = request.getRequestDispatcher("/WEB-INF/
                web.xml");
            view.forward(request, response);
        }
        // 跳转到 /forward.jsp
        else if ("html".equals(param)) {
            RequestDispatcher view = request.getRequestDispatcher("/post.html");
            view.forward(request, response);
        }
        // 跳转到另一个 Servlet
        else if ("servlet".equals(param)) {
            RequestDispatcher view = request.getRequestDispatcher("/servlet/
                GetServlet");
            view.forward(request, response);
        } else {
            String html=request.getRequestURL() + "?param=html";
            String file=request.getRequestURL() + "?param=file";
            String servlet=request.getRequestURL() + "?param=servlet";

            response.setContentType("text/html; charset=UTF-8");

            response.getWriter().println("没有对应的参数，访问如下网址，即可查看效果:
                    <br/>"
                +"<a href='"+ html +"'> " + html + "</a> <br/>"
                +"<a href='"+ file +"'> " + file + "</a> <br/>"
                +"<a href='"+ servlet +"'> " + servlet + "</a> <br/>");
        }
    }
}
```

上述代码显示的效果图如图 5.17 所示。

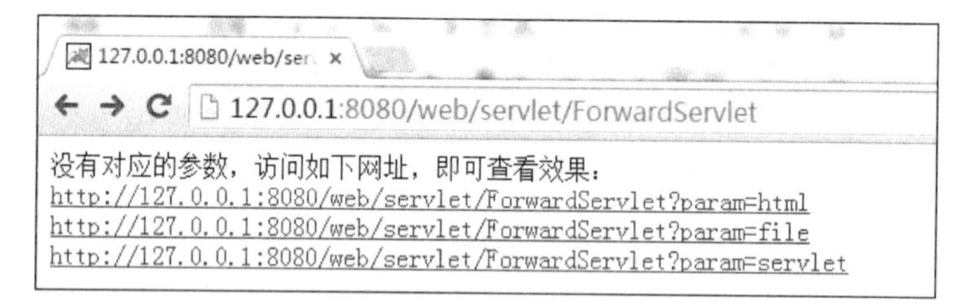

图 5.17　forward 的跳转效果图

ForwardServlet 中根据地址栏传入的 para 参数不同而跳转到不同的目的地。如图 5.16 中所示：

如果点击超链接的 param 参数值为 html，则跳转到 html 页面/post.html，效果如图 5.12 所示。

如果点击超链接的 param 参数值为 servlet，则跳转到 /servlet/ GetServlet 的页面，效果如图 5.13 所示。

如果点击超链接的 param 参数值为 file，则跳转到文件/WEB-INF/web.xml，效果图如图 5.18 所示。

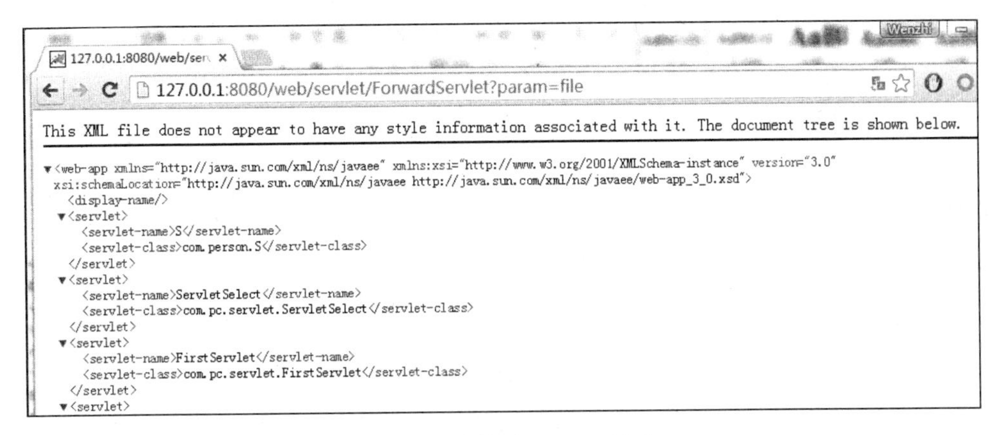

图 5.18　跳转到 web.xml 页面

2. 重定向（Redirect）

服务器发送一个 302 状态码及一个 Location 消息头（值是一个地址，称为重定向地址），通知浏览器立即向重定向地址发请求。重定向和转发有点类似，但是它和转发有一定的区别，具体区别如下：

① 转发的目的地只能是同一个应用内部某个组件的地址，而重定向的目的地是任意的。

② 转发之后，浏览器地址栏的地址不变，而重定向会变。

③ 转发所涉及的各个 Web 组件可以共享 request 对象，而重定向不可以。

④ 转发是一件事情未做完，而重定向是一件事情已经做完。

在状态码中：301、302 都表示重定向，区别是 301 是永久性重定向，302 是临时性重定向。在代码中，一般使用 response.sendRedirect(String url);的方式来定义重定向的。重定向在使用过程中，有以下特点：

① 重定向之前，不要调用 out.close();，会报错。

② 重定向之前，服务器会先清空 response 对象上缓存的数据。Servlet 只允许同时发送一个响应。

③ 重定向的地址是任意的（前提要存在否则报 404）。

④ 重定向之后，浏览器地址栏的地址会变成重定向地址。

下面写一个重定向的例子，代码如下：

```
//这里省略相关的引入包
public class RedirectServlet extends HttpServlet {
    public void doGet(HttpServletRequest request, HttpServletResponse response)
            throws ServletException,IOException {
        response.sendRedirect("http://www.baidu.com");      //跳转到百度页面
    }
}
```

在浏览器中访问 http://127.0.0.1:8080/web/servlet/RedirectServlet，就会发现页面直接跳转到百度页面，连浏览器地址栏也发生变化，感兴趣的读者可行尝试。

3. 自动刷新（Refresh）

自动刷新不仅可以实现一段时间之后自动跳转到另一个页面，还可以实现一段时间之后自动刷新本页面。Servlet 中通过 HttpServletResponse 对象设置 Header 属性实现自动刷新效果，例如：

```
response.setHeader("Refresh", "1000; URL=http://127.0.0.1:8080/web/example.htm");
```

其中 1000 为时间，单位毫秒。URL 参数指定的网址就是 1 秒钟之后跳转的页面。当 URL 设置的路径为 Servlet 自己的路径时，就会每隔 1 秒钟自动刷新本页面一次。某些情况下自动刷新很有用处。例如实时显示股市走势，或者定时检查是否有新邮件到达。

自动刷新与重定向原理是差不多的。如果把时间设为 0，把 URL 设为另外一个网址，效果就是重定向。

5.8 线程安全

线程安全问题是指在多线程并发执行时，会不会出现问题。如果不会出现问题，则是线程安全的；如果会出现问题，则是线程不安全的。由于 Servlet 只会有一个实例，多个用户同时请求同一个 Servlet 时，Tomcat 会派生出多条线程执行 Servlet 的代码，因此 Servlet 有线程不安全的隐患。如果设计不当，系统会出现问题。

关于线程安全，有以下几点说明：

① 当多个客户端并发访问同一个 Servlet 时，Web 服务器会为每一个客户端的访问请求创建一个线程，并在这个线程上调用 Servlet 的 service 方法，因此 service 方法内如果访问了同一个资源的话，就有可能引发线程安全问题。

② 如果某个 Servlet 实现了 SingleThreadModel 接口，那么 Servlet 引擎将以单线程模式来调用其 service 方法。

③ SingleThreadModel 接口中没有定义任何方法，只要在 Servlet 类的定义中增加实现 SingleThreadModel 接口的声明即可。

④ 对于实现了 SingleThreadModel 接口的 Servlet，Servlet 引擎仍然支持对该 Servlet 的多线程并发访问，其采用的方式是产生多个 Servlet 实例对象，并发的每个线程分别调用一个独立的 Servlet 实例对象。

⑤ 实现 SingleThreadModel 接口并不能真正解决 Servlet 的线程安全问题，因为 Servlet 引擎会创建多个 Servlet 实例对象，而真正意义上解决多线程安全问题是指一个 Servlet 实例对象被多个线程同时调用的问题。事实上，在 Servlet API 2.4 中，已经将 SingleThreadModel 标记为 Deprecated（过时的）。

下面的代码会从 request 中获取 name 属性，并显示。因为 doGet()方法与 doPost()方法都要获取 name 参数，因此程序定义了一个公共的私有变量 name，方便这两个方法使用，代码如下：

```
package com.pc.servlet;
import java.io.IOException;
import java.io.PrintWriter;
import javax.servlet.ServletException;
import javax.servlet.http.HttpServlet;
import javax.servlet.http.HttpServletRequest;
```

```
import javax.servlet.http.HttpServletResponse;

public class ServletSafe extends HttpServlet {
    String name;
    public void doGet(HttpServletRequest request, HttpServletResponse response)
            throws ServletException,IOException {
        request.setCharacterEncoding("utf-8");
        response.setCharacterEncoding("utf-8");

        //通过get方式接收浏览器参数
        name=request.getParameter("name");
        try {
            Thread.sleep(5000);
        } catch (InterruptedException e) {
        }
        response.getWriter().println(
            "<h1>" + name + ", 欢迎你访问本页面, 您使用了 GET 方式提交数据" + "</h1>");
    }
}
```

程序看起来是没有任何问题的，但是为了突出效果，doGet()方法让线程沉睡 5 秒。5 秒内分别用两个浏览器访问 ServletSafe?name=Jack 与 ServletSafe?name=Tom，显示的结果均为图 5.19 所示。

图 5.19　线程安全

另外一个浏览器的效果也是如此，感兴趣的读者可自尝试。

为什么两个浏览器显示的结果一致？因为线程 A 设置 name 属性为 Jack，但是在它输出 name 属性时，已经被线程 B 改为了 Tom。这就是所谓的线程不安全的问题。

因此，Servlet 不是线程安全的，多线程并发的读写会导致数据不同步的问题。解决的办法是尽量不要定义 name 属性，而要把 name 变量定义到 doGet()方法内，让其成为局部变量，即可解决问题。

通常解决线程的安全一般都是采用如下方式：

① 加锁：使用 synchronized 关键字对方法或者代码块加锁。

② 让一个 Servlet 实现 SingleThreadMode 接口：容器会为这样的 Servlet（实现 SingleThread Mode 接口的）创建多个实例（一个线程一个实例）。因为有可能会产生过多的 Servlet 实例，所以，在比较大型的应用当中，尽量少用。

虽然使用 synchronized(name){}语句块也可以解决问题，但是会造成线程的等待，会影响程序的一些性能。不是很科学的办法。多线程并发的读写 Servlet 类属性会导致数据不同步。但是如果只是并发地读取属性而不写入，则不存在数据不同步问题。因此，Servlet 里的只读属性最好定义为 final 类型的。

本章小结

在 Web 应用程序中，Servlet 负责接收用户请求 HttpServletRequest，在 doGet()、doPost()方法中做相应的处理，并将回应 HttpServletResponse 反馈给用户。Servlet 可以设置初始化参数，供 Servlet 内部使用。一个 Servlet 类只会有一个实例，在它初始化时调用 init()方法，销毁时调用 destroy()方法。Servlet 需要在 web.xml 中配置，一个 Servlet 可以设置多个 URL 访问。Servlet 不是线程安全的，因此要谨慎使用类的变量。

第6章 JSP技术

在第 5 章中，也使用了几个 jsp 页面，但是没有详细介绍。由于在页面显示中，如果 HTML 的内容很多，使用 Servlet 进行字符串拼接，还是比较麻烦的，每个输出都需要调用 out.println()。最好的方式是采用 5.2 节中的例子，Servlet 仅仅充当控制层的作用，将数据返回给 JSP 进行处理，这样也无需在 Servlet 中拼接字符串，将业务逻辑和视图层分开，简化了工作量，也方便代码的维护和管理。

JSP（Java Server Page）是 Java 服务器端动态页面技术，是 Oracle 公司制订的一种服务器端的动态页面生成技术规范。在程序开发中，直接使用 Servlet，虽然也可以生成动态页面。但是，编写烦琐（需要使用 out.println 来输出），并且维护困难（如果页面发生了改变，需要修改 Java 代码），所以制定了 JSP 规范。

6.1 JSP 简介

JSP 是一种基于文本的程序，其特点是 HTML 代码与 Java 程序共同存在。执行时 JSP 会被 Tomcat 自动编译，这个过程对开发者是透明的、不需要关注的。编译后的 JSP 跟 HttpServlet 一样，都是 javax.servlet.Servlet 接口的子类。

JSP 其实是一个以.jsp 为后缀的文件，容器会自动将.jsp 文件转换成一个.java 文件（其实就是一个 Servlet），然后调用该 Servlet。所以，从本质上讲，JSP 其实就是一个 Servlet。

一般意义上，在提到 JSP 与 Servlet 时，Servlet 一般是指 HttpServlet。如果不特别指明，本书中的 Servlet 一般是指 HttpServlet 而不是 Servlet 接口。

1. JSP 简介

JSP 是为了简化 Servlet 的工作而出现的替代品。Sun 公司 1997 年推出了 Servlet API 以及第一款 Java Web 服务器。早期的 Java Web 层体系结构中只有 Servlet。接受用户请求，处理业务逻辑，生成 HTML 显示结果都是在 Servlet 中完成的。虽然 Servlet 可以胜任所有的工作，但是 Servlet 中不能像 PHP、ASP 等镶嵌 HTML 代码，输出 HTML 比较困难，而且部署过程也比较复杂。

为了克服 Servlet 的这些弱点，Sun 公司在 1999 年初推出了 JSP 1.0。作为对 Servlet 的一个补充，JSP 在生成 HTML 代码上比 Servlet 方便许多，而且不需要特殊部署，只需要复制到服务器下面即可运行。在经历了几次重大的版本升级之后，JSP 升级到了目前的 2.1 版本，功能也比第一版 JSP 强大了很多。

JSP 包括很多技术，包括 Java Bean、自定义标签（Custom Tags）、EL 表达式（Expression Language）、JSTL 标准标签类库（Java Standard Tag Library）等。这些强大成熟的技术使得 JSP 在视图层（View）有很大的优势。

JSP 的界面中可以直接编写 Java 代码，这为开发人员提供了极大的便利，自从推出 JSP 1.0 后，便得到了广泛的应用。

2. 第一个 JSP 程序

JSP 从本质上，也是一个 Servlet，因此 Servlet 能够完成的内容，JSP 也能同样完成。创建一个 JSP 文件很简单，只需要以下步骤：

① 创建一个以“.jsp”为后缀的文件。在 MyElcipse 中，在 WebRoot 的目录下右击，“新建 jsp”命令，新建时注意重命名。

② 在该文件里面，可以添加如下的内容：

a. HTML（CSS、JS）：直接写即可。

b. Java 代码：

- Java 代码片段：<% Java 代码 %>。
- JSP 表达式：<%= Java 表达式 %>。
- JSP 全局变量：<%! %>。

c. 指令。

下面创建一个简单的 JSP 程序，在页面中通过 JSP 语句输出一个定义好的 Java 变量，代码如下：

```
<%@ page language="java" import="java.util.*" pageEncoding="utf-8"%>
<%
    //直接写 Java 代码
    String hello="欢迎您来到 JSP 世界";
%>
<!DOCTYPE html>
<html>
    <head>
        <title>第一个 JSP 页面</title>
        <meta http-equiv="content-type" content="text/html; charset=UTF-8">
    </head>
    <body>
        <!-- 这里是hello 的显示方式 -->
        <h1><%=hello %></h1>
    </body>
</html>
```

代码运行后，效果图如图 6.1 所示。

图 6.1 第一个 JSP 程序

JSP 中粗体部分就是 Java 程序代码（与普通 Java 类代码没什么区别）。其他部分是 HTML 代码。编辑完毕后使用 MyEclipse 将项目 JSP 部署到 Tomcat 下面。启动 Tomcat，在浏览器中访问 http://127.0.0.1:8080/web/jsp/hello.jsp，即可以访问该 JSP 程序。

从上面的例子中可以看出，JSP 中可以直接嵌套规则的 HTML 源代码，可读性非常好。 而 Servlet 中输出 HTML 只能使用 out.println("<html>")。而且 JSP 程序不需要在 web.xml 中部署，直接使用地址访问即可。该 Web 项目中只含有 JSP 程序而没有 Servlet，因此部署时不需要 web.xml。

在 Java EE 6.0 规范中，如果一个 Web 应用只含有 JSP 程序以及 HTML 页面、图片等静态文件资源，则部署 Web 应用时不需要 web.xml。而在 Java EE 6.0 以前的版本如 J2EE 1.4 中，无论是否有 Servlet 等高级程序，部署时必须使用 web.xml。例如 Tomcat 5 中必须使用 web.xml。

这种 Java 和 HTML 的混编模式得到了很好的推广，自从 JSP 出现后，Servelt 的应用也开始做控制层，代码中很少使用 Servlet 的 out.println 的方式进行字符串拼接，大部分开始使用 JSP 方式。

3. JSP 的运行方式

Tomcat 容器是不能直接读取 JSP 文件的，它在运行 JSP 文件时，会将其转化为一个 Servlet，然后再运行，所以本质上来说：运行 JSP 就是运行一个 Servlet。

虽然 JSP 是一种 Servlet，但是与 HttpServlet 的工作方式不太一样。HttpServlet 是先由源代码编译为 class 文件后部署到服务器下的，先编译后部署。而 JSP 则是先部署源代码后编译为 class 文件的，先部署后编译。JSP 会在客户端第一次请求 JSP 文件时被编译为 HttpJspPage 类（接口 Servlet 的一个子类）。该类会被服务器临时存放在服务器工作目录中。具体的运行方式如下：

① 容器依据.jsp 文件生成.java 文件（也就是先转换成一个 Servlet）。

a. HTML（CSS、JS）放到 service 方法中，使用 out.write 输出

b. <%　%>也放到 service 方法中，照搬，不改动。

c. <%=　%>也会放到 service 方法中，使用 out.print 输出。

d. <%!　%>给 Servlet 添加新的属性或者新的方法（转成.java 文件后，声明内的部分添加在 service 方法之外）。

② 这样就把一个 JSP 变成了一个 Servlet 容器。需要特别说明的是：out.writer 方法只能输出简单的字符串，对象是无法输出的。优点是把 null 自动转换成空字符串输出，如<% out.println(new Date()); %>不能用 writer。

③ 容器接下来就会调用 Servlet 来处理请求（会将之前生成的.java 文件进行编译，然后实例化、初始化、调用相应的方法处理请求）。

④ 隐含对象。

a. 所谓隐含对象（共 9 个），指的是在.jsp 文件中直接可以使用的对象，如 out、request、response、session、application（ServletContext 上下文）、exception、pageContext、config、page。

b. 之所以能直接使用这些对象，是因为容器会自动添加创建这些对象的代码（JSP 仅仅是个草稿，最终会变为一个 Servlet。）。

举例说明 JSP 的编译过程。客户端第一次请求 hello.jsp 时，Tomcat 先将 hello.jsp 转化为标准的 Java 源代码 hello_jsp.java，存放在 C:\tomcat\work\Catalina\localhost\jsp \org\apache\web 目录下，并将 hello_jsp.java 编译为类文件 hello_jsp.class。该 class 文件便是 JSP 对应的 Servlet。

编译完毕后再运行 class 文件来响应客户端请求。以后客户端访问 hello.jsp 时，服务器将不再重新编译 JSP 文件，而是直接调用 hello_jsp.class 来响应客户端请求。

由于 JSP 只会在客户端第一次请求时被编译，因此第一次请求 JSP 时会感觉比较慢。而之后的请求因为不会编译 JSP，所以速度就快多了。如果将 Tomcat 保存的 JSP 编译后的 class 文件删除，Tomcat 也会重新编译 JSP。

开发 Web 程序时经常需要修改 JSP。Tomcat 能够自动检测到 JSP 程序的改动。如果检测到 JSP 源代码发生了改动，Tomcat 会在下次客户端请求 JSP 时重新编译 JSP，而不需要重启 Tomcat。这种自动检测功能默认是开启的，检测改动会消耗少量的时间。在部署 Web 应用程序时可以在 web.xml 中将它关掉。

4. 隐藏对象

JSP 中的隐藏对象是方便开发者在调用时，可以直接运用，无需定义对象或变量，它们的用法如下：

① out 输出流对象。隐藏对象 out 是 javax.servlet.jsp.JspWriter 类的实例。服务器向客户端输出的字符类内容可以通过 out 对象输出。

② request 请求对象。隐藏对象 request 是 javax.servlet.ServletRequest 类的实例。代表客户端的请求。request 包含客户端的信息以及请求的信息，如请求哪个文件，附带的地址栏参数等。每次客户端请求都会产生一个 request 实例。

③ response 响应对象。隐藏对象 response 是 javax.servlet.ServletResponse 类的实例，代表服务器端的响应。服务器端的任何输出都是通过 response 对象发送到客户端浏览器。每次服务器端都会产生一个 response 实例。

④ config 配置对象。隐藏对象 config 是 javax.servlet.ServletConfig 类的实例，ServletConfig 封装了配置在 web.xml 中初始化 JSP 的参数。JSP 中通过 config 获取这些参数。每个 JSP 文件都有一个 config 对象。

⑤ session 会话对象。隐藏对象 session 是 javax.servlet.http.HttpSession 类的实例。session 与 cookie 是记录客户访问信息的两种机制，session 用于服务器端保存用户信息，cookie 用于客户端保存用户信息。Servlet 通过 request.getSession()获取 session 对象，而在 JSP 中可以直接使用。如果 JSP 中配置了<%@ page session="false" %>，则隐藏对象 session 不可用。每个用户对应一个 session 对象。

⑥ application 应用程序对象。隐藏对象 application 是 javax.servlet.ServletContext 类的对象。application 封装了 JSP 所在的 Web 应用程序的信息，例如 web.xml 中配置的全局的初始化信息。Servlet 中 application 对象通过 ServletConfig.getServletContext()来获取。整个 Web 应用程序对应一个 application 对象。

⑦ page 页面对象。隐藏对象 page 为 javax.servlet.jsp.HttpJspPage 类的实例，page 对象代表当前 JSP 页面，是当前 JSP 编译后的 Servlet 类的对象。page 相当于普通 Java 类中的关键字 this。

⑧ pageContext 页面上下文对象。隐藏对象 pageContext 为 javax.servlet.jsp.PageContext 类的实例。pageContext 对象代表当前 JSP 页面编译后的内容。通过 pageContext 能够获取到 JSP 中的资源。

⑨ exception 异常对象。隐藏对象 exception 为 java.lang.Exception 类的对象。exception 封装

了 JSP 中抛出的异常信息。要使用 exception 对象，需要设置<%@ page isErrorPage="true" %>。隐藏对象 exception 通常被用来处理错误页面。

5. JSP 生命周期

JSP 也是 Servlet，运行时只会有一个实例。跟 Servlet—样，JSP 实例初始化、销毁时也会调用 Servlet 的 init()与 destroy()方法。另外，JSP 还有自己的初始化方法与销毁方法 JspInit()与 JspDestroy()，例如：

```
<%!      //注意这里是%!
      public void _jsplnit() {           //初始时运行的代码      }
      public void_ jspDestroy() {        //销毁时运行的代码      }
%>
```

由于在 Java 代码中，内存一般是让 JVM 管理的，所以在 JSP 代码中，一般不会定义初始化方法和销毁方法，但是读者仅仅需要了解有生命周期这个概念，其用法和 Servlet 的生命周期一致。

说明：使用<%! ... %>的方式是可以声明全局变量的，也就是变量可以在页面中存在，只要该 JSP 页面不关闭，刷新页面后，变量的值就是原来的值，一旦修改，就不再是初始的值，因此使用过程中需要特别注意，要慎用。

6. JSP 注释

在 JSP 中不仅可以使用 HTML 的注释，还提供一种 JSP 注释，即为<%-- 注释 --%>，关于这两种注释，有以下特点：

① <!-- 注释内容 -->：允许注释的内容是 Java 代码，如果是 Java 代码，会被容器执行，但是执行的结果会被浏览器忽略（不会显示出来）

② <%-- 注释内容 --%>：注释的内容不能是 Java 代码，如果是 Java 代码，会被容器忽略。

关于两种注释，可以做以下说明：

```
<%-- 这段代码不会再页面的源码中出现，可以隐藏代码，推荐使用 --%>
<!--这段代码会出现的页面中源码中 -->
```

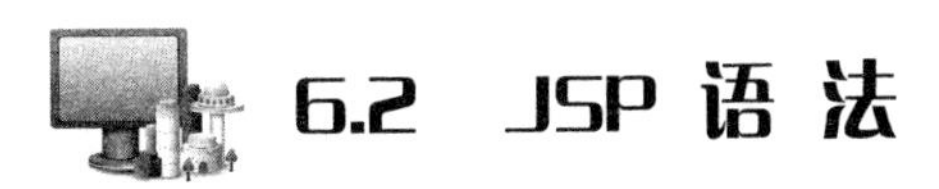

6.2 JSP 语法

JSP 的代码组成其实就是是 HTML 代码与 Java 代码的混合体，其中 HTML 部分遵循 HTML 语法，Java 部分遵循 Java 语法。所以，从本质上来说，JSP 语法即为 Java 语法，但是在应用上有所不同，本节的讲解主要以应用为主。

6.2.1 指令

1. 指令的定义

指令是指通知容器，在将.jsp 文件转换成.java 文件时做一些额外的处理，如导包。JSP 指令用来声明 JSP 页面的一些属性等，如编码方式、文档类型。JSP 指令以符号“<%@” 开始，以符号 “%>” 结束。JSP 指令格式为<%@ directive {attribute=value}* %>。星号（*）表示可以有 0

个或者多个属性。如前面 hello.jsp 例子中指定编码方式的指令：

```
<%@ page language="java" import="java.util.*" pageEncoding="utf-8"%>
```

该指令中 directive 位置为 page，因此该指令是一个 page 指令。该指令包含 language 与 contentType 两个属性。常见的指令有 page、taglib、include 等。在例子中，可以看出指令的基本语法为：

```
<%@指令名称 属性名=属性值 %>
```

2. page 指令

page 指令是最常用的指令，用来声明 JSP 页面的属性等。JSP 指令的多个属性可以写在一个 page 指令中，也可以写在多个指令中，例如：

```
<%@ page language="java" contentType="text/html; charset=utf-8"%>
<%@ page pageEncoding="utf-8"%>
<%@ page include=java.util.*"%>
```

但是需要注意的是，无论在哪个 page 指令里的属性，任何 page 允许的属性都只能出现一次，否则编译报错。import 属性除外，它可以出现多次。

关于 Page 属性，如果将上述的 page 引入页面，则查看源码时，输出的 HTML 代码前面会有 5 个空白行。这里可以指定 Page 指令的 trimDirectiveWhitespaces 属性为 true，取消多余空行。常见的 paga 指令如下：

① import 属性：导包。

```
<%@page import="java.util.*"%><!-- 注意：没有分号！ -->
```

② contenType 属性：设置 response.setContentType 的内容。

```
<%@page import="java.util.*" contentType="text/html;charset=utf-8" %>
```

③ pageEncoding 属性：告诉容器.jsp 的文件的编码格式，这样，容器在获取 jsp 文件的内容（即解码）时，不会出现乱码。最好加入，有些容器默认以 ISO-8859-1 编码。

```
<%@ page pageEncoding="utf-8"%>
```

④ session 属性：true/false，默认值是 true。如果值为 false，则容器不会添加获得 session 的语句。

```
<%@page session="false" %>
```

⑤ isELIgnored 属性：true/false，默认值是 true。如果值为 false，则告诉容器不要忽略 el 表达式。J2EE5.0 需要使用 isELIgnored="false"，否则 EL 表达式无效。

⑥ isErrorPage 属性：true/false，默认值是 false。如果值为 true，表示这是一个错误处理页面（即专门用来处理其他 JSP 产生的异常，只有值为 true 时，才能使用 exception 隐含对象去获取错误信息）。

⑦ errorPage 属性：设置一个错误处理页面，当页面发生错误，会跳转到该页面。

```
<%@page errorPage="error.jsp" %>
```

3. include 指令

include 指令形式比较简单，只有一种形式，如<%@ include file="head.jsp" %>。它允许在一个文件中包含另外一个文件，这样可以保证代码的重复利用性，代码如下：

```
<%@ page language="java" contentType="text/html; charset=utf-8"%>
<%@ include file="header.jsp" %>
<%@ include file="body.jsp" %>
<%@ include file="footer.jsp" %>
```

这样，所有的导航栏内容（或标题）全部放进了 header.jsp，所有的版权内容都放进了 footer.jsp，正文内容放入 body，这样可以方便页面管理。使用 include 指令有以下作用：

① 对于页面的公共部分，我们可以使用相同的 jsp 文件，并使用 include 指令导入，如此实现代码的优化。

② 告诉容器，在将.jsp 文件转换成.java 文件时，在指令所在的位置插入相应的文件的“内容“（由 file 属性来指定）。插入的页面并未运行，而是机械的将内容插入。

4. taglib 指令

JSP 支持标签技术，使用标签功能能够实现视图代码重用，很少量的代码就能实现很复杂的显示效果。要使用标签功能必须先声明标签库以及标签前缀。taglib 指令用来指明 JSP 页面内使用的 JSP 标签库。taglib 指令有两个属性，uri 为类库的地址，prefix 为标签的前缀，例如：

```
<%@taglib uri="http://java.sun.com/jsp/jstl/core" prefix="c" %>
```

上面代码中的 taglib 属性是主要引入 jstl 的包，这样可以在程序中方便地运用 jstl 的内容，关于 jstl，后文中会详细讲解。

6.2.2　JSP 的基本语法

1. JSP 的脚本

JSP 脚本必须使用“<%”与“%>”括起来，否则被视为 HTML 的内容。“<%”与“%>”中间的部分必须遵循 Java 语法，否则会发生编译错误。JSP 脚本可以出现在 JSP 文件的任何地方。下面举一个例子，在页面中输入 1 + 2 + 3 + ... + 10 的效果，代码如下：

```
<%@ page language="java" import="java.util.*" pageEncoding="utf-8"%>
<!DOCTYPE html>
<html>
    <head>
        <title>JSP 脚本</title>
        <meta charset="utf-8" />
    </head>
    <body>
        <%
            int number=10;
            int result=1;
            for(int i=1; i<=number; i++){
                result+=i;
                out.println("第"+i+"次运行后，result="+result+"<br/>");
            }
            out.println("<br/>");
            out.println("1+2+3+…+10="+result);
        %>
```

```
    </body>
</html>
```

上述代码运行后的效果图如图 6.2 所示。

2. JSP 的 out 输出

图 6.2 的内容是通过 JSP 的隐藏对象 out 输出，这个输出的效果和 Servlet 定义的 PrintWriter out = response.getWriter();中 out 的作用是一样的，都是在页面中通过拼接字符串进行输出的。

不过由于 out 对象输出的效果不是很好，也很难对元素进行控制，因此一般不推荐使用，下面介绍一种 JSP 常见的输出方式。

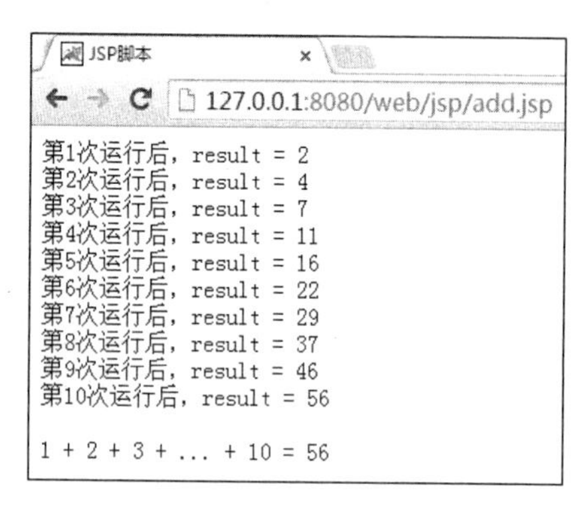

图 6.2 JSP 脚本运行效果图

3. JSP 元素输出

JSP 中还可以使用“<%=”与“%>”输出各种类型数据，包括 int、double、boolean、String、Object 等。举例如下：

```
<%@ page language="java" import="java.util.*" pageEncoding="utf-8"%>
<%
String name="张三";
int i=10;
final double PI=3.14;
 %>
<!DOCTYPE html>
<html>
    <head>
        <title>JSP 的输出</title>
        <meta charset="UTF-8">
    </head>
    <body>
        <h2>JSP 的输出</h2>
        <h3> name=<%=name %></h3>
        <h3> i=<%=i %></h3>
        <h3> PI=<%=PI %></h3>
    </body>
</html>
```

从代码中可以看出，元素的定义和输出是分离的，在代码中很容易嵌入 JSP 页面，也很容易修改元素的样式表。上述代码显示的效果如图 6.3 所示。

使用“<%=”与“%>”输出变量时需要注意：元素后面不能有“;”号，否则会报错。在调用对象时，输出的是调用该对象的 toString()方法，因此如果需要输出，可以改写类中的 toString()方法，让对象按照程序指定的方式输出。

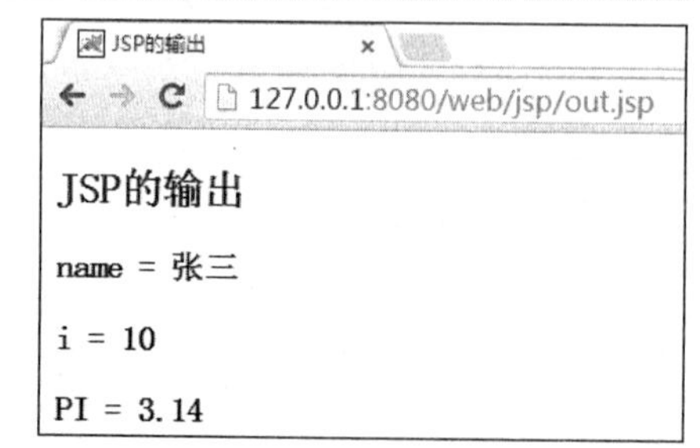

图 6.3 JSP 的输出

4. JSP的方法

JSP中可以声明方法与属性（全局变量），但不能直接在“<%”与“%>”之间声明，也不能在“<%=”与“%>”之间声明。JSP声明方法或者全局变量时使用另一组符号“<%!”与“%>”，例如：

```
<%@ page language="java" import="java.util.*" pageEncoding="utf-8"%>
<%!
    //这里申明方法和全局变量
    String book;
    public String getBook() {
        return book;
    }
%>
<%
    //这里是局部变量，可以修改变量内容
    book="钢铁是怎样炼成的";
 %>
<!DOCTYPE HTML>
<html>
    <head>
        <title>JSP方法</title>
        <meta charset="UTF-8">
    </head>
    <body>
        <h3>通过方法调用</h3>
        <p>姓名：张三，  获得了一本《<%=getBook() %>》的书。</p>
    </body>
</html>
```

上述代码显示的效果如图6.4所示。

粗体代码为方法与全局变量，JSP中可以使用多个“<%!”与“%>”声明多个方法，也可以将多个方法声明在一对“<%!”与“%>”中。需要注意的是：编译后的JSP类除了具有Servlet接口的方法之外，还具有自己的方法，如jsplnit、jspDestroy、JspService等，分别完成JSP的初始化与销毁时的工作。自定义方法时应该避免使用上述方法名称。与上述方法相同，则认为是覆盖了JSP方法。

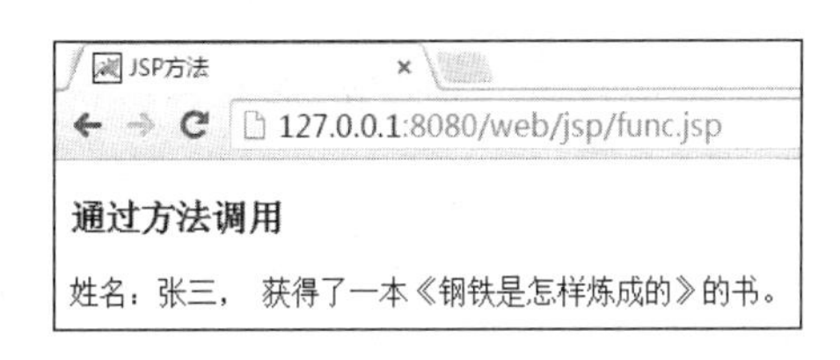

图6.4　JSP的方法

另外，如果将方法定义在普通声明（<%... ...%>）中，会发生什么事情？感兴趣的读者可自行尝试。

另外，这里需要说明的是：在JSP中，方法虽然可以这么定义，但是不推荐，建议将方法定义在model层的类中，调用时，通过对象的方式直接调用。

6.2.3　JSP的选择和循环语句

在JSP中可以直接使用Java代码，因此JSP的选择语句和循环语句和Java的语法一致，不过用法有所不同，这里主要讲解JSP语句的用法。

1. if 语句

JSP 代码中可以使用 if 语句。不同的是，if 语句块中可以包含大段的 HTML 代码。如果 if 语句块包含有 HTML 代码，if 语句块前后必须使用“<% %>”，也就是说 Java 代码需要写在 Java 中，html 代码写在 html 代码中。具体用法如下：

```
<%@ page language="java" import="java.util.*" pageEncoding="utf-8"%>
<!DOCTYPE HTML>
<html>
    <head>
        <title>JSP的if语句</title>
        <meta charset="UTF-8">
    </head>
    <body>
        <%
            String param = request.getParameter("param");
            if("1".equals(param)){
        %>
            <h1>param=1 《=====》这个是选取参数1的效果; </h1>
        <%
            } else if("2".equals(param)){
         %>
             <h2>param=2 《=====》这个是选取参数2的效果; </h2>
         <%
            } else{
         %>
             <h3>参数有误，点击如下链接，即可访问页面: </h3>
             <p><a href="if.jsp?param=1">param=1</a></p>
            <p><a href="if.jsp?param=2">param=2</a></p>
         <%
             }
          %>
    </body>
</html>
```

粗体部分为 JSP 脚本。程序根据地址栏中的 param 参数决定输出什么内容。当使用 http://127.0.0.1:8080/web/jsp/if.jsp 访问该 JSP 时，输出效果如图 6.5 所示。

当选择的内容不同时，页面显示的效果也不同，感兴趣的读者可自行尝试。

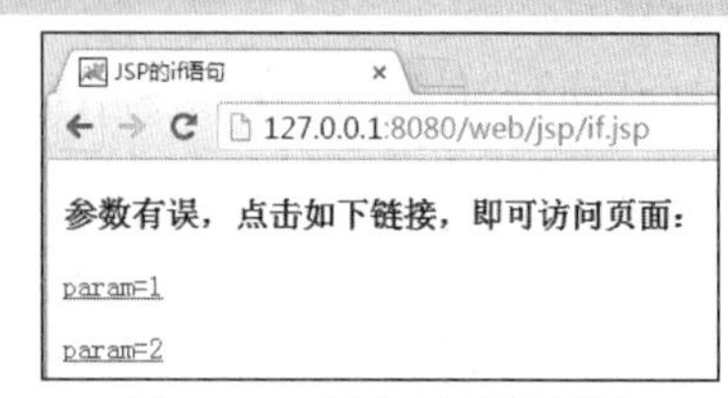

图 6.5　if 语句显示效果图

2. for 语句

在 JSP 中，既可以用普通的 for 语句，也可以用 for-each 循环，具体的语法结构和 Java 一致，不过内容显示遵循 JSP 代码和 HTML 代码分开的原则。下面设计一个案例，显示学生的信息，先设计一个 Student 类，代码如下：

```
package com.pc.model;
```

```
public class Student {
    private String name;
    private int age;
    private String major;
    private String school;

    public Student() {
    }

    public Student(String name, int age, String major, String school) {
        this.name=name;
        this.age=age;
        this.major=major;
        this.school=school;
    }
public String getName() {
        return name;
    }
    public void setName(String name) {
        this.name=name;
    }
    public int getAge() {
        return age;
    }
    public void setAge(int age) {
        this.age=age;
    }
    public String getMajor() {
        return major;
    }
    public void setMajor(String major) {
        this.major=major;
    }
    public String getSchool() {
        return school;
    }
    public void setSchool(String school) {
        this.school=school;
    }
}
```

接着，在JSP页面中定义3个Student对象，并在页面中用表格的形式输出相关的信息，代码如下：

```
<%@ page language="java" import="java.util.*" pageEncoding="utf-8"%>
<%@ page import="com.pc.model.Student" %>
<%
    Student stu[]=new Student[3];
    stu[0]=new Student("张三", 18, "软件工程", "湖南科技学院");
    stu[1]=new Student("李四", 19, "计算机科学与技术", "湖南科技学院");
    stu[2]=new Student("王五", 20, "通信工程", "湖南科技学院");
```

```
    String[] colors={"#e0e0e0", "#f5f5f5", };
%>
<!DOCTYPE HTML>
<html>
    <head>
        <title>for语句输出</title>
        <meta charset="UTF-8">
    </head>
    <body>

    <table border="0" cellspacing="1px" cellpadding="2px" width="700px"
            align="center">
        <tr style='background: <%= colors[0] %>'>
            <td align="center" style="line-height:22px; ">姓名</td>
            <td align="center" style="line-height:22px; ">年龄</td>
            <td align="center" style="line-height:22px; ">专业</td>
            <td align="center" style="line-height:22px; ">学校</td>
        </tr>

        <%
            int i = 0;
            for(Student s : stu) {
                i++;
         %>

            <tr style='background: <%= colors[i%2] %>'>
                <td align="center"><%=s.getName() %></td>
                <td align="center"><%=s.getAge() %></td>
                <td align="center"><%=s.getMajor() %></td>
                <td align="center"><%=s.getSchool() %></td>
            </tr>
        <%
            }
         %>
    </table>
    </body>
</html>
```

上述代码中的黑体部分为 for-each 语句，可以看出，使用非常灵活，在浏览器中访问 http://127.0.0.1:8080/web/jsp/for.jsp，即可查看上述页面的显示效果，如图 6.6 所示。

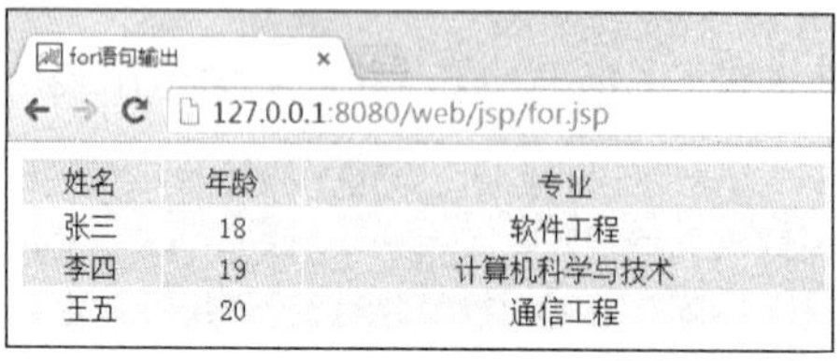

图 6.6　for 语句显示效果图

3. while 循环

在 JSP 中，while 循环和 for 循环是一样的，语法和 Java 中类似，不过有些地方可能会用到

while 循环。在 JSP 中，while 循环的代码如下：

```
<%@ page language="java" import="java.util.*" pageEncoding="utf-8"%>
<%
    List<String> list=new ArrayList<String>();
    list.add("世界上最遥远的距离不是生与死");
    list.add("而是你在 if 里");
    list.add("我在 else 里");
    list.add("即真情相依");
    list.add("却永远分离");
 %>
<!DOCTYPE HTML>
<html>
    <head>
        <title>while 语句的用法</title>
        <meta charset="UTF-8">
    </head>
    <body>
        <%
            //迭代器打印语句
            Iterator<String> it=list.iterator();
            while(it.hasNext()){
        %>
            <%=it.next() %> <br/>
        <%
            }
        %>
    </body>
</html>
```

上述代码显示的效果如图 6.7 所示。

while 循环还有另外一种方式，就是 do-while()形式，跟 Java 中完全一样。for 跟 while 都能实现循环功能，都是可以互相改写的。也就是说，for 循环可改成 while 循环，while 循环可改成 for 循环。

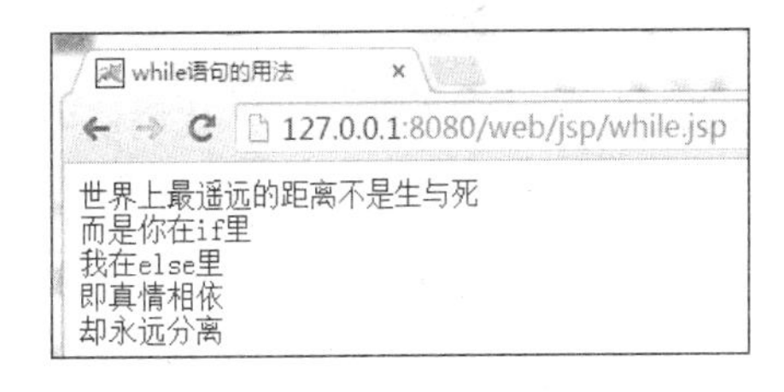

图 6.7　while 语句的显示效果

4. return 语句

JSP 代码执行过程中，有时需要中途停止而不再续往下运行，此时，如果用正常方式实现，可能比较复杂。这是时候，使用 return 语句就可以终止程序的继续运行。return 语句会忽略后面的所有语句（包括 Java 代码以及 HTML 代码），直接结束运行，起到程序中断的效果。return 语句的用法如下：

```
<%@ page language="java" import="java.util.*" pageEncoding="utf-8"%>
<!DOCTYPE html>
<html>
    <head>
        <title>return 语句的用法</title>
        <meta charset="UTF-8">
    </head>
    <body>
```

```
        <h3>这段文字可以正常看到...</h3>
        <%
            String param=request.getParameter("param");
            if("return".equals(param)) {
                return;
            }
        %>
        <h3>当点击下面超链接后，这段而文字页面中看不到...</h3>
        <a href="return.jsp?param=return">param=return</a>
    </body>
</html>
```

不带参数访问该 JSP 时，所有代码都会正常访问。当点击超链接，即带参数访问，浏览器显示：http://127.0.0.1:8080/web/jsp/return.jsp?param=return，程序会执行 return 语句，“return”后的语句不会输出来。不带参数的显示效果如图 6.8 所示。

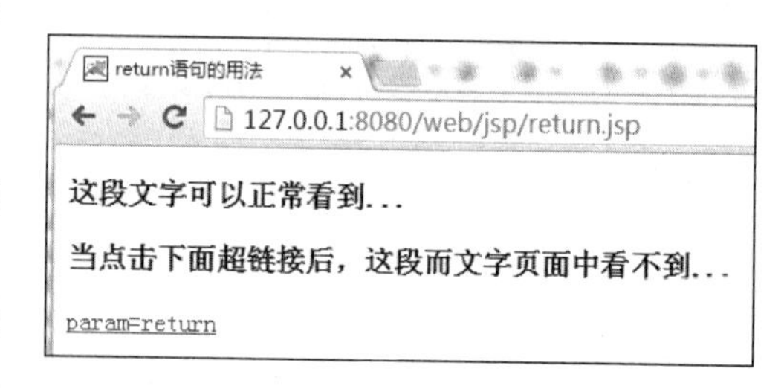

图 6.8　return 语句的效果

这里需要说明的是，return 之后，后面的代码便不再运行,因此注意保持输出的 HTML 代码完整。本例中输出的 HTML 便不完整，没有</body>、结束标签。

5. break 和 continue 语句

break 语句和 continue 语句在 JSP 中的语法和 Java 中的语法一致，不过采用的是 HTML 和 Java 混编的模式。在 JSP 中，break 跟 return 差不多，都能改变程序的运行流程。不同的是 return 是直接返回，后面的代码不再继续运行，而 break 则是跳出一个程序代码块，如 for 循环、while 循环、switch 子句等，程序代码块外层的代码仍然会继续运行。另外，break 只能出现在 for 循环、while 循环、switch 子句等代码块的内部，而 return 不仅可以出现在 for 循环、while 循环、switch 子句等内部，也能出现在其外部。continue 语句是当次循环后的内容不再执行，下次可能继续执行。break 和 continue 使用的代码如下：

```
<%@ page language="java" import="java.util.*" pageEncoding="utf-8"%>
<!DOCTYPE HTML>
<html>
    <head>
        <title>break 和 continue 的用法</title>
        <meta charset="UTF-8">
    </head>
    <body>
        <%
            int i=0;
            while (i<10) {
                if(i%2==0) {
                    i++;
                    continue;
                }
```

```
            if(i==8) {
                break;
            }
        %>
            <h3> i=<%=i %></h3>
        <%
                i++;
            }
         %>

    </body>
</html>
```

代码中 break 与 continue 都处于循环体之中，执行 break 之后跳出循环体；而执行 continue 之后，程序就继续执行，而不执行输出语句；break 和 continue 的用法跟 Java 中一样，只能用在 for、while 循环中，break 之后，跳出循环，后面的代码继续运行。上述代码的显示效果如图 6.9 所示。

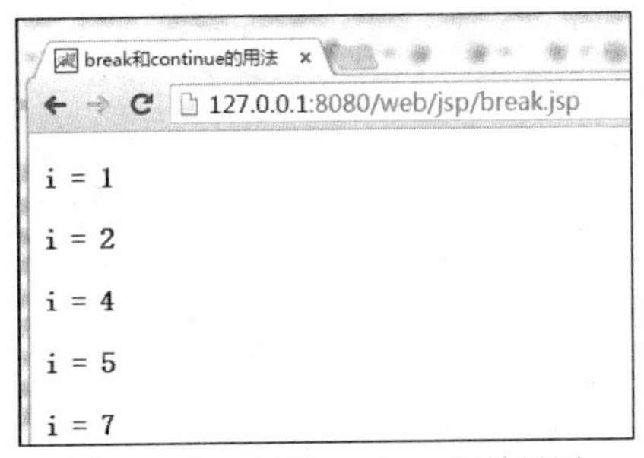

图 6.9　break 和 continue 的效果图

6.3 EL 表达式

JSP 中可以使用 EL（Expression Language）表达式。EL 表达式是用"${}"括起来的脚本，用来更方便地读取对象。EL 表达式写在 JSP 的 HTML 代码中，而不能写在"<%"与"%>"引起的 JSP 脚本中。

1. EL 表达式

EL 表达式提供了获取对象以及属性的简单方式，它是一套简单的计算规则，用于给 JSP 标签的属性赋值，也可以直接输出。某些情况下，EL 表达式完全可以替代 JSP 脚本或者 JSP 行为。

EL 表达式可以访问 bean 的属性（就是普通的 Java 类，有属性和 get/set 方法），它可通过以下两种方式进行访问：

第一种方式：如${user.name}，容器会依次从 4 个隐含对象中 pageContext、request、session、application 中查找（getAttribute）绑定名为"user"的对象。接下来，会调用该对象的"getName"方法（自动将 n 变大写然后加 get），最后输出执行结果。这种方式是用简单，有如下优点：

a. 会自动将 null 转换成""输出。

b. 如果绑定名称对应的值不存在，会不报 null 指针异常，会输出""。

这种方式在使用过程中需要注意的是：依次是指先从 pageContext 中查找，如果找不到，再查找 request，如果找到了，则不再向下查找。如果要指定查找范围，可以使用 pageScope、requestScope、sessionScope、applicationScope 来指定查找的范围。

例如，先建立一个简单的 User 类，代码如下：

```
package com.pc.model;
public class User {
    private String name;
    private int age;
    private String sex;
    public User(String name,int age,String sex) {
        this.name=name;
        this.age=age;
        this.sex=sex;
    }
    public User() {
    }
    public String getName() {
        return name;
    }
    public void setName(String name) {
        this.name=name;
    }
    public int getAge() {
        return age;
    }
    public void setAge(int age) {
        this.age=age;
    }
    public String getSex() {
        return sex;
    }
    public void setSex(String sex) {
        this.sex=sex;
    }
}
```

在 JSP 的代码中直接调用即可，代码如下：

```
<%@ page language="java" import="java.util.*" pageEncoding="utf-8"%>
<%@ page import="com.pc.model.User" %>
<%
    User u1=new User("张三", 20, "男");
    User u2=new User();

    //将 u1 和 u2 设置在缓存中
    pageContext.setAttribute("u1", u1);
    pageContext.setAttribute("u2", u2);
%>
<!DOCTYPE HTML>
<html>
```

```
    <head>
        <title>EL 表达式</title>
        <meta charset="UTF-8">
    </head>
    <body>
        <h2>EL 表达式的应用</h2>
        <p>u1 对象的信息：姓名：${ u1.name }，年龄：${ u1.age }，性别：${ u1.sex }</p>
        <p>u2 对象的信息：姓名：${ u2.name }，年龄：${ u2.age }，性别：${ u2.sex }</p>
        <p>u3 对象的信息：姓名：${ u3.name }，年龄：${ u3.age }，性别：${ u3.sex }</p>
    </body>
</html>
```

上述代码在浏览器中访问 http://127.0.0.1:8080/web/jsp/el.jsp，即可得到图 6.10 所示的效果图。

从图 6.10 中，可以很容易看出 EL 表单的显示特点是简单明了，特别是在对于未定义的对象的情况下，可以直接显示，而不会出错。如代码中的 u2，仅仅只是定义了对象，却没赋值，也能显示。特别是 u3 对象，直接没有定义，在页面中不会报错。所以在界面的显示过程中，优先推荐大家使用 EL 表达式。

图 6.10 EL 表达式的效果图

第二种方式：如${user["name"]}，与第一种方式${use.name}是等价的。容器会依次从 4 个隐含对象中 pageContext、request、session、application 中查找（getAttribute）绑定名为“user”对象。接下来，会调用该对象的“getName”方法（自动将 n 变大写然后加 get），最后输出执行结果。这种方式的优点是：

a. 括号[]里面可以出现变量。

b. 中括号[]里面可以出现下标从 0 开始的数组。

在使用过程中，需要注意的是中括号[]里的字符串用双引号、单引号都可以；EL 表达式中没有引号的为变量，有引号的为字符串。

2. EL 表达式运算

EL 表达式可以进行一些简单的计算，计算的结果可以用来给 JSP 标签的属性赋值，也可以直接输出。

① 算术运算：+、-、*、/、%、+操作不能连接字符串，如"abc"+"bcd"运行时会报错，"100"+"200"=${"100"+"200"}是正确的。

② 关系运算：>、>=、<、<=、!=、==。“eq”也可判断是否相等。

③ 逻辑运算："&&"、"||"、"!"，与 Java 中的运用一样。

④ empty 运算：判断是否是一个空字符串，或者是一个空的集合，如果是，返回 true。以下 4 种情况都是 true：空字符串；空集合；null；根据绑定名找不到值。

EL 表达式运算在运算过程中，可以总结如下一些特点：

① EL 表达式支持简单的运算，包括加、减、乘、除、取余、?表达式等。

② EL 表达式也支持简单的比较运算，包括大于（>或者 gt），小于（<或者 lt），等于（== 或者 eq），不等于（!=或者 ne），大于等于（>=或者 ge），小于等于（<=或者 le)等。

③ 多个比较运算可以用且（&&或者 and)、或（||或者 or)、否（!或者 not)以及括号等连接起来。

④ 字符比较时，如果为大于小于操作 EL 表达式会调用 int compare(char ss)方法完成比较，等于操作时会调用 equals()方法来完成比较。

⑤ 对于 Map 或者数组类，还可以使用[]取值，或者使用 empty 判断是否为空。

⑥ EL 表达式能方便地操作 Java Bean、甚至集合等，并支持简单的运算。但是 EL 表达式不能直接访问普通的方法，以及静态属性。

3. EL 处理表单提交

EL 表达式也能处理页面的提交，获取请求参数，其中方法如下：

① ${param.username}等价于 request.getParameter("username");。

② ${paramValues.city}等价于 request.getParameterValues("city");。

下面的例子是 EL 表达式处理表单的效果，先设计一个 form 表达，代码如下：

```
<%@ page language="java" import="java.util.*" pageEncoding="utf-8"%>
<!DOCTYPE HTML>
<html>
  <head>
    <title>el 的 form 提交</title>
    <meta http-equiv="content-type" content="text/html; charset=utf-8">
  </head>
  <body>
    <form action="elAction.jsp" method="post">
        <table align="center" border="0px" cellspacing="0" cellpadding="10px">
            <tr>
                <td>姓名</td>
                <td><input type="text" name="username"/></td>
            </tr>

            <tr>
                <td>ID</td>
                <td><input type="text" name="userID"/></td>
            </tr>

            <tr>
                <td>食物 1</td>
                <td><input type="text" name="food"/></td>
            </tr>

            <tr>
                <td>食物 2</td>
                <td><input type="text" name="food"/></td>
            </tr>

            <tr>
                <td align="center" colspan="2"> <input type="submit" value="提交"
                        /> </td>
```

```
            </tr>

        </table>
    </form>
  </body>
</html>
```

上述代码的表单显示效果图 6.11 所示。

图 6.11　EL 的 form 表单

下面建立一个 elAction.jsp，使用 EL 表达式来处理表单的提交，代码如下：

```
<%@ page language="java" import="java.util.*" pageEncoding="utf-8"%>
<%@ taglib prefix="c" uri="http://java.sun.com/jsp/jstl/core" %>
<%
   request.setCharacterEncoding("utf-8");
   response.setCharacterEncoding("utf-8");
 %>
<!DOCTYPE HTML PUBLIC "-//W3C//DTD HTML 4.01 Transitional//EN">
<html>
  <head>
    <title>el 的表单处理</title>
   <meta http-equiv="content-type" content="text/html; charset=utf-8">
  </head>
  <body>
      <table align="center" width="60%" border="1px" cellspacing="0"
             cellpadding="10px">
          <tr>
             <td>姓名</td>
             <td>${ param.username }</td>
          </tr>
          <tr>
             <td>ID</td>
             <td>${ param.userID }</td>
          </tr>
          <tr>
             <td>食物 1</td>
             <td>${ paramValues.food[0] }</td>
          </tr>
          <tr>
             <td>食物 2</td>
```

```
                <td>${ paramValues.food[1] }</td>
            </tr>
        </table>
    </body>
</html>
```

上述表单处理后的页面如图 6.12 所示。

el的表单处理

127.0.0.1:8080/web/jsp/elAction.jsp

姓名	admin
ID	2016
食物1	苹果
食物2	香蕉

图 6.12　EL 表达式的表单处理

6.4　JSTL 核心库

JSTL（Java Standard Taglib，Java 标准标签库）是 Apache 开发的一套标签，捐献给了 Sun，Sun 将其命名为 JSTL）。在使用过程中，需要遵循以下两个步骤：

① 将 JSTL 标签对应的 jar（标签类）文件复制到 WEB-INF\lib 下，如 standard.jar、jstl.jar。

② 使用 taglib 指令引入 JSP 标签。

由于 MyElcipse 在开发的过程中，会集成 jstl.jar 的包，所以引入包的工作可以不做，字需要在 JSTL 包中引入如下的 taglib 指令代码：

```
<%@ taglib prefix="c" uri="http://java.sun.com/jsp/jstl/core" %>
```

1. JSTL 的 if 语句

JSTL 的 if 语句有以下特点：

① 语法：<c:if test="" var="" scope=""></c:if>，当 test 属性值为 true，执行标签体的内容，test 属性可以使用 EL 表达式。

② var 属性：用来指定绑定名称。

③ scope 属性：指定绑定范围，可以是 page（pageContext）、request、session、application

④ 可以在 if 标签里写 Java 代码。

下面举一个简单的例子，看如何使用 if 语句：

```
<%@ page language="java" import="java.util.*" pageEncoding="utf-8"%>
<%@ taglib prefix="c" uri="http://java.sun.com/jsp/jstl/core" %>
<%
    String user="admin2";
    pageContext.setAttribute("user", user);
 %>
<!DOCTYPE HTML PUBLIC "-//W3C//DTD HTML 4.01 Transitional//EN">
```

```
<html>
  <head>
    <title>jstl-if语句</title>
    <meta http-equiv="content-type" content="text/html; charset=utf-8">
  </head>

  <body>
        <br><br>
        <%-- if条件判断 --%>
        <c:if test="${ user == 'admin' }">
            <h1>欢迎你，管理员....</h1>
        </c:if>

        <%-- if缺点：没有else --%>
        <c:if test="${ user != 'admin' }">
            <h1>欢迎你，普通用户....</h1>
        </c:if>
  </body>
</html>
```

上述代码的作用是判断 user 的值，如果是 admin，则界面显示“欢迎管理员”，否则显示普通用户。在浏览器中直接访问 http://127.0.0.1:8080/web/jstl/if.jsp，即可显示图 6.13 所示的效果。

图 6.13　JSTL 的 if 语句

2. choose 语句

由于 if 语句没有 else，因此在 JSTL 中，可以使用 choose 语句，它有一个 otherwise，可以做分支用，具体方法如下：

```
<c:choose><!-- 用于分支，当满足某个条件，执行某一个分支 -->
<c:when test=""><!-- 分支，可多次出现 -->
</c:when>
...
<c:otherwise><!-- 当其他分支都不满足条件，则执行该标签的内容 -->
</c:otherwise>
 </c:choose>
```

在使用过程中，需要注意如下事项：

① when 和 otherwise 必须放到 choose 标签中才能使用。

② when 可以出现 1 次或者多次，otherwise 可以出现 0 次或者 1 次。

choose 语句的用法如下：

```
<%@ page language="java" import="java.util.*" pageEncoding="utf-8"%>
<%@ taglib prefix="c" uri="http://java.sun.com/jsp/jstl/core" %>
<%
   String file = ".doc";
   pageContext.setAttribute("file", file);
%>
<!DOCTYPE HTML PUBLIC "-//W3C//DTD HTML 4.01 Transitional//EN">
<html>
```

```
    <head>
        <title>choose 的页面判断</title>
        <meta http-equiv="content-type" content="text/html; charset=UTF-8">
    </head>
    <body>
        <c:choose>
            <c:when test="${file=='.doc'}"><h2>word 文档</h2></c:when>
            <c:when test="${file=='.png'}"><h2>图片文档</h2></c:when>
            <c:otherwise><h2>其他文档</h2></c:otherwise>
        </c:choose>
    </body>
</html>
```

上述代码中，通过 file 判断文件类型，如果在浏览器中访问 http://127.0.0.1:8080/web/jstl/choose.jsp，即可看到图 6.14 所示。

图 6.14　choose 语句的效果图

3. forEach 语句

forEach 语句是属于 JSTL 中比较重要的一部分内容，它的用法很广泛，主要是用于循环输出一些元素，具体用法如下：

① 遍历集合：<c:forEach var="" items="" varStatus=""></c:forEach>。

a. items 属性：用来指定要遍历的集合，可以使用 EL 表达式。

b. var 属性：指定绑定名，绑定范围是 pageContext，绑定值是从集合中取出的某个元素。

c. varStatus 属性：指定绑定名，绑定范围是 pageContext，绑定值是一个由容器创建的一个对象，该对象封装了当前迭代的状态。比如，该对象提供了 getIndex、getCount 方法，其中，getIndex 会返回当前迭代的元素的下标（从 0 开始），getCount 会返回当前迭代的次数（从 1 开始）。

② 指定位置迭代：<c:forEach var="" begin="" end=""></c:forEach>。

a. begin：如果指定了 items，迭代就从 items[begin]开始进行迭代；如果没有指定 items，就从 begin 开始迭代。它的类型为整数。

b. end：如果指定了 items，就在 items[end]结束迭代；如果没有指定 items，就在 end 结束迭代。它的类型也为整数。

c. 注意事项：forEach 还一个属性为 step=""：迭代的步长。

下面以一个案例来说明 forEach 语句的用法：

```
<%@ page language="java" import="java.util.*" pageEncoding="utf-8"%>
<%@ taglib prefix="c" uri="http://java.sun.com/jsp/jstl/core" %>
<%
    //集合、数组、map…
    List<String> list=new ArrayList<String>();
    list.add("中文字符…");
    list.add("English Char");
    list.add("007");
    list.add("dog-*-");
    pageContext.setAttribute("list", list);
```

```
    //嵌套的 list
    String[] movie1={"功夫熊猫", "叶问 3", "黄飞鸿"};
    String[] movie2={"Kill Bill", "Mean Girls", "Ice And Fire.."};
    List<String[]> movieList=new ArrayList<String[]>();
    movieList.add(movie1);
    movieList.add(movie2);
    pageContext.setAttribute("movieList", movieList);

 %>

<!DOCTYPE HTML PUBLIC "-//W3C//DTD HTML 4.01 Transitional//EN">
<html>
  <head>
    <title>jstl-foreach 应用</title>
    <meta http-equiv="content-type" content="text/html; charset=utf-8">
  </head>

  <body>
        <%-- foreach 输出(重点) --%>
        <table width="400px" border="1px" cellpadding="20px" cellspacing="0px">
            <c:forEach var="item" items="${ list }">
                <tr align="center">
                    <td>属性</td>
                    <td>${ item }</td>
                </tr>
            </c:forEach>
        </table>

        <br><br>
        <%-- foreach 嵌套输出 --%>
        <table width="400px" border="1px" cellpadding="20px" cellspacing="0px">
            <c:forEach var="moives" items="${ movieList }">
                <c:forEach var="moive" items="${ moives }">
                    <tr align="center">
                        <td>影片</td>
                        <td>${ moive }</td>
                    </tr>
                </c:forEach>
            </c:forEach>
        </table>

  </body>
</html>
```

上述代码中，使用了 forEach 的嵌套，这个和 for 语句有点类似，读者可以仔细体会。在浏览器中访问 http://127.0.0.1:8080/web/jstl/foreach.jsp，即可看到代码的显示效果，如图 6.15 所示。

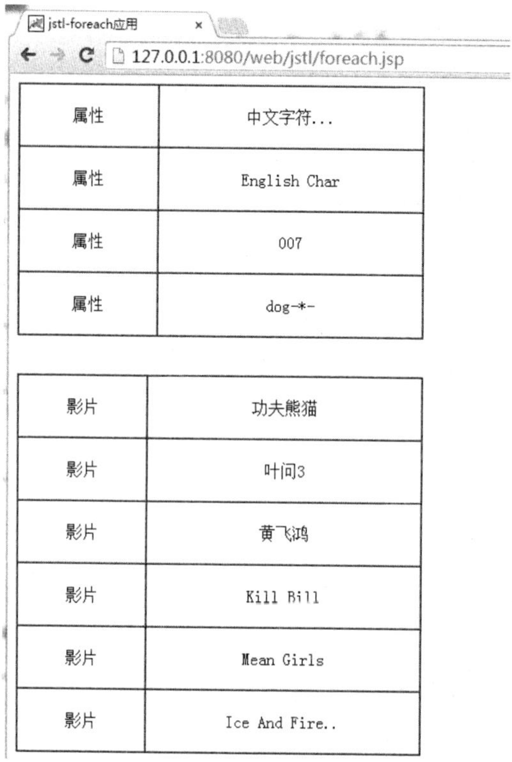

jstl-foreach应用

127.0.0.1:8080/web/jstl/foreach.jsp

属性	中文字符...
属性	English Char
属性	007
属性	dog-*-

影片	功夫熊猫
影片	叶问3
影片	黄飞鸿
影片	Kill Bill
影片	Mean Girls
影片	Ice And Fire..

图 6.15　forEach 语句的显示效果

4. 其他标签

除了上述比较重要标签外，还有 url、set、remove 等标签，它们的具体用法如下：

（1）url

① 语法：<c:url value="">。

a. 当用户禁止 cookie 以后，会自动在地址后面添加 sessionId。

b. 当使用绝对路径时，会自动在地址前添加应用名。

② value 属性：指定地址，在表单提交、链接当中，可以使用该标签。

（2）set

① 语法：<c:set var="" scope="" value="">，绑定一个对象到指定的范围。

② value 属性：绑定值。

（3）remove

语法：<c:remove var="" scope="">，解除绑定。

（4）catch

语法：<c:catch var="">，处理异常，会将异常信息封装成一个对象，绑定到 pageContext 对象上。

（5）import

① 语法：<c:import url="">。

② url 属性：指定一个 JSP 文件的地址，JSP 会在运行时调用这个 JSP。

（6）redirect

语法：<c:redirect url="">，重定向到另外一个地址。

url 属性：指定重定向的地址。

（7）out

① 语法：<c:out value="" default="" escapeXml="">，用于输出 EL 表达式的值。

② value 属性：指定输出的值。

③ default 属性：指定默认值。

④ escapeXml 属性：设置成 true，会将 value 中的特殊字符替换成相应的实体。默认值就是 true。

由于这几个标签在使用上没有前面的几个频繁，因此这里只是简单介绍，感兴趣的读者可以在代码中详细测试。

本章小结

JSP 是一种简化了的 Servlet，最终也会被编译为 Servlet 类。JSP 中 Java 代码与 HTML 代码交互在一块，比 Servlet 更方便地输出 HTML 代码。JSP 中也可以声明方法与变量，初始化时调用 _jspInit()，销毁时调用 _JspDestroyO。JSP 中内置 out、request、response、session 等常用的对象。与 Servlet 相比，JSP 更适合与 HTML 打交道，而 Servlet 更适合与 Java 打交道。它们的特点决定了它们的分工不同，在现在的 Java EE（J2EE）系统中，Servlet 只用于处理业务逻辑，JSP 只用于显示结果。

本章还讲解了 EL 和 JSTL 表达式的用法，由于它们的灵活特点，因此在开发中得到了广泛的应用，也推荐大家使用 JSTL 的表达式。

第7章 Web实战

本章的主要知识点是结合前文学习的内容，添加一部分 MySQL 知识，写一个 Web 实战的案例，做一个简单的学生管理系统。

7.1 MySQL 简 介

7.1.1 MySQL 的特点

数据库是计算机应用系统中的一种专门管理数据资源的系统。数据有多种形式，如文字、数码、符号、图形、图像及声音等，数据是所有计算机系统所要处理的对象。人们所熟知的一种处理办法是制作文件，即将处理过程编成程序文件，将所涉及的数据按程序要求组成数据文件，再用程序来调用，数据文件与程序文件保持一定的关系。在计算机应用迅速发展的情况下，这种文件式管理方法便显出它的不足。比如，它使得数据通用性差、不便于移植、在不同文件中存储大量重复信息、浪费存储空间、更新不便等。而数据库系统便能解决上述问题。数据库系统不从具体的应用程序出发，而是立足于数据本身的管理，它将所有数据保存在数据库中，进行科学的组织，并借助于数据库管理系统，以它为中介，与各种应用程序或应用系统接口中，使之能方便地使用数据库中的数据。

其实简单地说，数据库就是一组经过计算机整理后的数据，存储在一个或多个文件中，而管理这个数据库的软件就称为数据库管理系统。一般一个数据库系统（Database System）可以分为数据库（Database）与数据管理系统（Database Management System，DBMS）两个部分，主流的软件开发中应用数据库有 IBM 的 DB2、Oracle、Informix、Sybase、SQL Server、PostgreSQL、MySQL、Access、FoxPro 和 Teradata 等。

1. MySQL 起源

MySQL 是一种开放源代码的关系型数据库管理系统（RDBMS），MySQL 数据库系统使用最常用的数据库管理语言——结构化查询语言（SQL）进行数据库管理。

由于 MySQL 是开放源代码的，因此任何人都可以在 General Public License 的许可下下载并根据个性化的需要对其进行修改。MySQL 因为其速度、可靠性和适应性而备受关注。大多数人都认为在不需要事务化处理的情况下，MySQL 是管理内容最好的选择。

MySQL 是一个真正的多用户、多线程 SQL 数据库服务器。SQL（结构化查询语言）是世界上最流行的和标准化的数据库语言。MySQL 是以一个客户机/服务器结构的实现，它由一个服务器守护程序 mysqld 和很多不同的客户程序和库组成。

SQL 是一种标准化的语言，它使得存储、更新和存取信息更容易。例如，你能用 SQL 语言为一个网站检索产品信息及存储顾客信息，同时 MySQL 也足够快和灵活以允许你存储记录文件和图像。

2. MySLQ 的应用

MySQL 主要目标是快速、健壮和易用。最初是因为需要这样一个 SQL 服务器，它能处理与任何硬件平台上提供数据库的厂家在一个数量级上的大型数据库，但速度更快，MySQL 便开发出来。自 1996 年以来，我们一直都在使用 MySQL，其环境有超过 40 个数据库，包含 10 000 个表，其中 500 多个表超过 7 百万行，这大约有 100 GB 的关键应用数据。

MySQL 数据库的主要功能只在组织和管理很庞大或复杂的信息和基于 Web 的库存查询请求，不仅仅为客户提供信息，而且还可为自己使用数据库提供如下功能：

① 减少记录编档的时间。

② 减小记录检索时间。

③ 灵活的查找序列。

④ 灵活的输出格式。

⑤ 多个用户同时访问记录。

3. MySQL 和 Web 应用

动态网站都是对数据进行操作，我们平时浏览网页时，会发现网页的内容会经常变化，而页面的主体结构框架没变，新闻就是一个典型。这是因为我们将新闻存储在了数据库中，用户在浏览时，程序就会根据用户所请示的新闻编号，将对应的新闻从数据库中读出来，然后再以特定的格式响应给用户。Web 系统的开发基本上离不开数据库，因为任何东西都要存放在数据库中。所谓的动态网站就是基于数据库开发的系统，最重要的就是数据管理，或者说我们开发时都是在围绕数据库在写程序。所以作为一个 Web 程序员，只有先掌握一门数据库，才可能进行软件开发。

在 Web 项目开发中，通常将网站的内容存储在 MySQL 数据库中，然后使用 JSP 通过 SQL 查询获取这些内容并以 HTML 格式输出到浏览器中显示。或者将用户在表单中输出的数据，通过在 JSP 程序中执行 SQL 查询，将数据保存在 MySQL 数据库中。也可以在 JSP 脚本中接受用户在网页上的其他相关操作，再通过 SQL 查询对数据库中存储的网站内容进行管理。

在同一个 MySQL 数据库服务器中可以创建多个数据库，如果把每个数据库看成是一个“仓库”，则网站中的内容数据就存储在这个仓库中，而对数据库中数据的存取及维护等，都是通过数据库管理系统软件进行管理的。同一个数据库管理可以为不同的网站分别建立数据库，但为了使网站中的数据便于维护、备份及移植，最好一个网站创建一个数据库（在大数据量时则采用分库分表）。

MySQL 数据库管理系统是一个“客户机/服务器”体系结构的管理软件，所以必须同时使用数据库服务器和客户两个程序才能使用 MySQL。服务器程序用于监听客户机的请示，并根据这些请求访问数据库，以便向客户机提供它们所要求的数据。而客户机程序则必须通过网格连接到数据库服务器，才能向服务器提交数据操作请求。MySQL 支持多线程，所以可以使用多个客户机程序、管理工具，以可供编程使用的外部接口（如 JSP 的 MySQL 处理函数）等并发控制。JSP 脚本程序就是作为 MySQL 服务器的客户机程序，是通过 JSP 中的 MySQL 扩展函数，对 MySQL 服务器中存储的数据进行获取、插入、更新及删除等操作。

4. 结构化查询语言 SQL

对数据库服务器中数据的管理，必须使用客户机程序成功连接以后，再通过必要的操作指令对其进操作，这种数据操作指令被称为 SQL（Structured Query Language）语言，即结构化查询语言。MySQL 支持 SQL 作为自己的数据库语言，SQL 是一种专门用于查询和修改数据库中的数据，以及对数据库进行管理和维护的标准化语言。

SQL 是高级的非过程化编程语言，它不要求用户指定对数据的存放方法，也不需要用户了解具体的数据存放方式，所以具有完全不同底层结构的不同数据库系统可以使用相同的 SQL 语言作为数据输入与管理的接口。它以记录集合作为操作对象，所以 SQL 语句接受集合作为输入，返回集合作为输出，这种集合特性允许一条 SQL 语句的输出作为另一条 SQL 语句的输入，所以 SQL 语句可以嵌套，这使它具有极大的灵活性和强大的轻盈性，在其他语言中需要一大段程序实现的功能中需要一个 SQL 语句就可以达到目的，这也意味着用 SQL 语言可以写出非常复杂的语句。

SQL 语言结构简洁，功能强大，简单易学，所以自从 IBM 公司 1981 年推出以来，SQL 语言得到了广泛的应用。如今无论是像 Oracle、Sybase、Ingormix、SQL Server 这些大型的数据库管理系统，还是像 Visual Foxpro、PowerBuilder 这些 PC 上常用的数据库开发系统。都支持 SQL 语言作为查询语言。SQL 语言包含 4 个部分：

① 数据定义语言（DDL）：用于定义和管理数据对象，包括数据库、数据表等。例如，CREATE、DROP、ALTER 等语句。

② 数据操作语言（DML）：用于操作数据库对象中所包含的数据。例如，INSERT、UPDATE、DELETE 语句。

③ 数据查询语言主动（DQL）：用于查询数据库对象中所包含的数据，能够进行单表查询、连接查询、嵌套查询，以及集合查询等各种复杂程序不同的数据库查询，并将数据返回到客户机中显示。例如，SELECT 语句。

④ 数据控制语言方面（DCL）：用来管理数据库的语言，包含管理权限及数据更改。例如，GRANT、REVOKE、COMMIT、ROLLBACK 等语句。

7.1.2 MySQL 的常见操作

以一个简单的网上书店数据库管理为例，介绍数据库的设计、如何建立客户机与数据库服务器的连接、创建数据库和数据表，以及简单地对数据表中的记录进行添加、删除、修改、查询等操作。MySQL 是采用“客户机/服务器”体系结构，要连接上服务器，需要使用 MySQL 客户端程序。但在使用客户机通过网络连接服务器之前，一定要确保成功启动数据库服务器，才能监听客户机的连接请示。本节主要是对新手的应用指导，所以对一些操作不去做过多的说明，目的是让读者可以快速了解 MySQL 的一系列过程，需要重点掌握的内容可以阅读相关的书籍。

1. MySQL 数据库的连接与关闭

MySQL 客户机主要用于传递 SQL 查询给服务器，并显示执行后的结果。可以和服务器运行在同一个机器上，也可以在网络中的两台机器上分别运行。连接一个 MySQL 服务器时，身份由从那台连接的主机和指定的用户名来决定。所以 MySQL 在认定身份中会考虑机名和登录的用户名称，只有客户机所在的主机被授予权限才能去连接 MySQL 服务器。启动操作系统命令行后，连接 MySQL 服务器可以使用如下命令：

```
mysql -h服务器主机地址-u 用户名-p 用户密码
```

各参数的意义如下：

-h：指定所连接的数据库器位置，可以是 IP 地址，也可以是服务器域名。

-u：指定连接数据库服务器使用的用户名，如 root 为管理员用户具有所有权限。

-p：连接数据库服务器使用的密码，但-p 和其后的参数之间不要有空格，最后是在该参数后直接回车，然后以密文的形式输入密码。

例如，MySQL 客户机智服务器在同一机器上，服务器又授权了本机（localhost）可以连接，管理员用户名为“root”，该用户密码为“mysql_pass”。登录 MySQL 服务器以后，就会显示 MySQL 客户机的标准界面，即 MySQL 控制台。出现提示符“msql>”，说明在等待用户输入 SQL 查询指令。

通过在控制台中输入 SQL 查询语句并发送，就可以对 MySQL 数据库服务器进行管理。而且每个命令要以分号结束，如果输入命令时，发现忘记加分号，无须重输命令，打个分号按【Enter】键即可。也就是可以把一个完整的命令分成两行输入，完后用分号做结束标志即可。也可以使用上下方向键调出以前的命令。如果需要退出客户机，可以在该界面输入 exit 或 quit 命令结束会话。

2. 创建新用户并授权

为 MySQL 添加新用户的方法有两种：通过使用 GRANT 语句或通过直接操作 MySQL 授权表；比较好的方法是使用 GRANT 语句，更简明并且很少出错，GRANT 语句的格式如下：

```
GRANT 权限 ON 数据库，数据表 TO 用户名@登录主机 IDENTIFIED BY "密码"
```

例如，添加一个新用户名为 user，密码为字符串“123456”。让他可以在任何主机上登录，并对所有数据库有查询、插入、修改、删除的权限。首先要让 root 用户登录，然后输入以下命令：

```
GRANT SELECT，INSERT，UPDATE，DELETE ON *.* TO user@"%" IDENTIFIED BY "123456"
```

但这个新增加的用户是十分危险的，如果黑客知道用户 user 的密码，就可以在网上任何一台计算机上登录你的 MySQL 数据库，并可以对你的数据为所欲为。解决办法是在添加用户时，只授权在特定的一台或一些机器上登录。例如将上例改为允许在 localhost 上登录，并可以对数据库 mydb 执行查询、插入修改、删除的操作，这样黑客即使知道 user 用户的密码，也无法从网络的其他机器上直接访问 mydb 数据库，而只能通过 MYSQL 主机上的 Web 页访问。访问命令如下：

```
GRANT SELECT，INSERT，UPDATE，DELETE ON mydb.* TO user@localhost IDENTIFIDE BY
"123456"
```

3. 创建数据库

顺利连接到 MySQL 服务器以后，就可以使用数据定义语言（DDL）定义和管理数据对象，包括数据库、表、索引及视图。在建立数据表之前，首先应该创建一个数据库。基本的建立数据库的语句命令比较简单。例如，为网上书店创建一个名称为 bookstore 的数据库，需要在 MySQL 控制台中输入一个创建数据库的基本语法格式：

```
CREATE DATBASE [IF NOT EXISTS] bookstore; #创建一个名为 bookstore 的数据库
```

这个操作用于创建数据库。如果要使用 CREATE DATABASE 语句需要获得数据库 CREATE 权限。在命名数据库名及数据表、字段或索引时，应该使用能够表达明显语义的英文拼写，并且应当避免名称之前的冲突。在一些大小写的敏感的操作系统中，例如 Linux 中，命名时也应该考虑大小写的问题。如果存在数据库，并且没有指定 IF NOT EXISTS，则会出现错误。如果需要删除一个指定的数据库，可以在 MySQL 控制台中使用下面的语法：

```
DROP DATABASE [IF EXISTS] bookstore;       #删除一个名为 bookstore 的数据库
```

这个操作将删除指定数据库中的所有内容，包括该数据库中的数据表、索引等各种信息，并且这是一个不可恢复的操作，因此使用此语句时要非常慎重。如果要使用 DROP DATABASE，也需要获得数据库 DROP 权限。IF EXISTS 用于防止当数据库不存在时发生错误。如果需要查看数据库是否建立，则可以在 MySQL 控制台的“mysql>”提示符下输入如下命令：

```
mysql>SHOW DATABASES; #显示所有已建立的数据库名称列表
```

如果查看到已创建的数据库，就可以使用 USE 命令打开这个数据库作为默认（当前）数据库使用，用于后续语句。该数据库保持为默认数据库，直到语段的结尾，或者直到使用下一个 USE 语句选择其他数据库语句，如下所示：

```
mysql>USE bookstrore;     #打开 bookstrore 数据库为当前数据库使用
```

4. 数据表

数据表（Table）是数据库中的基本对象元素，以记录（行）和字段（列）组成的二维结构用于存储数据。数据表由结构和表内容两个部分组成，先建立表结构，然后才能输入数据。数据表结构设计主要包括字段名字、字段类型和字段属性的设置。在关系数据库中，为了确保数据的完整性和一致性，在创建表时除了必须指定字段名称、字段类型和字符属性外，还需要使用约束（constraint）、索引（index）、主键（primary key）和外键（foreign key）等功能属性。一个用户表 users 的结构和在表中存储的 3 条记录的内容如表 7.1 所示。

表 7.1　简单的数据表

id	用户名	性别	出生日期	所在城市	联系电话
1	张三	男	1981-11-05	北京	12345678900
2	李四	女	1986-05-18	上海	12345678900
3	王五	男	1978-04-23	大连	12345678900

通常，同一个数据库可以有多个数据表，例如一个简单的网上书店中，包括用户表、分类表、书信息及订单表等。但表名必须是唯一的，用于标识中所包含信息的元素。表中每一条记

录描述了一个相关的集合，而每个字段也必须是唯一的，都有一定的数据类型和取值范围，是表中数据集合是最小单位。

为了能方便管理和使用这些数据，我们需要把这些数据进行分类，形成各种数据值的类型，有表中数据列的类型，有数据表的类型。理解 MySQL 的这些数据类型能使我们更好地使用 MySQL 数据库。

5. 数据值和列类型

对 MySQL 中数据值的分类，有数值型、字符型、日期型和空值等，这和一般的编程语言的分类差不多。另外，MySQL 数据库的表是一个二维表，由一个或多个数据列构成。每个数据列都有它的特定类型，该类型决定了 MySQL 如何看该列数据，我们可以把整型数值存放到字符类型的列中，MySQL 则会把它看成字符串来处理。MySQL 中的列类型有 3 种：数值类、字符类和日期/时间类。从大类来看，列类型和数值类型一样，都是只有 3 种，但每种列类型都还可细分。下面对各种列类型进行详细介绍。

（1）数值类的数据列类型

MySQL 中的数值分整型和浮点型两种。而整型中又分为 5 种整型数据列类型，即 TINYINT、SMALLINT、MEDIUMINT、INT 和 BIGINT。MySQL 也是 3 种浮点型数据列类型，分别是 FLOAT，DOUBLE 和 DECIMAL。对于浮点数，MySQL 支持科学记数法，而整型可以是十进制，也可以是十六进制数。它们之间的区别是取值范围不同，存储空间也各不相同。在整型数据列后加上 NUSIGNED 属性可以禁止负数，取值从 0 开始，声明整型数据列时，我们可以为它指定显示宽度 M（1～255），如 INT(5)，指定显示宽度为 5 个字符，如果没有给它指定显示宽度，MySQL 会为它指定一个默认值。显示宽度只用于显示，并不能限制取值范围和占用空间，如 INT(3)会占用 4 个字节的存储空间，并且允许的最大值也不会是 999，而是 INT 整型所允许的最大值。

为了节省存储空间和提高库处理效率，我们应根据应用数据的取值范围来选择一个最适合的数据列类型，如果把一个超出数据列取值范围的数存入该列，则 MySQL 就会截短值，如我们把 99 999 存入 SMALLINT(3)数据列中，因为 SMALLINT(3)的取值范围是-32 768～32 767，所以就会被截短成 32 767 存储。显示宽度 3 不会影响数值的存储，只影响显示。对于浮点数据列，存入的数值会被列定义的小数位进行四舍五入，例如，把一个 1.234 存入 FLOAT(6.1)数据列中，结果是 1.2。DECIMAL 与 FLOAT 和 DEOUBLE 的区别是：DECIMAL 类型的值是以字符串的形式被存储起来的，它的小数位数是固定的。它的优点是：不会像 FLOAT 和 DOUBLE 类型数据列那样进行四舍五入而产生误差，所以很适合用于财务计算；而它的缺点是：由于它的存储格式不同，CPU 不能对它进行直接运算，从而影响运算效率。DECIMAL(M,D)总共要占用 M+2 个字节。

（2）字符串类数据列类型

字符串可以用来表示任何一种值，所以它是最基本的类型之一。我们可以用字符串类型来存储图像或声音之类的二进制数据，也可以存储用 gzip 压缩的数据。MySQL 支持以单或双引号包围的字符序列，如"MySQL"、"JSP"。同 JSP 程序一样，MySQL 能识别字符串的转义序，转义序列用反斜杠（\）表示。

对于可变长的字符串类型，其长度取决于实际存放在列中实际内容的长度，此长度在表中使用 L 来表示，L 所需要的额外字节数为存放该值所需要的字节数，如：一个可变字符串长度大小为 6，那么实际长度为 6 字节加上数字 6 存放的长度。CHAR 类型和 VARCHAR 类型长度范围都是 0～255 之间的大小。它们之间的差别在于 MySQL 处理这个指示器的方式：CHAR 把这个大小视为值的准确大小（用空格填补比较短的值，所以达到这个大小），而 VARCHAR 类型把它视为最大值并且只使用了存储字符串实际上需要的字节数（增加一个额外的字节记录长度）。在此，较短的值被插入一个语句为 VARCHAR 类型的字段时，将不会用空格填写（而较长的值仍然被截短）。BLOB 和 TEXT 类型是可以存放任意大数据的数据类型号，只是前者区分大小写，后者不区分大小写。ENUM 和 SET 类型是特殊的串类型，其列值必须从固定的串类集中选择，两者的差别为前者必须是只能选择其中的一个值，而后者可以多选。

通常数据表包括定长表和变长表两种，如果表中的字符串字段包含任何 varchar、text 等类型，存储的空间会以字符串实际存储的长度为准，是变长字段的数据表，即为变长表，反之则为定长表。进行表结构设计时，应当做到恰到好处，反复推敲，从而实现最优的数据存储体系。对于变长表，由于记录大小不同，在其上进行许多工作删除和更改将会使表中的碎片更多。需要定期运行 OPTIMIZE TABLE 以保持性能。而定长表就没有这个问题：如果表中有可变长的字段，将它们转换为定长字段能够改进性能，因为定长记录易于处理，但在试图这样做之前，应该考虑下列问题：

① 使用定长列涉及某种折中。它们更快，但占用的空间更多。char(n)类型列的每个值总要占用 n 个字节（即使空串也是如此），因为在表中存储时，值的长度不够将在右边补空格。

② 而 varchar(n)类型的列所占空间较少，因为只给它们分配存储每个值所需要的空间，每个值再加几个字节用于记录其长度。因此，如果在 char 和 varchar 类型之间进行选择，需要对时间与空间做出折中。

③ 变长表到定长表的转换，不能只转换一个可变长字段，必须对它们全部进行转换。而且必须使用一个 ALTER TABLE 语句同时全部转换，否则转换将不起作用。

④ 有时不能使用定长类型，即使想这样做也不行。例如对于比 255 字符更长的串，没有定义类型。

⑤ 在设计表结构时如果能够使用定长数据类型尽量用定长的，因为定长表的查询、检索、更新速度都很快。必要时可以把部分关键的、承担频繁访问的表拆分，例如定长数据一个表，非定长数据一个表。因此规划数据结构时需要进行全局考虑。

（3）日期和时间型数据列类型

MySQL 的日期时间类型是存储如“2009-1-1”或者“12：00：00”的数值的值。也可以利用 DATE-FORMAT()函数以任意形式显示日期值，而默认是按“年-月-日”的顺序显示日期，MySQL 总是把日期和日期里的年份放到最前面，按年月日的顺序显示。

每个时间和日期列类型都有一个零值，当插入非法数值时就用零值来添加，另外，也可以使用整数列类型存储 UNIX 时间戳，代替日期和时间列类型号，这是基于 JSP 的 Web 项目中常见的方式。例如，图书的发布时间，就可以在创建 books 表时使用整型列类型，然后调用 JSP 的 time()函数获取当前的时间戳在该列中。

（4）NULL 值

NULL 值可能使你感到奇怪，直到你习惯它。概念上，NULL 意味着“没有值”或“未知值”，且被看作与众不同的值。可以将 NULL 值插入到数据表中并从表中检索它们，也可以测试某个值是否为 NULL，但不能对 NULL 值进行算术运算，如果对 NULL 值进行算术运算，其结果还为 NULL，在 MySQL 中，0 或 NULL 都意味着假而其他值意味着真，布尔运算的默认值是 1。

（5）类型转换

和 JSP 类似，在 MySQL 的表达式中，如果某个数据值型与上下文所示的类型不相符，MySQL 则会根据将要进行的操作自动地对数据值进行类型转换。如：

```
1+'2'    #会转换在 1+2=3
1+'abc'  #会转换成 1-0=1，由于 abc 不能转换成任何的值，所以默认为 0
```

MySQL 会根据表达式上下文的要求，把字符串和数值自动转换为日期和时间值。对于超范围或非法的值，MySQL 也会进行转换，但转换出来的结果是错误的。出现该情况时，MySQL 会提示警告信息，我们可捕获该信息以进行相应的处理。

6. 数据字段属性

只有定义了字段的数据类型还不够，还有其他一些附加的属性，如自动增量的设置、自动补 0 设置和默认值的设置等一些特殊需要的设置。下面具体介绍这些特殊需要字段的属性。

（1）UNSIGNED

该属性只能用于设置数值类型，不允许数据列出现负数，如果不需要向某字段插入负数，则使用该属性修饰可以使该字段的最大存储长增加一倍。例如，正常情况下数据类型 TINYINT 的数值范围是在-128～127 之间，而使用 UNSIGNED 属性修饰以后最小值为 0，最大值可以达到 255。

（2）ZEROFILL

该属性也只能用于设置数值类型，在数值之前自动用 0 补齐不足的位数。例如，将 5 插入一个声明为 int(3)ZEROFILL 字段，在之后的查询输出时，输出的数据将会有“005”。当给一个字段使用 ZEROFILL 修饰时，该字段自动应用 NUSIGNED 属性。

（3）AUTP_INCREMENT

该属性用于设置字段的自动增量属性，当数值类型的字段设置为自动增量时，每增加一条新记录，该字段的值就自动加 1，而且此字段的值不允许重复。此修饰符只能修饰整数类型的字段，插入新记录时自增字段可以为 NULL、0 或留空，这时自增字段自动控制使用上次字段的值加 1，作为此次的值。插入时也可以为处理字段指定某一非零数值，这时，如果表中已经存在此值将出错。否则使用指定数值作为自增字段的值，并且下次插入时，下个段的值将在此值的基础上加 1。

（4）NULL 和 NOT NULL

默认为 NULL，即插入值时没能在此字段插入值，默认为 NULL 值，如果指定了 NOT NULL，则必须在插入值时在此字段添入值。

（5）DEFAULT

可以通过此属性来指定一个默认值，如果没有在此列添加值，那么默认加此值。例如，在用户表 user 中，可以将性别字段的默认值设置为“男”。在插入数据时，只在当用户为“女”时，才需要指定，否则可以不为该字段指定值，默认值就是“男”。

7. 数据表的默认字符集

在 MySQL 数据库中，可以为数据库、数据表，甚至一个数据列分别设定一个不同的字符集和一个相应的排序方式。但像 MySQL 命令解释器或 JSP 脚本绝大多数 MySQL 客户机，都不具备这种同时支持多种字符集的能力，而会将从客户发往服务器和从服务器返回的字符串自动转换为相应的字符集编码。如果在转换时遇到了无法表示的字符，该字符将被替换为一个问号“？”。所以要将在 SQL 命令里输入的字符集，和 SELECT 查询结果里的字符集设置为相同的字符集。

（1）字符集

字符集是将人类使用的自然文字映射到计算机内部二进制的表示方式法，是某种文字和字符的集合，主要字符集包括 ASCII 字符集、ISO-8859 字符集、Unicode 字符集等。

ASCII（American Standard Code for Information Interchange，美国信息交换标准代码）是最早的字符集方案，ASCII 编码结构为 7 位（00～7F），第 8 位没有被使用，主要包括基本的大小写字母与常用符号。其中，ASCII 码 32～127 表示大小写字母，32 表示空格，32 以下是控制字符（不可见字符）。这种 7 位的 ASCII 字符集已经基本支持计算机字符的显示和保存功能了，但对其他西欧国家的字符集却不支持，如英国和德国的货币符号、法国的重音符号等，因此人们将 ASCII 码扩展到 0～255 的范围，形成了 ISO-8859 字符集。

ISO-8859 字符集是由 ISO（International Oragnization for Standization，国际标准组织）ASCII 编码基础上制作的编码标准。ISO-8859 包括 128 个 ASCII 字符，并新增加了 128 个字符，用于西欧国家的符号。ISO-8859 存在不同语言分支：Lation-1(西欧语)（MySQL 默认字符集）、Latin-2（非 Cyrillic 的中欧和东欧语）、Latin-5（土耳目其语）、8859-6（阿拉伯语）、8859-7（希腊语）、8859-8（希伯来语）。

Unicode 字符集也就是 UTF 编码，即 Unicode Transformer Format，是 UCS 的实际表示方式，按其基本长度所用位数分为 UTF-8/16/32 三种。UTF 是所有其他字符集标准的一个超集，它保证与其他字符集是双向兼容的，就是说将任何文本字符串转换成通用字符集（UCS）格式，然后翻译原编码，也不会丢失信息。目前 MySQL 支持 UTF-8 字符集，UTF-8 保持字母数字一个字节，其他的用定长编码最多到 6 字节，支持 31 位编码。UTF-8 的多字节编码没有部分字节混淆问题。如删除半汉字后整行乱码的问题在 UTF-8 是不会出现的；任何一个字节的损坏都只影响对应的那个字符，其他字符都可以完整恢复。

MySQL5 还支持 GB2312（中国内地和新加坡使用的文字编码）、BIG5（中国香港特别行政区和中国台湾省使用的文字编码）、sjjs（日本使用的编码集）以及 swe7（瑞士使用的编码集）等。

（2）字符集支持原理

MySQL5 对于字集的指定可以细化到一个数据库，其中的一张表，乃至其中的一个字段，但是我们编写的 Web 程序在创建数据库和数据表时并没有使用这么复杂的配置，绝大多数用的还是默认配置。那么，默认配置从何而来呢？在安装或者编译 MySQL 时，它会让我们指定一个默认的字符集——latin1 编码，也就是说，MySQL 是以 Latin1 编码来存储数据的，以其他编码传输 MySQL 的数据也同样会被转换成 latin1 编码。此时，character_set_server 被设定为这个默认的字符集。当创建一个新数据库时，除非明确指定，否则这个数据库的字符集被默认设定为“character_set_server”。

当选定一个数据库时，“character_set_server”被设定为这个数据库默认的字符集；在这个数据库里创建一张表时，表默认的字符集被设定为 character_set_database，也就是这个数据库默认的字符集；当在表内设置一个字段时，除非明确指定，否则此栏默认的字符集就是表默认的字符集，这个字符集就是数据库中实际存储数据采用的字符集，这个字符集就是数据库中实际存储数据采用的字符集，mysqldumpbm 出来的内容就是这个字符集下的。如果我们不做修改，那么所有数据库的所有表的所有字段都用 lation1 存储，不过，如果安装了 MySQL，一般都会选择多语言支持，也就是说，安装程序会自动在配置文件中把“default_character_set”设置为“UTF-8”，这保证了默认情况下，所有数据库的所有表的字段都用 UTF-8 存储，除非在安装 MySQL 时已经特别指定字符集，否则 MySQL 默认安装的字符集是 latin1。

（3）创建数据对象时修改字符集

使用 CREATE TABLE 命令创建数据表时，如果没有明确地指定任何字符集，则新创建数据表的字符集将由 MySQL 配置文件里 character-set-server 选项的设置决定。例如，在 MySQL 配置文件（Linux 系统为/etc/my.cnf 文件，Windows 系统则是 my.ini 文件）里设置数据的字符集如下所示：

```
character-set-server=gbk                #设置MySQL服务器的字符集
collation-server=gbk_chinese_ci         #设置排序方式
```

以创建一个数据库 mydb 为例，指定默认的表字符集（character set）为 utf8，其字符集的比对规则（collation）是 utf8_general_ci。如果数据库 mydb 不存在，则我们的 MySQL 控制台输入如下语句：

```
CREATE DATABASE IF NOT EXISTS mydb DEFAULT CHARACTER SET utf8 COLLATE
    utf8_general_ci;
```

在创建数据表时如果需要指定默认的字符集与之相同，但 MySQL 客户程序在与服务器通信时使用的字符集，与 character-set-server 选项的设置无关，而需要在 MySQL 客户程序或 JSP 设计语言中，使用 default-character-set 选项或通过 SQL 命令 SET NAMES 'utf8'来指定一个字符集 utf8。还有一个办法是使用 SET CHARACTER SET 'uft-8'命令，将客户端使用的字符集和 SELECT 查询结果上的字符集设置为 uft8。

8. 数据表的类型及存储位置

MySQL 支持 MyISAM、InnoDB、HEAP、BOB、ARCHIVE、CSV 等多种数据表类型，在创建一个新 MySQL 数据表时，可以为它设置一个类型。其中最重要的有 MyISAM 和 InnoDB 两种表类型，它们各有自己的特性。如果在创建一个数据表时没有设置其类型，MySQL 服务器将会根据它的具体配置情况在 MyISAM 和 InnoDB 两个类型之间选择。默认的数据表类型，由 MySQL 配置文件里的 default-table-type 选项指定，当用 CREATE TABLE 命令创建一个新数据表时，可以通过 ENGINE 或 TYPE 选项决定数据表类型。

（1）MyISAM 数据表

MyISAM 数据表类型的特点是成熟、稳定和易于管理，它使用一种表格锁定的机制来优化多个并发的读/写操作。其代价是需要经常运行 OPTIMIZE TABLE 命令，来恢复被更新机制所浪费的空间。MyISAM 还有一些有用的扩展，例如，用来修复数据库文件的 MyISAMChk 工具和用来恢复浪费空间的 MyISAMPack 工具。MyISAM 强调了快速读取操作，这可能就是为什么 MySQL 受到 Web 开发人员如此青睐的主要原因。在 Web 开发中你所进行的大量数据操作都是读取操作，所以，大多数虚拟主机提供商和 Internet 平台提供商只允许使用 MyISAM 格式，虽然 MyISAM

表型是一种比较成熟稳定的表类型，但是 MyISAM 对一些功能不支持。

（2）InnDB 数据表

可以把 InnDB 看作是 MyISAM 是一种更新换代产品。InnoDB 给 MySQL 提供了具有提交、回滚和崩溃恢复能力的事务安全存储引擎。InnoDB 也支持外键（FOREIGN KEY）机制。在 SQL 查询中，你可以自由地将 InnoDB 类型的表与其他 MySQL 表的类型混合起来，甚至在同一个查询中也可以混合。InnoDB 数据表也有缺点，否则用户肯定只使用它而不去使用 MyISAM 数据类型。例如，InnoDB 数据表的空间占用量要比同样内容的 MyISAM 数据表大很多，另外，这种表类型也不支持全文索引等。

（3）如何选择 InnoDB 还是 MyISAM 表类型

MyISAM 数据表和 InnoDB 数据表可以同时存在于同一个数据库里，也就是可以把数据库里的不同数据表单设置为不同类型。这样，用户就可以根据每一个数据表的内容数据和具体用途分别为它们选择最佳的数据表类型。表 7.2 对常用的 MyISAM 的 InnoDB 两个表类型进行简单的对比。

表 7.2　特殊的标记

表类型功能对比	MyISAL 表	InnoDB
事务处理	不支持	支持
数据行锁定	不支持，只有表锁定	支持
外键约束	不支持	支持
表空间大小	相对小	相对大，最大是 2 倍
全文索引	支持	不支持
COUNT 问题	无	执行 COUNT（*）查询时，速度慢

如果希望以最节约空间和时间或者响应速度的方式来管理数据表，MyISAM 数据表就应该是首选。如果应用程序需要用到事务、使用外键或需要更高的安全性，以及需要允许很多用户同时修改某个数据表中的数据，则 InnoDB 数据表更值得考虑。需要创建一个新表时，可以通过添加一个 ENGINE 或 TYPE 选择以 CREATE TABLE 语句来告诉 MySQL 你要创建什么类型的表：

```
CREATE TABLE t(i INT) ENGINE=INNODB;          #新建表 t 时指定表类型为 INNODB
CREATE TABLE t(I INT)TYPE=MYISAM;             #新建表 t 时指定表类型为 MYISAM
```

9. 数据表的储存位置

数据库目录是 MySQL 数据库服务器存放数据文件的地方，不仅包括有关表的文件，还包括数据文件和 MySQL 的服务器选项文件。不同的安装包，数据库目录的默认位置是不同的。除了可以 MySQL 配置文件中指定，也可以在启动服务器时通过 datadir = /path/to/dir 明确的指定。假设 MySQL 将数据库目录存放在服务器的 C:/Appserv/mysql/data 目录下面，则 MySQL 管理的每个数据库都有自己的数据库目录，它们是 C:/Appser/mysql/data/bookstor。

MySQL 将数据以记录形式存在表中，而表则以文件的形式存放在磁盘的一个目录中，这个目录就是一个数据库目录。而 MySQL 每种表在该目录中有不同的文件格式，但有一个共同点，就是每种表至少有一个存放结构定义的.frm 文件。一个 MyISAM 数据表会有一个文件，它们分别是：以.frm 为后缀后的结构定义文件，以.MYD 为后缀名的数据文件，和以.MYI 为后缀名的索引文件。而 InnoDB 由于采用表空间的概念来管理数据表，它只用一个与数据库表对应的并以.frm 为后缀名的文件，同一个目录下的其他文件表示为表空间，存储数据表的数据和索引。创建、修改和删除数据表，其实就是数据库上当下的文件进行操作。

可以直接对数据文件进行操作，以实现某些数据管理的功能，例如，数据表具有可移值性，意思就是可以直接把数据表文件复制到磁盘上，再把磁盘里的文件直接复制到另一台 MySQL 服务器的主机的某个数据库目录中，而那台主机上的 MySQL 服务器就能直接使用该数据表。

10. 数据库使用总结

由于篇幅所限，本书对数据库只能做一个基本的介绍，感兴趣的读者可以去查阅相关的数据库资料，MySQL 数据库是目前应用最广泛的开源数据库，有很多企业，如 Google、淘宝等都在使用 MySQL 作为主数据库存储。关于数据库的使用方面，总结如下：

① 在数据安装和设置中，最好选用 utf-8 作为主要的编码格式，这样可以避免很多乱码的问题。

② 数据库引擎最好使用 InnoDB，因为它是 Google 经过优化后的一个存储引擎，性能比其他的存储架构要好得多；

③ 在数据库的安全方面，尽量避免远程直接登录数据库，这样有可能会造成数据库被入侵的危险。

7.1.3 学生管理系统数据库表单设计

由于学生管理系统中需要两种类型的用户，一个是管理员用户（User 表），一个学生表（Student），这两个表单数据，具体表单设计如表 7.3 所示。

表 7.3　user 表 单

id	用户名	密码	学院	学校
1	admin	admin	电子与信息工程学院	湖南科技学院

在上述 user 表单中，我们只设计一个 admin 用户，为了方便管理，本书只提供一个管理用户，读者可以根据自己的需求增添其他管理员用户。该表单的 MySQL 代码如下：

```
CREATE TABLE 'user' (
  'id' int(11) NOT NULL auto_increment,
  'username' varchar(20) default NULL,
  'passwd' varchar(20) default NULL,
  'school' varchar(20) default NULL,
  'university' varchar(20) default NULL,
  PRIMARY KEY('id')
) ENGINE=InnoDB AUTO_INCREMENT=2 DEFAULT CHARSET=utf8
```

表 7.4 为被管理学生的表单，该表单的 MySQL 代码如下：

表 7.4　student 表单

id	姓名	性别	学号	专业	学院	学校
1	张三	男	2012001234	软件工程	电子与信息工程学院	湖南科技学院
2	王五	男	201500931	土木工程	土木学院	湖南科技学院
3	李四	男	201500932	软件工程	电子与信息工程学院	湖南科技学院
4	bbc123	男	201500933	土木工程	土木学院	湖南科技学院
5	bbc	男	201500934	土木工程	土木学院	湖南科技学院
6	bbc123	女	201500935	软件工程	电子与信息工程学院	湖南科技学院

```
CREATE TABLE 'student' (
  'id' int(20) NOT NULL auto_increment COMMENT 'id',
  'name' varchar(20) default NULL COMMENT '姓名',
  'sex' varchar(10) default NULL COMMENT '性别',
  'studentId' varchar(20) default NULL COMMENT '学号',
  'professional' varchar(30) default NULL COMMENT '专业',
  'school' varchar(30) default NULL COMMENT '学院',
  'University' varchar(30) default NULL COMMENT '大学',
  PRIMARY KEY  ('id')
) ENGINE=InnoDB AUTO_INCREMENT=13 DEFAULT CHARSET=utf8;
```

7.2　登录系统设计与实现

用户在进入管理系统之前，首先要进入登录页面，这个登录页面的代码如下：

```
<%@ page contentType="text/html;charset=UTF-8" pageEncoding="utf-8"%>
<html>
  <head><title>学生信息管理系统</title></head>
  <body>
  <div  align="center" style="margin:10px 10px 200px 10px; ">
    <fieldset>
        <legend>登录</legend>
        <form action="welcome.jsp" method="post">
            <table align="center">
                <tr>
                    <td>账号: </td>
                    <td><input type="text" name="username" style="width:200px; ">
                          </td>
                </tr>
                <tr>
                    <td>密码: </td>
                    <td><input type="password" name="password" style="width:200px;">
                          </td>
                </tr>
                <tr>
                    <td></td>
                    <td><input type="submit" value=" 登  录 " class="button"></td>
                </tr>
```

```
            </table>
          </form>
        </fieldset>
    </div>
     </body>
    </html>
```

登录系统的界面如图 7.1 所示。

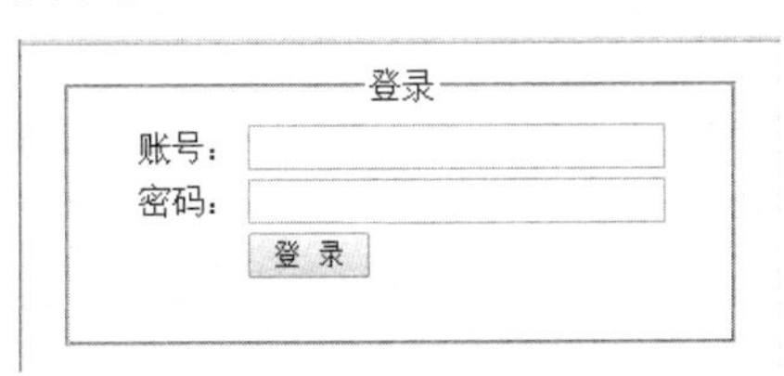

图 7.1　学生管理系统登录页面

在设计这个登录系统前，首先要做一个判断，如果用户已经登录，则进入管理系统，否则跳转到图 7.1。

```
    <%@ page contentType="text/html;charset=UTF-8" pageEncoding="utf-8"%>
    <%@ page import="java.util.ArrayList" %>
    <%@ page import="java.sql.Connection" %>
    <%@ page import="java.sql.ResultSet" %>
    <%@ page import="java.sql.Timestamp" %>
    <%@ page import="java.sql.SQLException" %>
    <%@ page import="java.sql.PreparedStatement" %>
    <%@ page import="com.local.sql.DbManager" %>
    <%@ page import="com.local.sql.Pagination" %>
    <%@ page import="com.bean.Student" %>
    <%
        String username=(String)session.getAttribute("username");
        if(username!=null && username.equals("admin")){
            response.sendRedirect(request.getContextPath() + "/student.jsp");
            return;
        }
    %>
    <html>
      <head>
      <title>学生信息管理系统</title>
        <meta http-equiv="Content-Type" content="text/html;charset=utf-8" />
        <script type="text/javascript">

          if ('${username}' != null && '${username}' != '' && '${username}' != null
&& '${username}' != '') {
            //用户已经登录，直接载入数据
        } else {
            //用户没有登录，跳转到登录页面
            window.parent.location.href="login.jsp";
        }
        </script>
      </head>
```

```
  <body></body>
</html>
```

7.3 后台数据管理系统设计

7.3.1 数据库连接设置

数据库的连接是关键，本书将数据库的连接写成一个 DbManager 连接类，在 JSP 页面中直接调用该连接类操作数据库，代码如下：

```
//import 包
public class DbManager {
    public static Connection getConnection() throws SQLException {
        //数据库表单名、用户名、密码
        return getConnection("student", "root", "456123");
    }
public static Connection getConnection(String dbName, String userName,String
            password) throws Exception{
        String url = "jdbc:mysql://localhost:3306/" + dbName + "?characterEncoding=utf-8";
        DriverManager.registerDriver(new Driver());
        return DriverManager.getConnection(url, userName, password);
    }
    public static void setParams(PreparedStatement preStmt, Object... params)
            throws SQLException {
        if (params==null || params.length==0)     return;
        for(int i=1; i<=params.length;i++) {
            Object param=params[i-1];
            if(param==null) { preStmt.setNull(i, Types.NULL); }
            else if(param instanceof Integer) {
                preStmt.setInt(i,(Integer) param);
            }
            else if(param instanceof String) {
                preStmt.setString(i,(String) param);
            }
            else if(param instanceof Double) {
                preStmt.setDouble(i,(Double) param);
            }
            else if(param instanceof Long) {
                preStmt.setDouble(i,(Long) param);
            }
            else if(param instanceof Timestamp) {
                preStmt.setTimestamp(i,(Timestamp) param);
            }
            else if(param instanceof Boolean) {
                preStmt.setBoolean(i,(Boolean) param);
            }
            else if(param instanceof Date) {
                preStmt.setDate(i,(Date) param);
            }
```

```
        }
    }
    public static int executeUpdate(String sql) throws SQLException {
        return executeUpdate(sql, new Object[] {});
    }
    public static int executeUpdate(String sql,Object… params) throws
            SQLException {
        Connection conn=null;
        PreparedStatement preStmt=null;
        try {
            conn=getConnection();
            preStmt=conn.prepareStatement(sql);
            setParams(preStmt, params);
            return preStmt.executeUpdate();
        }
        finally {
            if (preStmt!=null)
                preStmt.close();
            if (conn!=null)
                conn.close();
        }
    }
    public static int getCount(String sql) throws SQLException {
        Connection conn=null;  Statement stmt=null;      ResultSet rs = null;
        try {
            conn=getConnection();
            stmt=conn.createStatement();
            rs=stmt.executeQuery(sql);
            rs.next();
            return rs.getInt(1);
        }
        finally {
            if (rs!=null)
                rs.close();
            if (stmt!=null)
                stmt.close();
            if (conn!=null)
                conn.close();
        }
    }
}
```

7.3.2 分页设计

由于页面中显示数据库中的内容可能会有成千上万条数据，这些数据不可能在一个页面中显示，因此需要分页显示，本书为了方便，将分页做成了如下的一个类，方便调用：

```
package com.local.sql;
public class Pagination {
    public static String getPagination(int pageNum, int pageCount, int
            recordCount, String pageUrl) {
```

```
        String url = pageUrl.contains("?") ? pageUrl : pageUrl + "?";
        if (!url.endsWith("?") && !url.endsWith("&")) {
            url += "&";
        }
        StringBuffer buffer=new StringBuffer();
        buffer.append("第 " + pageNum + "/" + pageCount + " 页 共 " + recordCount
            + " 记录 ");
        buffer.append(pageNum == 1 ? " 第一页 " : " <a href='" + url + "pageNum=1'>
            第一页</a> ");
        buffer.append(pageNum == 1 ? " 上一页 " : " <a href='" + url + "pageNum="
            + (pageNum - 1) + "'>上一页</a> ");
        buffer.append(pageNum == pageCount ? " 下一页 " : " <a href='" + url +
            "pageNum=" + (pageNum + 1) + "'>下一页</a> ");
        buffer.append(pageNum == pageCount ? " 最后一页 " : " <a href='" + url +
            "pageNum=" + pageCount + "'>最后一页</a> ");
        buffer.append(" 到 <input type='text' ");
        buffer.append("  name='page_goto_input' ");
        buffer.append("  style='width:25px; text-align:center; '> 页 ");
        buffer.append(" <input type='button'");
        buffer.append("  name=page_goto_button' value='Go'>");
        buffer.append("<script language='javascript'>");
        buffer.append("function page_enter(){");
        buffer.append("   if(event.keyCode == 13){");
        buffer.append("       page_goto();");
        buffer.append("       return false;");
        buffer.append("   }");
        buffer.append("   return true;");
        buffer.append("} ");
        buffer.append("function page_goto(){");
        buffer.append("   var numText = document.getElementsByName('page_goto_
            input')[0].value;");
        buffer.append("   var num = parseInt(numText, 10);");
        buffer.append("   if(!num){");
        buffer.append("       alert('页数必须为数字');  ");
        buffer.append("       return;");
        buffer.append("   }");
        buffer.append("   if(num<1 || num>" + pageCount + "){");
        buffer.append("       alert('页数必须大于 1，且小于总页数 " + pageCount+"
            '); ");
        buffer.append("       return;");
        buffer.append("   }");
        buffer.append("   location='" + url + "pageNum=' + num;");
        buffer.append("}");
        buffer.append("document.getElementsByName('page_goto_input')[0].onkeypress=
            page_enter;");
        buffer.append("document.getElementsByName('page_goto_button')[0].onclick
            = page_goto;");
        buffer.append("</script>");
        return buffer.toString();
    }
}
```

7.3.3　User 类和 Student 类的设计

1. User 类的设计与实现

User 类是管理员类，主要作用是方便在页面中调用 MySQL 进行管理，其代码如下：

```
//User类中的成员变量和数据库中的对应，方便调用
public class User {
    String id;                   //序号
    String username;             //用户名
    String passwd;               //密码
    String school;               //学院
    String universtiy;           //学校

    public String getId() {           return id;        }
    public void setId(String id) {        this.id = id;         }
    public String getUsername() {              return username;              }
    public void setUsername(String username) {      this.username = username; }
    public String getPasswd() {                return passwd;        }
    public void setPasswd(String passwd) {        this.passwd = passwd;    }
    public String getSchool() {
        return school;
    }
    public void setSchool(String school) {
        this.school=school;
    }
    public String getUniverstiy() {
        return universtiy;
    }
    public void setUniverstiy(String universtiy) {
        this.universtiy=universtiy;
    }
}
```

2. Student 类的设计与实现

Student 类中的成员变量和其他数据库中的表单一一对应，具体代码如下：

```
public class Student {
    String id;                      //存储的序号
    String name;                    //姓名
    String sex;                     //性别
    String studentId;               //学号
    String professional;            //专业
    String school;                  //学院
    String university;              //大学

    public String getId() {       return id;   }
    public void setId(String id) {        this.id=id; }
    public String getName() {         return name;      }
    public void setName(String name) {        this.name=name; }
```

```
    public String getSex() {      return sex; }
    public void setSex(String sex) {      this.sex=sex;    }
    public String getStudentId() {
        return studentId;
    }
    public void setStudentId(String studentId) {
        this.studentId = studentId;
    }
    public String getProfessional() {
        return professional;
    }
    public void setProfessional(String professional) {
        this.professional=professional;
    }
    public String getSchool() {
        return school;
    }
    public void setSchool(String school) {
        this.school=school;
    }
    public String getUniversity() {
        return university;
    }
    public void setUniversity(String university) {
        this.university=university;
    }
}
```

7.3.4 学生管理系统的设计与实现

1. 管理员界面

用户通过登录后，立即进入管理系统，管理系统的代码如下：

```
<%@ page contentType="text/html;charset=UTF-8" pageEncoding="utf-8"%>
<%@ page import="java.util.ArrayList" %> <%@ page import="java.sql.Connection" %>
<%@ page import="java.sql.ResultSet" %> <%@ page import= "java.sql.Timestamp" %>
<%@ page import="java.sql.SQLException" %> <%@ page import= "java.sql.Prepared
        Statement" %>
<%@ page import="com.local.sql.DbManager" %> <%@ page import= "com.local.
        sql.Pagination" %>
<%@ page import="com.bean.Student" %>
<%
    String username=(String)session.getAttribute("username");
    String university=(String)session.getAttribute("university");
    //登录失败的情况
    if(username==null){
        response.sendRedirect(request.getContextPath() + "/index.jsp");
        return;
    }
    final int pageSize=10;              //一页显示 10 条记录
```

```
    int pageNum=1;                      //当前页数
    int pageCount=1;                    //总页数
    int recordCount=0;                  //总记录数
    String sql=null;                    Connection conn=null;
    PreparedStatement preStmt=null;         ResultSet rs=null;
    try{
       pageNum=Integer.parseInt(request.getParameter("pageNum"));
                                        //从地址栏参数取当前页数
    }catch(Exception e){}
    ArrayList<Student> student = new ArrayList<Student>();
    int count=0;
    try{
        sql="SELECT count(*) FROM student ";
        recordCount=DbManager.getCount(sql);
        //计算总页数
        pageCount=(recordCount+pageSize-1)/ pageSize;
        //本页从 startRecord 行开始
        int startRecord=( pageNum-1) * pageSize;
        //MySQL 使用 limit 实现分页
        sql="SELECT * FROM student LIMIT ?, ? ";
        conn=DbManager.getConnection();
        preStmt=conn.prepareStatement(sql);
        DbManager.setParams(preStmt, startRecord, pageSize);
        rs=preStmt.executeQuery();
        while(rs.next()){
            Student st = new Student();
            st.setId(rs.getString("id"));
            st.setName(rs.getString("name"));
            st.setSex(rs.getString("sex"));
            st.setProfessional(rs.getString("professional"));
            st.setStudentId(rs.getString("studentId"));
            st.setSchool(rs.getString("school"));
            st.setUniversity(rs.getString("university"));
            student.add(st);
            count ++;
        }
    }   catch(SQLException e){
        e.printStackTrace();
    }   finally{
        if(rs!=null)            rs.close();
        if(preStmt!=null)       preStmt.close();
        if(conn!=null)     conn.close();
    }
   %>
<html>
  <head>
  <title>学生信息管理系统</title>
    <meta http-equiv="Content-Type" content="text/html;charset=utf-8" />
    <script type="text/javascript">

      if ('${username}' != null && '${username}' != '' && '${username}' != null
```

```
            && '${username}' != '') {
        //用户已经登录，直接载入数据
    } else {
        //用户没有登录，跳转到登录页面
        window.parent.location.href = "login.jsp";
}
</script>
    <style type="text/css">
    table {
        border-collapse: collapse;    border: 1px solid #000000;
    }
td {
        text-align: center;   border: 1px solid #000000;
        padding: 2px;
    }
.title td {
        text-align: center;
        background: #DDDDDD;
    }
    </style>
  </head>
  <body>

 <div class="myfont" style="margin:10px">
   欢迎你，管理员<a href="student.jsp"><input type="button" value="首页"/></a>
   <a href="addStudent.jsp"><input type="button" value="增加学生信息"/></a>
   <a href="logout.jsp"><input type="button" value="退出"/></a><br>
   所有用户名单为: <br>
   <table align="center" width=100%>
          <tr class="title">
              <td>序号</td>
              <td>学生姓名</td>
              <td>性别</td>
              <td>学号</td>
              <td>专业</td>
              <td>学院</td>
              <td>学校</td>
              <td>学生管理</td>
          </tr>
          <%
              int i = 1 + (pageNum-1)*10;
              for(Student s : student){
           %>
          <tr>
           <td><%=i %></td>
              <td><%=s.getName() %></td>
              <td><%=s.getSex() %></td>
              <td><%=s.getStudentId() %></td>
              <td><%=s.getProfessional() %></td>
              <td><%=s.getSchool() %></td>
              <td><%=s.getUniversity() %></td>
```

```
                <td>
<a href="studentManager.jsp?action=edit&name=<%=s.getName()%>&id=<%
   =s.getId() %>">修改</a>
<a href="studentManager.jsp?action=del&name=<%=s.getName()%>&id=<%=s.getId() %>"
onclick='return confirm("确定删除改记录? ")'>删除</a>
                </td>
            </tr>
          <%
                i++;
          }
           %>
  </table>
  <table align=right ><tr><td> <%= Pagination.getPagination(pageNum, pageCount,
        recordCount,request.getRequestURI()) %> </td></tr></table>
   </div>
  </body>
</html>
```

上述代码在浏览器运行后的效果如图 7.2 所示。

欢迎你，管理员　　首页　　增加学生信息　　退出

所有用户名单为：

序号	学生姓名	性别	学号	专业	学院	学校	学生管理
1	张三	男	2012001234	软件工程	电子与信息工程学院	湖南科技学院	修改 删除
2	王五	男	20150093	土木工程	土木学院	湖南科技学院	修改 删除
3	bbc123	男	20150093	软件工程	电子与信息工程学院	湖南科技学院	修改 删除
4	李四	男	20150093	软件工程	电子与信息工程学院	湖南科技学院	修改 删除
5	bbc	男	20150093	软件工程	电子与信息工程学院	湖南科技学院	修改 删除
6	bbc123	女	20150093	软件工程	电子与信息工程学院	湖南科技学院	修改 删除
7	bbc123	男	20150093	软件工程	电子与信息工程学院	湖南科技学院	修改 删除
8	李四	男	20150093	软件工程	电子与信息工程学院	湖南科技学院	修改 删除

第 1/1 页 共 8 记录 第一页 上一页 下一页 最后一页 到 页 Go

图 7.2　学生管理系统界面

2. 增加学生信息

为了让代码更加优化，这里增加学生和修改学生的信息可以用一个 boolean 变量来控制，其代码如下：

```
<%@ page contentType="text/html; charset=UTF-8" %>
<!DOCTYPE html>
<%
    request.setCharacterEncoding("utf-8");
    response.setCharacterEncoding("utf-8");

    //注意是取 request 参数而不是地址栏参数，因此用 getAttribute 方法而不是
    getParameter
    String action=(String)request.getAttribute("action");
    String id=(String)request.getAttribute("id");
    String name=(String)request.getAttribute("name");
    String sex=(String)request.getAttribute("sex");
String university=(String)request.getAttribute("university");
    String professional=(String)request.getAttribute("professional");
```

```
    String studentId=(String)request.getAttribute("studentId");
String school=(String)request.getAttribute("school");
//是添加页面还是修改页面，下文中根据此变量做相应的处理
boolean isEdit="edit".equals(action);
%>
<html>
<head>
    <meta http-equiv="Content-Type" content="text/html; charset=UTF-8">
    <title><%= isEdit ? "修改学生资料" : "新建学生资料" %></title>
    <script type="text/javascript">
if ('${username}' != null && '${username}' != '' && '${username}' != null &&
        '${username}' != '') {
        //用户已经登录，直接载入数据
    } else {
        //用户没有登录，跳转到登录页面
        window.parent.location.href="login.jsp";
    }
    </script>
<style type="text/css">
body, td{font-size:12px; }
.myfont{
    font-size: 14px;
}
</style>
</head>
<body>
<div class="myfont" style="margin:10px">
    <form action="studentManager.jsp" method="post">
    <input type="hidden" name="action" value="<%= isEdit ? "save" : "add" %>">
    <input type="hidden" name="id" value="<%=isEdit ? id : "" %>">
    <fieldset>
        <legend><%= isEdit ? "修改学生资料" : "新建学生资料" %></legend>
        <table align=center>
            <tr>
            <td>学生姓名</td>
            <td><input type="text" name="name" value="<%= isEdit ? name : "
                " %>"/></td>
            </tr>
            <%
                if (isEdit)
                {
             %>
            <tr>
                <td>性别</td>
                <td>
<input type="radio" name="sex" value="男"  id="male" <%=sex.equals("男") ?
        "checked" : ""%> />男
<input type="radio" name="sex" value="女"  id="female" <%=sex.equals("女") ?
        "checked" : ""%>/>女
                </td>
            </tr>
```

```
            <%
               } else {
            %>
            <tr>
               <td>性别</td>
               <td>
                  <input type="radio" name="sex" value="男" id="male" checked />男
                  <input type="radio" name="sex" value="女" id="female" />女
               </td>
            </tr>
            <%
               }
            %>
            <tr>
               <td>学号</td>
         <td><input type="text" name="studentId" value="<%= isEdit ? studentId : "
            " %>" ></td>
            </tr>
            <tr>
               <td>专业</td>
      <td><input type="text" name="professional" value="<%= isEdit ? professional : "
         " %>" ></td>
            </tr>
            <tr>
               <td>学院</td>
            <td><input type="text" name="school" value="<%= isEdit ? school : ""
               %>" ></td>
            </tr>
            <tr>
               <td>学校</td>
         <td><input type="text" name="university" value="<%= isEdit ? university : "
            " %>" ></td>
            </tr>
            <tr>
               <td></td>
               <td>
               <input type="submit" value="<%= isEdit ? "保存" : "添加学生信息" %>"/>
                  <input type="button" value="返回" onclick="history.go(-1); " />
               </td>
            </tr>
            </table>
      </fieldset></form></div></body>
   </html>
```

上述代码设计比较巧妙，当用户传递的是 edit 的响应时，显示的是修改学生信息，如图 7.3 所示。

当点击的是新建学生信息时，则显示的是启动新建响应，如图 7.4 所示。

修改学生资料

学生姓名 张三
性别 男 女
学号 2012001234
专业 软件工程
学院 电子与信息工程学院
学校 湖南科技学院
保存 返回

图 7.3　修改学生信息

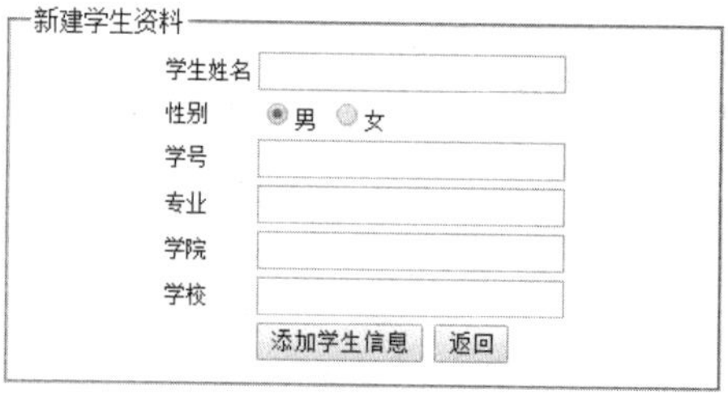

新建学生资料

学生姓名
性别 男 女
学号
专业
学院
学校
添加学生信息 返回

图 7.4　新建学生信息

3. JSP 和 MySQL 数据库关联

在前文中，主要的是界面设置，这里的界面响应是需要和数据进行关联，数据库关联代码如下：

```
<%@ page contentType="text/html;charset=UTF-8" pageEncoding="utf-8"%>
<%@ page import="java.util.ArrayList" %>
<%@ page import="java.sql.Connection" %>
<%@ page import="java.sql.ResultSet" %>
<%@ page import="java.sql.Timestamp" %>
<%@ page import="java.sql.SQLException" %>
<%@ page import="java.sql.PreparedStatement" %>
<%@ page import="com.local.sql.DbManager" %>
<%@ page import="com.local.sql.Pagination" %>
<%@ page import="com.bean.Student" %>
<%
    //设置编码
    request.setCharacterEncoding("utf-8");
    response.setCharacterEncoding("utf-8");
    String username=(String)session.getAttribute("username");
    String action=request.getParameter("action");
    if(username!=null && !username.equals("admin")){
        response.sendRedirect(request.getContextPath() + "/index.jsp");
        return;
    }
    String sql="";
    if (action.equals("add")){
        String name=request.getParameter("name");
        String studentId=request.getParameter("studentId");
        String university=request.getParameter("university");
        String school=request.getParameter("school");
        String sex=request.getParameter("sex");
        String professional=request.getParameter("professional");
        sql="insert into student (name, sex, professional, studentId, school,
            university) values("+ "'" + name+ "','" +sex +"','" +
            professional +  "','"+studentId + "','"+school+"','" +
            university +"')";

        Connection conn=null;
        PreparedStatement preStmt=null;
```

```
        ResultSet rs=null;
        try{
            conn=DbManager.getConnection();
            preStmt=conn.prepareStatement(sql);
            int result=preStmt.executeUpdate();
            //后续操作
        }catch(SQLException e){
        e.printStackTrace();
        }   finally{
            if(rs != null)     rs.close();
            if(preStmt != null)    preStmt.close();
            if(conn != null)   conn.close();
            response.sendRedirect(request.getContextPath() + "/student.jsp");
        }
    } else if(action.equals("edit")){
        String name=request.getParameter("name");
        String id=request.getParameter("id");
        sql="SELECT * FROM student WHERE id='" + id +"'";
        Connection conn=null;
        PreparedStatement preStmt=null;
        ResultSet rs=null;
        try{
            conn=DbManager.getConnection();
            preStmt = conn.prepareStatement(sql);
            rs = preStmt.executeQuery();
            if(rs.next()){
                request.setAttribute("id", rs.getString("id"));
                request.setAttribute("name", rs.getString("name"));
                request.setAttribute("studentId", rs.getString("studentId"));
                request.setAttribute("university", rs.getString("university"));
                request.setAttribute("sex", rs.getString("sex"));
                request.setAttribute("school", rs.getString("school"));
                request.setAttribute("professional", rs.getString("professional"));
                request.setAttribute("action", "edit");
            }
        }catch(SQLException e){
        e.printStackTrace();
        }   finally{
            if(rs!=null)       rs.close();
            if(preStmt!=null)  preStmt.close();
            if(conn!=null) conn.close();
            request.getRequestDispatcher("/addStudent.jsp").forward(request,
                    response);
        }
    } else if(action.equals("del")) {
        String name=request.getParameter("name");
        String id=request.getParameter("id");
        sql="DELETE FROM student WHERE id='"+id +"'";
        Connection conn=null;
        PreparedStatement preStmt=null;
        ResultSet rs=null;
```

```
        try{
            conn=DbManager.getConnection();
            preStmt=conn.prepareStatement(sql);
            int result=preStmt.executeUpdate();
            //后续操作
        }catch(SQLException e){
        e.printStackTrace();
        }    finally{
            if(rs!=null)        rs.close();
            if(preStmt!=null) preStmt.close();
            if(conn!=null) conn.close();
            response.sendRedirect(request.getContextPath()+"/student.jsp");
            }
    } else if(action.equals("save")){
        String id=request.getParameter("id");
        String name=request.getParameter("name");
        String university=request.getParameter("university");
        String sex=request.getParameter("sex");
        String professional=request.getParameter("professional");
        String studentId=request.getParameter("studentId");
        String school=request.getParameter("school");
        sql="update student set name ='" + name +"',sex ='" + sex + "',school
             ='" + school+"', university = '" + university+"', studentId ='" + studentId
             +"',professional='"+professional +"' where id ='"+id +"'";
        //System.out.println(sql);
        Connection conn=null;
        PreparedStatement preStmt=null;
        ResultSet rs=null;
        try{
            conn=DbManager.getConnection();
            preStmt=conn.prepareStatement(sql);
            int result=preStmt.executeUpdate();
            //后续操作
        }catch(SQLException e){
        e.printStackTrace();
        }    finally{
            if(rs!=null)        rs.close();
            if(preStmt!=null) preStmt.close();
            if(conn!=null) conn.close();
            response.sendRedirect(request.getContextPath() + "/student.jsp");
        }
    }
%>
<html>
  <head>
  <title>学生信息管理系统</title>
    <meta http-equiv="Content-Type" content="text/html;charset=utf-8" />
    <script type="text/javascript">

      if('${username}' != null && '${username}' != '' && '${username}' != null
         && '${username}' != '') {
```

```
        //用户已经登录，直接载入数据
    } else {
        //用户没有登录，跳转到登录页面
        window.parent.location.href = "login.jsp";
    }
    </script>
    </head>
  <body>
  </body>
</html>
```

4. 登录注销页面

```
<%@ page contentType="text/html;charset=UTF-8" pageEncoding="utf-8"%>
<%
    session.invalidate();
%>
<jsp:forward page="login.jsp" />
<!DOCTYPE HTML PUBLIC "-//W3C//DTD HTML 4.01 Transitional//EN">
<html>
  <head>
    <title>退出登录</title>
  </head>
  <body>
    退出登录<br>
  </body>
</html>
```

注销界面的代码较为简洁，用户只需要单击页面中的“退出”按钮即可，然后用户返回登录界面，需要进行重新登录。

5. 登录失败处理

```
<%@ page contentType="text/html;charset=UTF-8" pageEncoding="utf-8"%>
<%@ page import="java.util.ArrayList" %>
<%@ page import="java.sql.Connection" %>
<%@ page import="java.sql.ResultSet" %>
<%@ page import="java.sql.Timestamp" %>
<%@ page import="java.sql.SQLException" %>
<%@ page import="java.sql.PreparedStatement" %>
<%@ page import="com.local.sql.DbManager" %>
<%@ page import="com.local.sql.Pagination" %>
<jsp:directive.page import="java.text.SimpleDateFormat"/>
<jsp:directive.page import="java.text.DateFormat"/>
<jsp:directive.page import="java.util.Date"/>
<%
    String sql=null;
    Connection conn=null;
    PreparedStatement preStmt=null;
    ResultSet rs=null;
    String username=request.getParameter("username");
```

```
    String pwd=request.getParameter("password");
    String passwd="";
    String university="";
    String message="";
 try{
        sql = "SELECT id,passwd,university FROM user where username = '" +
              username +"'";
        conn=DbManager.getConnection();
        preStmt=conn.prepareStatement(sql);
        rs=preStmt.executeQuery();
        rs.next();
        passwd=rs.getString("passwd");
        university=rs.getString("university");
    }   catch(SQLException e){
        //out.println("数据异常" + e.getMessage());
        message="用户名密码不匹配，登录失败。";
        e.printStackTrace();
    }   finally{
        if(rs!=null)       rs.close();
        if(preStmt!=null) preStmt.close();
        if(conn!=null)    conn.close();
    }
    response.setCharacterEncoding("UTF-8");       //设置响应的编码格式为UTF-8
    if(request.getMethod().equals("POST")){       //post 方法提交数据
        if (passwd.equals(pwd)){
            session.setAttribute("username", username);
            session.setAttribute("university", university);
            response.sendRedirect(request.getContextPath() + "/index.jsp");
            return;
        }
        //登录失败
        message="用户名密码不匹配，登录失败。";
    }
 %>
 <html>
   <head>
   <title>学生管理系统</title>
     <meta http-equiv="Content-Type" content="text/html;charset=utf-8" />
   </head>
   <body>
   <div align="center" style="margin:10px 10px 200px 10px;  ">
     <fieldset>
         <legend>登录</legend>
         <form action="welcome.jsp" method="post">
             <table aligin="center">
                 <% if( ! message.equals("")){ %>
                 <tr>
                     <td></td>
                     <td>
                         <span style="color:red; "><%= message %></span>
                     </td>
```

```
                </tr>
                <% } %>
                <tr>
                    <td>账号: </td>
                    <td><input type="text" name="username" style="width:200px; ">
                          </td>
                </tr>
                <tr>
                    <td>密码: </td>
                    <td><input type="password" name="password" style="width:200px; ">
                    </td>
                </tr>
                <tr>
                    <td></td>
                    <td><input type="submit" value=" 登  录 " class="button"></td>
                </tr>
            </table>
        </form>
    </fieldset>
</div>
 </body>
</html>
```

上述代码的作用很明显，如果登录成功了，则跳转到用户管理系统的首页，如果登录失败了，则给出提示，并继续登录，如图 7.5 所示。

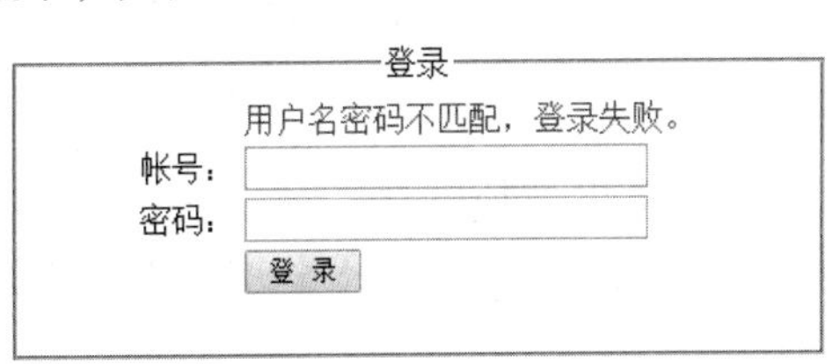

图 7.5　登录错误的提示

本 章 小 结

本章介绍了 MySQL 的基本知识，并通过 MySQL 和 JSP 的相关技术，设计了一个简单的学生管理系统，包括登录和登出，数据库的增加、删除、修改等信息，完成了 Web 对数据库的操作。在设计中，尽量采用了系统的优化原则，优化了系统中不合理的地方，读者可根据自己的需求设计进一步完善的系统。

第8章 综合实验

实验1 开发环境搭建

1. 实验目的

① 了解 JDK 的安装，包括 Windows 平台和 Linux 平台的不同安装方式。
② 熟悉 Eclipse 和 MyEclipse 的安装方式。
③ 掌握 Tomcat 服务器的配置。
④ 了解 MySQL 的安装。
⑤ 能够利用所学的知识，搭建一个简单的 Web 程序。

2. 实验要求

① 依照课堂中的步骤，独立安装开发环境。
② 课堂中独立思考，可以查阅相关资料，提高解决问题的能力。

3. 实验内容

参考第 2 章的内容，搭建基本的 Web 运行环境。
① 根据实验环境，搭建 JDK 运行环境。
② 安装 MyEclipse 或 Eclipse 的环境。
③ 安装 Tomcat 和 MySQL 的基本软件。
④ 在安装好的软件中，自己搭建一个简单的 Web 应用程序，让程序能够在 Web 浏览器中正常运行。

实验2 HTML 的表单设计

1. 实验目的

① 掌握 HTML 的基本标签。
② 熟悉 HTML 的表格设计。

③ 依据所学内容，简单设计一个 HTML 的表单，要求表单中的元素尽量多样化。

2. 实验要求

① 实验课中，尽量独立思考，保持课堂纪律。

② 程序中尽量包含自己的个人信息，如“姓名–班级–学号”的格式在页面中显示。

③ 如果代码不能正常运行，首先要检查自己的代码的正确性，争取自己独立解决代码的错误，实在解决不了，再可以向同学或老师咨询，争取做一个“bug 的终结者”。

④ 代码运行正确后，最好将结果截图。

⑤ 按照实验内容，认真撰写实验报告。

3. 实验内容

① 设计一个表格页面（table.html），页面中包含自己的个人信息。

② 在表格中有一个超链接，连接到一个表单页面（form.html）。

③ 设计一个表单页面（form.html），表单中要求包含：文本框、复选框、单选按钮等复杂的元素。

④ 单击表单中的“提交”按钮后，跳转到表格页面（table.html）中。

实验 3　CSS 的应用

1. 实验目的

① 掌握 CSS 的基本样式使用。

② 熟练 CSS 的 3 种用法：外部式、内部式、内联式。

③ 熟悉 CSS 的标签、class、id 的样式设计。

④ 能够给页面做一个简单的配色。

2. 实验要求

① 实验课中，尽量独立思考，保持课堂纪律。

② 程序中尽量包含自己的个人信息，如“姓名–班级–学号”的格式在页面中显示。

③ 实验过程中，尽量培养独立解决问题的能力，做一个 Bug 终结者。

④ 代码运行正确后，最好将结果截图。

⑤ 按照实验内容，认真撰写实验报告。

3. 实验内容

① 设计一个简单的表格页面（table.html），页面中的元素尽量丰富一些。

② 利用 CSS 的知识，给表单进行设置，包括字体、颜色等。

③ 在使用中，尽量采用 3 种样式，理解课堂所学知识。

实验 4　JavaScript 的动态效果设计

1. 实验目的

① 掌握基本的 JavaScript 的用法。
② 能够熟练使用 JavaScript 进行表单的处理。
③ 能够利用 JavaScript 设计简单的动态效果。

2. 实验要求

① 实验课中，尽量独立思考，保持课堂纪律。
② 程序中尽量包含自己的个人信息，如“姓名-班级-学号”的格式在页面中显示。
③ 实验过程中，尽量培养独立解决问题的能力，做一个 Bug 终结者。
④ 代码运行正确后，最好将结果截图。
⑤ 按照实验内容，认真撰写实验报告。

3. 实验内容

① 设计一个简单的表格，在界面中要求有一个图像的选项。
② 在图像旁边设计一个下拉菜单，选择不同的菜单，图像随之也发生变化。
③ 利用 JavaScript 对该图像的变换进行控制。

实验 5　Java 初级应用

1. 实验目的

① 掌握 Java 的基本语法。
② 熟练运用 Java 的选择结构和循环结构。
③ 能够在程序中设计符合要求的 Java 程序。

2. 实验要求

① 实验课中，尽量独立思考，保持课堂纪律。
② 程序中尽量包含自己的个人信息，如“姓名-班级-学号”的格式在页面中显示。
③ 实验过程中，尽量培养独立解决问题的能力，做一个 Bug 终结者。
④ 代码运行正确后，最好将结果截图。
⑤ 按照实验内容，认真撰写实验报告。

3. 实验内容

① 数组排序：数组中的元素为乱序，请将数组排序，并按照顺序输出（数组中有 10 个元素）。

② s=a+aa+aaa+aaaa+aa...a 的值，其中 a 是一个数字。例如：2+22+222+2222+22222，数字的个数由常量控制（用 3 种方式：for、while、do-while）。

③ 要求计算某年某月某日是该年的第 x 天（注意闰年情况），如 2017 年 2 月 1 日是该年的第 32 天。

④ 打印菱形图案（用 while、do-while 和 for 3 种方式完成）。

实验 6　面向对象基础

1. 实验目的

① 掌握 Java 中的基本类的用法。

② 掌握基本的 Java 开发技术。

③ 掌握 Java 中面向对象的核心思想。

2. 实验要求

① 实验课中，尽量独立思考，保持课堂纪律。

② 程序中尽量包含自己的个人信息，如“姓名-班级-学号”的格式在页面中显示。

③ 实验过程中，尽量培养独立解决问题的能力，做一个 Bug 终结者。

④ 代码运行正确后，最好将结果截图。

⑤ 按照实验内容，认真撰写实验报告。

3. 实验内容

① 创建一个员工类，该类中包含员工的基本信息：姓名、年龄、部门。创建 2 个公司员工：张三、李四，输出他们的姓名、年龄、部门信息。

② 以上述员工为例，创建一个员工加薪的方法，并输出员工加薪后的薪水，加薪百分比为 10%。

③ 利用静态方法实现员工 ID 自动创建，并输出员工的 ID 信息。

④ 实验中，尽量要求以软件工程的思想进行设计和实现。

实验 7　Servlet 的基本操作

1. 实验目的

① 掌握 Servlet 的基本代码编写。

② 熟悉 Servlet 的 doGet 和 doPost 方法。
③ 能够熟练运用 Servlet 进行表单的数据处理。

2. 实验要求

① 实验课中，尽量独立思考，保持课堂纪律。
② 程序中尽量包含自己的个人信息，如“姓名-班级-学号”的格式在页面中显示。
③ 实验过程中，尽量培养独立解决问题的能力，做一个 Bug 终结者。
④ 代码运行正确后，最好将结果截图。
⑤ 按照实验内容，认真撰写实验报告。

3. 实验内容

① 设计一个表单，要求能够提交必要信息，如姓名、学号等。
② 单击“提交”按钮后，能够将表单提交到后台的 Servlet 进行处理。
③ Servlet 可以将信息在控制台输出，也可在页面中显示。
④ 注意掌握 Servlet 的修改 web.xml 文件，让它进行不同的 URL 提交处理。

实验 8 MVC 的综合应用

1. 实验目的

① 熟悉 MVC 的基本架构。
② 掌握软件工程中 MVC 的设计模式。
③ 能够在编程中熟练运用 MVC 进行软件开发。

2. 实验要求

① 实验课中，尽量独立思考，保持课堂纪律。
② 程序中尽量包含自己的个人信息，如“姓名-班级-学号”的格式在页面中显示。
③ 实验过程中，尽量培养独立解决问题的能力，做一个 Bug 终结者。
④ 代码运行正确后，最好将结果截图。
⑤ 按照实验内容，认真撰写实验报告。

3. 实验内容

① 设计一个表单，要求提交时，有一个下拉菜单或单选项。
② 提交表单给 Servlet 处理，Servlet 要求采用分级处理模式，数据和现实分离。
③ 将处理好的数据，反馈给 view.jsp 进行显示。
④ 在设计和实现过程中，尽量采用 MVC 的架构。

实验 9　JSP 的表单处理

1. 实验目的

① 掌握 JSP 的基本用法。
② 掌握 JSP 中数据的引用方式。
③ 熟练使用 EL 表达式。
④ 熟练使用 JSTL 表达式。

2. 实验要求

① 实验课中，尽量独立思考，保持课堂纪律。
② 程序中尽量包含自己的个人信息，如“姓名-班级-学号”的格式在页面中显示。
③ 实验过程中，尽量培养独立解决问题的能力，做一个 Bug 终结者。
④ 代码运行正确后，最好将结果截图。
⑤ 按照实验内容，认真撰写实验报告。

3. 实验内容

① 设计一个表单，要求包含必要显示（此处为开放性，需要自己独立设计）。
② 表单提交到 JSP 页面进行处理。
③ JSP 处理完成后，显示效果要求使用 JSTL 进行页面的显示。
④ 页面效果尽量美观，能够熟练运用之前学习的知识。

实验 10　员工管理系统的设计与实现

1. 实验目的

① 了解 MySQL 在 Web 中的基本运用。
② 掌握 Web 设计的基本架构。
③ 能够熟练运用本学期所学知识，设计并实现一个员工管理系统。

2. 实验要求

① 实验课中，尽量独立思考，保持课堂纪律。
② 程序中尽量包含自己的个人信息，如“姓名-班级-学号”的格式在页面中显示。
③ 实验过程中，尽量培养独立解决问题的能力，做一 Bug 终结者。
④ 代码运行正确后，最好将结果截图。
⑤ 按照实验内容，认真撰写实验报告。

3. 实验内容

① 理解学生管理系统，并以此设计一个员工管理系统。
② 员工管理系统需要登录、登出等功能，登录失败有对应的提示。
③ 管理员能够对员工的基本信息进行修改，完成增、删、改的简单功能。
④ 员工信息自主设计，为开放性，不做统一要求。